2판

식생활관리

2판

식생활관리

이애랑 · 하애화 · 류혜숙 지음
홍성야 · 임양순 감수

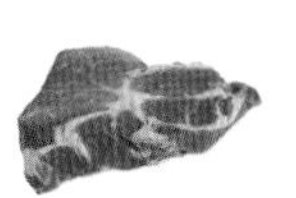

교문사

머리말

현대사회에 급속한 산업화와 인구의 도시화가 진행되면서 사회·문화적 변화가 발생되었다. 오늘날 식생활은 경제성장으로 인한 소득수준 향상, 핵가족화 및 확대가족, 맞벌이가구, 1인가구의 증가, 세계여행·유학·해외근무 등에 의해 많은 변화를 가져왔다. 또한 기후변화에 의한 자연환경 훼손, 외국과의 교류로 외국식생활 문화의 유입 및 수입식품 증가, 식품산업의 발달로 가공식품 이용과 외식의 증가로 우리 전통 식생활이 약화되는 추세이다.

ICT 발달로 인해 각종 식생활과 관련된 정보의 홍수로 인해 소비자의 올바른 선택하기에 정보와 기술이 필요한 시대가 되었다.

국민의 건강지향적인 경향과 안전한 먹을거리에 대한 요구는 증가하고 있다. 놀이문화도 달라져 단지 보고, 먹고 마시는 것에서 직접 자연과 전통과 문화 등을 체험하며 느끼고, 가치 있는 무언가를 할 수 있기를 원한다. 소비문화 역시 착한 소비, 윤리적 소비, 지산지소, 로컬 푸드, 로하스(LOHAS) 등이 널리 통용되고 있듯이 단지 나 하나만을 위한 소비가 아닌 타인과 환경까지를 고려하는 공동체의 가치를 공유한 소비문화로 바뀌어 가는 등 식생활이 강조되고 있다.

최근에는 비만, 암, 당뇨병, 심혈관계질환, 대사증후군 등의 잘못된 식생활이 원인이 되어 발생하는 만성 질병이 크게 증가하는 추세로 올바른 식생활이 얼마나 중요한지를 알 수 있다. 새로운 식생활 환경에 부응할 수 있고 실천적인 식생활관리의 길라잡이 되도록 교재를 구성하였다. 또한 2015년 개정된 한국인 영양소섭취기준에 맞추어 식단 작성의 실제부분을 적용할 수 있도록 하였다.

미래의 급식관리자인 외식, 식품조리 및 식품영양학을 전공하는 학생에게 가정이나 집단급식을 포함한 외식산업에 필요한 식생활관리자로서의 직무 능력을 키우기 위해 다음과 같이 내용을 수록하였다.

식생활관리의 중요성과 식생활을 실천하는 과정을 이해할 수 있도록 식생활관리의 목표, 식단계획 및 작성, 식단평가, 식품구입 및 관리, 식품유통, 식품첨가물 및 건강기능식품, 우리나라 상차림과 식사예절, 다른 나라 상차림과 식사예절, 건강체중과 다이어트로 구성하였다.

식품영양학 관련 공부를 하는 모든 이에게 도움을 주고자 집필하였으나 의도한 바를 충분히 살리지 못하여 미비한 점이 많으리라 생각하면서 향후 부족한 점을 보완 수정해 나가도록 끊임없이 노력하고자 한다.

끝으로 본서가 나오기까지 많은 도움을 주신 교문사 류제동 사장님과 편집 관계자 여러분께 깊이 감사드립니다.

2016년 2월

저자 일동

차 례

식단 평가

식품의 유통

식품구입 및 관리

차 례

우리나라의 식사예절

다른 나라의 식사예절

식품첨가물과 건강기능식품

건강체중을 위한 식생활관리

식생활관리의 기본

우리나라 식생활 문화의 변화

식생활관리의 개념

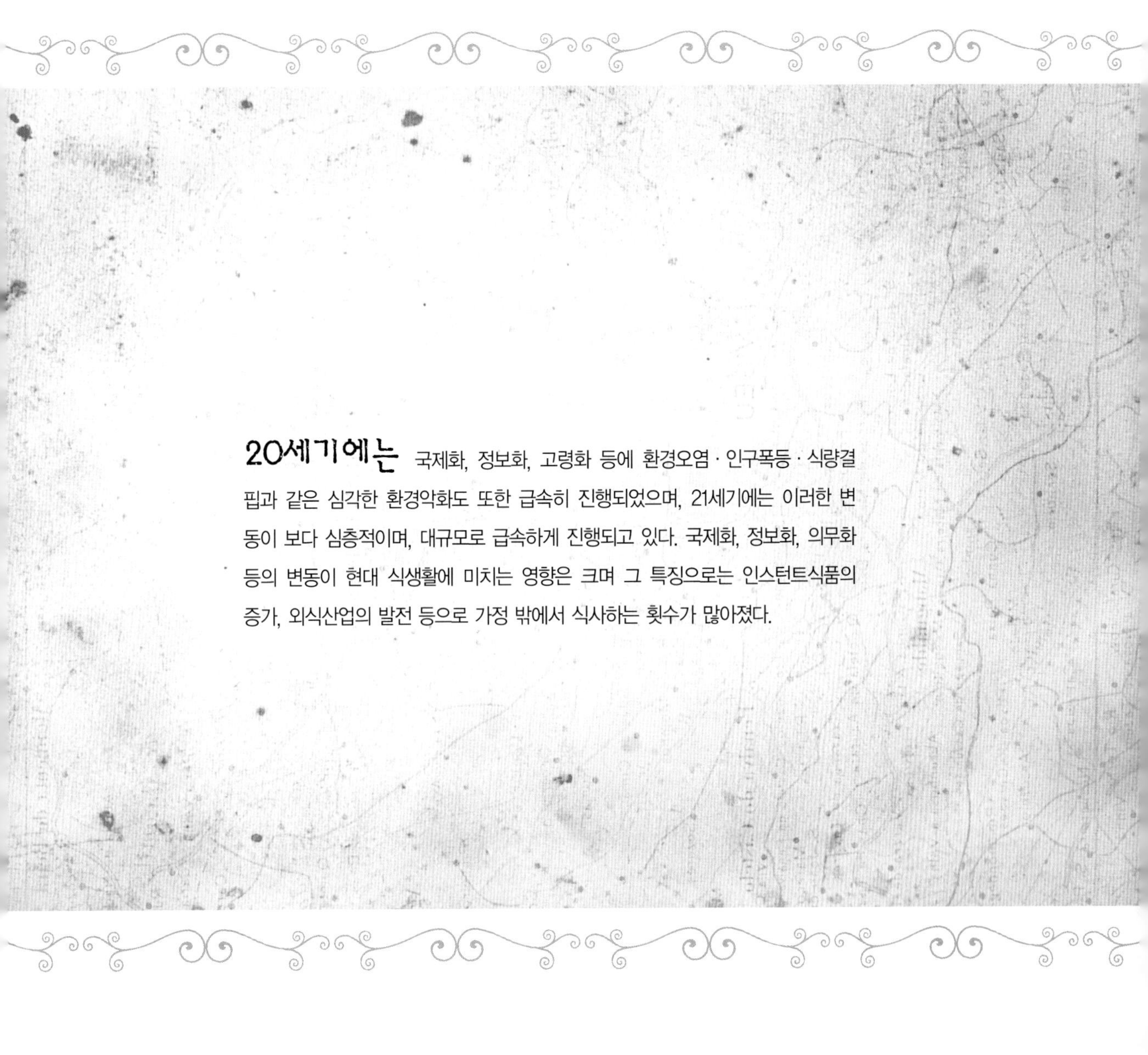

20세기에는 국제화, 정보화, 고령화 등에 환경오염 · 인구폭등 · 식량결핍과 같은 심각한 환경악화도 또한 급속히 진행되었으며, 21세기에는 이러한 변동이 보다 심층적이며, 대규모로 급속하게 진행되고 있다. 국제화, 정보화, 의무화 등의 변동이 현대 식생활에 미치는 영향은 크며 그 특징으로는 인스턴트식품의 증가, 외식산업의 발전 등으로 가정 밖에서 식사하는 횟수가 많아졌다.

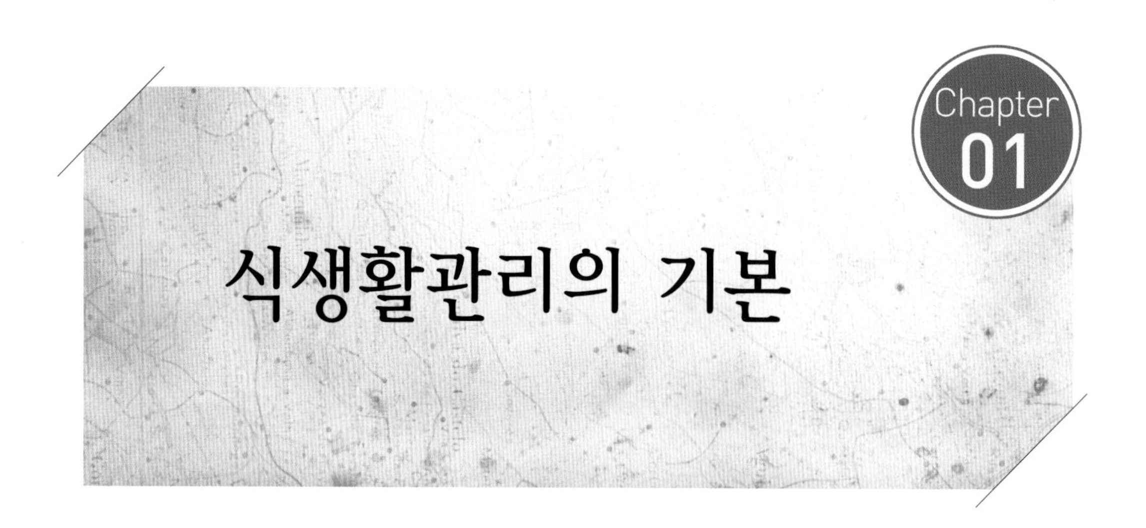

우리나라 식생활 문화의 변화

식생활의 정의

20세기에는 국제화 · 정보화 · 사회화 · 고령화 등과 함께 환경오염, 인구폭등, 식량결핍과 같은 심각한 환경악화도 급속히 진행되고 있으며 21세기에는 이러한 변동이 보다 심층적 · 대규모로 급속하게 진행되고 있다. 국제화 · 정보화 · 의무화 등의 변동이 현대 식생활에 미치는 영향이 큰데, 그 특징은 인스턴트식품의 증가, 외식산업의 발전 등으로 가정 밖에서 식사하는 횟수가 많아졌다. 또한 식생활 전반에 걸쳐서 사회적 서비스 체계가 이루어지면서 누구나 쉽게 언제 어디서나 이용할 수 있어 식생활의 정보화 및 국제화가 이루어지게 되었다.

브리테니커 백과사전에 의하면 식생활이란 인간이 생명의 유지 및 성장에 필요한 영양분을 섭취하기 위해 음식을 먹는 양식화된 행위로 정의된다. 또 「식생활교육지원법」(2009)에서 식생활은 식품의 생산, 조리, 가공, 식사용구, 상차림, 식습관, 식사예절, 식품의 선택과 소비 등 음식물의 섭취와 관련되는 유 · 무형의 활동으로 정의하고 있다. 식생활에 관련된 유 · 무형의 활동을 더 큰 문맥에서 이해하기 위해서는 통합적인 식품영양체계를 이해하는 것이 중요하다.

식생활이란 인간이 생존하기 위해 영양물을 제공하는 음식물 또는 식품의 섭취에 관련된 모든 활동을 말한다. 즉, 무슨 음식을 어떻게 만들어서 어떤 방법으로 어떻게 먹느냐에 따른 음식과 관련된 인간의 생활 전반을 식생활이라 한다. 식생활은 우리들의 일상생활에서 시간적 · 경제적으로 큰 부분을 차지한다. 넓은 의미의 식생활은 음식물과 이것을 가공하는 조리 및 조리에 필요한 기구와 식기 및 식사 예법 등이 포함된다. 시간적으로 보면 식사에 소비하는 시간은 약 1시간 반 정도이나 식사를 준비하는 데 소요되는 시간, 즉 장보기, 조리, 상차림에 걸리는 시간을 합하면 평균 4시간은 소비된다. 경제적으로도 식생활에 드는 비용이 전체 가정 수입의 1/3을 차지하고 있는 중요한 부분이다.

식생활의 중요성

'우리의 몸은 본인이 먹는 것에 의해서 만들어 진다.' 라는 괴테의 말이 있다. 이 말은 신체적 성장은 자신이 먹는 것에 달려있음을 의미하는 것으로 신체적 건강에 있어 식생활의 중요성을 말해주는 것이다. 건강하게 오래 살고 싶은 것은 모든 인간의 기본적인 욕구이자 소망 중의 하나이다. 우리나라는 여러 가지 식생활 소비환경의 급속한 변화의 영향으로 그 어느 나라보다 인구의 고령화가 급격하게 진행되고 있고 건강 장수를 위한 식생활과 식품의 기능성, 안전성 및 친환경농산물 등에 대한 소비자의 욕구가 급증하고 있다. 그런가 하면 우리 현실은 건강, 식품 · 영양 및 식생활에 관한 정보의 홍수 속에서 건강을 최우선으로 하는 식생활을 영위하고 있는 것 같지만 실제로는 영양불균형, 지방 섭취 증대 등 잘못된 식생활로 인하여 만성 질환이 증가하고 있고 그로 인한 경제적 생산성의 손실 또한 늘어나고 있다.

현대 한국인의 식생활 특징

현대 한국인의 식생활 형태의 특징은 서구화(전통음식의 섭취 감소), 외식 및 가공식품의 섭취 증가, 수입의 증가로 요약할 수 있다.

(1) 식생활의 서구화

전통 음식이 전체 식사에서 차지하는 비율이 점차 감소하고 대신 비전통식이 우리의 식탁에서 중요한 역할을 담당하게 되었다. 전형적인 밥, 국, 김치 중심의 식사가 변하여서 카레라이스, 스파게티, 빵, 햄, 소시지, 돈가스, 생선가스, 피자 등의 섭취빈도가 높아지고 있다. 특히 아침

식사가 밥, 국에서 토스트, 빵, 죽, 시리얼 등의 간단한 식사형태로 변하고 있다. 이는 최근에 가속화된 세계자유무역의 영향으로 무역환경이 변화하고 국내 식품시장이 개방됨에 따라 외국 식품들을 손쉽게 구할 수 있고, 정보의 발달과 교육, 국제화의 여파로 인해 해외여행의 경험과 외국에서 생활한 경험이 있는 사람이 증가하기 때문이다. 또한 바쁜 현대인들이 식사시간을 줄이거나 가사노동을 줄이기 위해 외식이나 가공식품을 더 많이 이용하는 것도 중요한 요인이 된다. 이러한 경향으로 쌀의 소비량은 매년 줄고 있는데 반해 밀가루의 소비량은 증가하는 추세이다.

(2) 외식 및 가공식품의 섭취 증가

핵가족화와 취업주부의 증가로 주부가 담당하던 가족의 식사를 대행할 수 있는 산업이 발달하였는데 특히 서양의 패스트푸드(fast food)나 패밀리 레스토랑(family restaurant) 등의 외식문화가 크게 늘어났다. 식료품비 지출에서 외식비가 차지하는 비율은 1996년 32%에서 2014년 48%로 전체 식료품비의 절반 정도가 외식비로 지출되었고, 2001년 이후 40%대를 유지하는

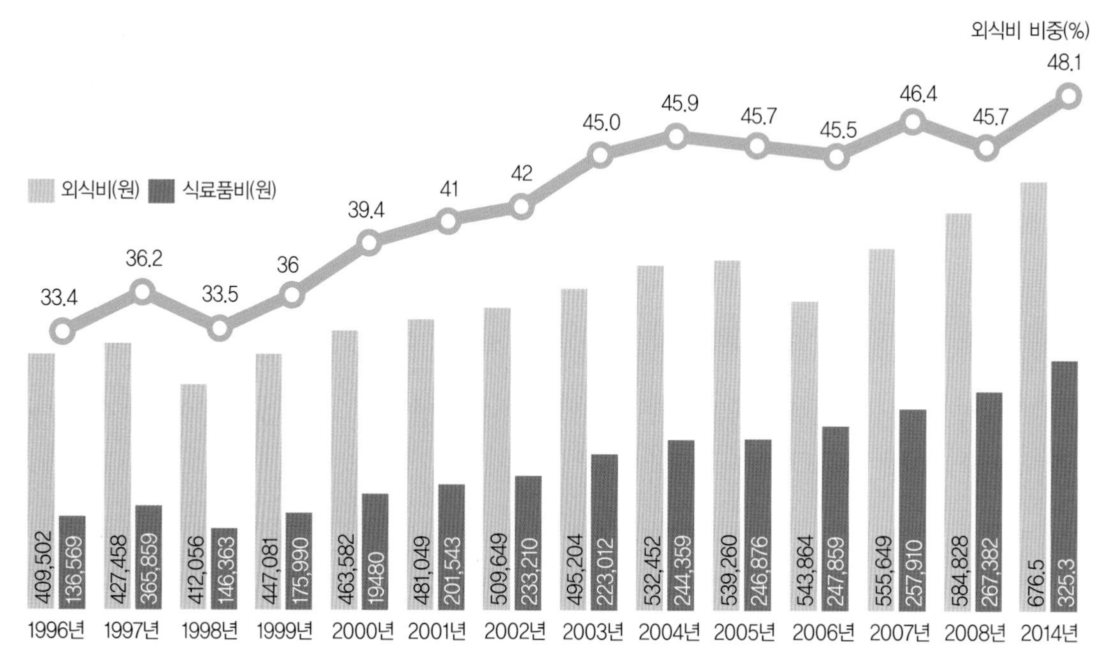

| 그림 1-1 | 식료품비 지출 중 외식비 비율 추이(1996~2008)

자료 : 통계청(2008).

것으로 나타났다. 맞벌이 가구의 증가, 젊은 층의 외식선호 등이 외식비 증가의 주요인으로 맞벌이 가구의 증가는 김치나 반찬을 만들어 파는 새로운 직업을 만들어 냈고, 다양한 종류의 인스턴트식품이나 시판 조리식품과 가공식품의 증가를 가져왔다.

식생활에서 국민의 가공식품 소비율은 1970년대에 18.4였으나 1993년에 36.0%로 증가하였고, 2010년 이후 25% 정도로 유지되고 있다. 신선식품에 대한 지출비용이 1982년에 77%, 2000~2009년에 30-32% 대를 유지하다가 2010년 이후 28% 대로 다소 감소하였다(통계청 도시가계연보, 1970~2015).

(3) 수입 식품의 증가

우리나라는 세계 5위의 식품수입국으로 총 섭취열량의 50% 이상을 수입품에 의존하고 있다. 최근 5년간 연평균 수입건수는 487,547건으로 연평균 7.1% 증가하였다. 이중에서 2014년도에 가공식품(38.1%), 기구 · 용기포장(15.5%), 축산물(15.2%), 수산물(13.9%), 농 · 임산물(9.7%), 식품첨가물(6%), 건강기능식품(1.5%) 순으로 수입하였다. 수입식품은 해마다 증가하고 있고, 또 계속 증가할 전망이다(표 1-1). 더불어 수입식품에 의한 식품사고도 지속적으로 발생되고 있다. 특히 중국에서 수입하는 식품은 전체 수입 물량의 1/3로, 수입되는 식품에는 장기간의 수송 · 유통 · 보존을 위해 살충제, 보존제 등이 사용되어 인체에 유해한 성분의 잔류문제가 심각하게 대두되고 있어 식품의 안정성이 점점 위협받고 있다. 또한 식품 수입으로 국내 소비자들에게 다양한 식품을 보다 더 저렴한 가격으로 공급할 수 있게 되었으나 이로 인하여 국내 농업 기반이 약화되고 식량 자급률이 저하되는 현상을 초래하고 있다.

| 표 1-1 | 품목군별 최근 5년간 수입신고 현황 (단위 : 건수, %)

구분	2010년	2011년	2012년	2013년	2014년	5개년 평균
합계(증감률)	441,530 (11.6▲)	473,136 (7.2▲)	474,648 (0.3▲)	494,242 (4.1▲)	554,177 (12.1▲)	487,547 (7.1▲)
식품 등 소계(증감률)	293,988 (15.1▲)	312,723 (6.4▲)	325,951 (4.2▲)	352,967 (8.3▲)	393,216 (11.4▲)	335,769 (9.1▲)
농 · 임산물(증감률)	39,413 (19.0▲)	42,416 (7.6▲)	46,781 (10.3▲)	49,767 (6.4▲)	53,714 (7.9▲)	46,418 (10.2▲)
가공식품(증감률)	157,570 (12.7▲)	167,084 (6.0▲)	174,123 (4.2▲)	189,064 (8.6▲)	211,071 (11.6▲)	179,782 (8.6▲)
건강기능식품(증감률)	6,555 (7.2▼)	8,017 (22.3▲)	7,423 (7.4▼)	7,945 (7.0▲)	8,520 (7.2▲)	7,692 (4.4▲)
식품첨가물(증감률)	33,503 (7.7▲)	32,155 (4.0▼)	31,366 (2.5▼)	32,140 (2.5▲)	33,946 (5.6▲)	32,622 (1.9▲)
기구 또는 용기 · 포장 (증감률)	56,947 (28.6▲)	63,051 (10.7▲)	66,258 (5.1▲)	74,051 (11.8▲)	85,965 (16.1▲)	69,254 (14.5▲)
축산물(증감률)	68,630 (15.3▲)	87,591 (27.6▲)	80,147 (8.5▼)	73,318 (8.5▼)	84,101 (14.7▲)	78,757 (8.1▲)
수산물(증감률)	78,912 (2.3▼)	72,822 (7.7▼)	68,550 (5.9▼)	67,957 (0.9▼)	76,860 (13.1▲)	73,020 (0.7▼)

* 증감률 : 전년대비 증감률
* 2009년 : 395,641건 수입(농 · 임산물 33,118건, 가공식품 139,779건, 건강기능식품 7,062건, 식품첨가물 31,114건, 기구 또는 용기 · 포장 44,268건, 축산물 59,508건, 수산물 80,792건)

현대 한국인의 식생활 변화와 건강

(1) 식생활 관련 사망 인구 증가

우리 국민의 평균 기대수명은 2014년 현재, 전체 82.4세(남자 79.0세, 여자 85.5세)로 장수가 일반적인 사회현상이 되고 있는 가운데 65세 이상 인구구성비는 12.7%(2014년 기준)로, 그 어느 나라보다 인구의 고령화가 빠르게 진행되고 있다. 그러나 건강하지 못한 장수는 개인은 물론 만성 질환 치료를 위한 사회적 경비부담 등을 초래할 수 있으므로 개개인은 물론 국가적 차원에서 건강장수를 위한 건전한 식생활과 생활습관 등에 대한 관심과 노력이 필요하게 되었다.

2014년도 3대 사망 원인은 악성 신생물(암), 뇌혈관질환, 심장질환으로 총 사망자의 47.7%

가 식생활과 깊은 관련이 있다(표 1-2). 첫 번째 사망요인인 암은 지난 20년간 계속 증가하였으며, 인구 10만 명당 암 사망률은 150.9명으로 10년 전(132.6명)보다 18.3명이나 증가했다. 3대 주요 사망 암은 폐암, 간암, 위암 순이었으며, 이중에서도 폐암 사망률(27.3명→34.4명)이

| 표 1-2 | 사망원인별 사망률 추이, 2004년-2014년

(단위 : 인구 10만 명당, %)

사망원인	사망률			증 감		증감률	
	2004년	2013년	2014년	04년 대비	13년 대비	04년 대비	13년 대비
전 체	503.7	526.6	527.3	23.6	0.7	4.7	0.1
특정 감염성 및 기생충성 질환	10.6	13.2	13.6	3.0	0.4	27.9	3.0
호흡기 결핵	5.7	4.1	4.2	-1.5	0.1	-26.4	3.5
악성 신생물(암)	132.6	149.0	150.9	18.3	1.9	13.8	1.3
위암	23.1	18.2	17.6	-5.5	-0.6	-23.9	-3.3
간암	22.4	22.6	22.8	0.4	0.2	1.7	1.0
폐암	27.3	34.0	34.4	7.0	0.4	25.8	1.1
내분비, 영양 및 대사질환	25.5	23.4	22.9	-2.7	-0.6	-10.4	-2.4
당뇨병	24.2	21.5	20.7	-3.5	-0.8	-14.3	-3.7
순환기계통의 질환	119.9	113.1	113.9	-6.0	0.8	-5.0	0.7
고혈압성 질환	10.4	9.4	10.0	-0.4	0.6	-3.7	6.5
심장질환[1]	36.7	50.2	52.4	15.7	2.2	42.8	4.4
뇌혈관질환	70.1	50.3	48.2	-21.9	-2.1	-31.2	-4.2
호흡기계통의 질환	29.2	44.5	47.6	18.4	3.1	62.9	7.0
폐렴	7.1	21.4	23.7	16.6	2.3	232.7	10.8
만성 하기도질환	17.3	14.0	14.1	-3.1	0.1	-18.1	1.0
소화계통의 질환	24.9	22.1	22.4	-2.5	0.3	-10.0	1.2
간질환	19.0	13.2	13.1	-5.9	-0.1	-31.2	-0.9
질병이환 및 사망의 외인	62.9	61.3	57.8	-5.0	-3.5	-8.0	-5.8
운수사고	17.1	11.9	11.2	-5.9	-0.7	-34.5	-5.8
고의적 자해(자살)	23.7	28.5	27.3	3.6	-1.3	15.0	-4.5

주 : 1) 심장 질환에는 허혈성 심장 질환 및 기타 심장 질환이 포함

※ 10년 전에 비해 사망원인 순위가 상승한 사인은 심장 질환(3위→2위), 고의적 자해(5위→4위), 폐렴(10위→5위)이고, 하락한 사인은 뇌혈관 질환(2위→3위), 당뇨병(4위→6위), 간 질환(6위→8위), 운수 사고(8위→9위), 고혈압성 질환(9위→10위)임.

Tip | 평균 수명이란?

평균 수명이란 사람이 태어나자마자 향후 생존할 것으로 기대되는 평균 생존 연수이다. 갓 태어난 아기가 앞으로 얼마나 살아있을 수 있을지를 가리키는 것이 바로 평균 수명이며, 기대 수명은 출생 시(0세) 기대 여명을 가리키므로 결과적으로 평균 수명과 같은 뜻이 된다. 우리나라 사람들의 평균 수명도 점차 증가하고 있는데, 2014년에 남녀 평균 수명이 82.4세로 남자의 경우 79.0세로 OECD 평균(77.8세)보다 1.2세 높고, 여자의 경우 85.5세로 OECD 평균(83.1세)보다 2.4세 높은 것으로 나타났다.

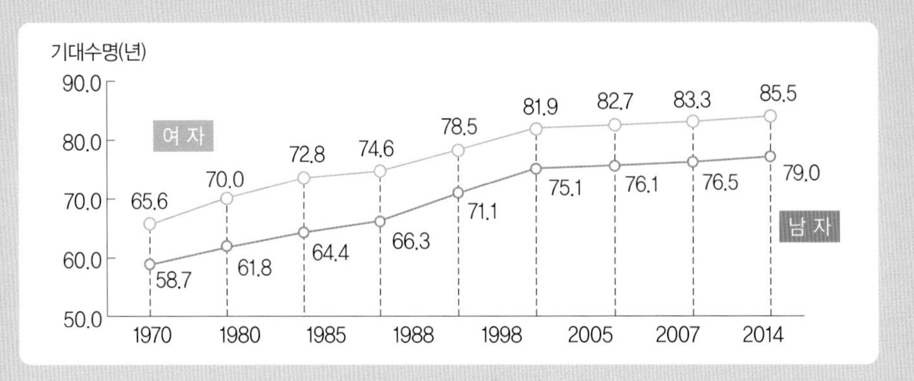

〈한국인의 기대수명〉

자료 : 통계청(2008년).

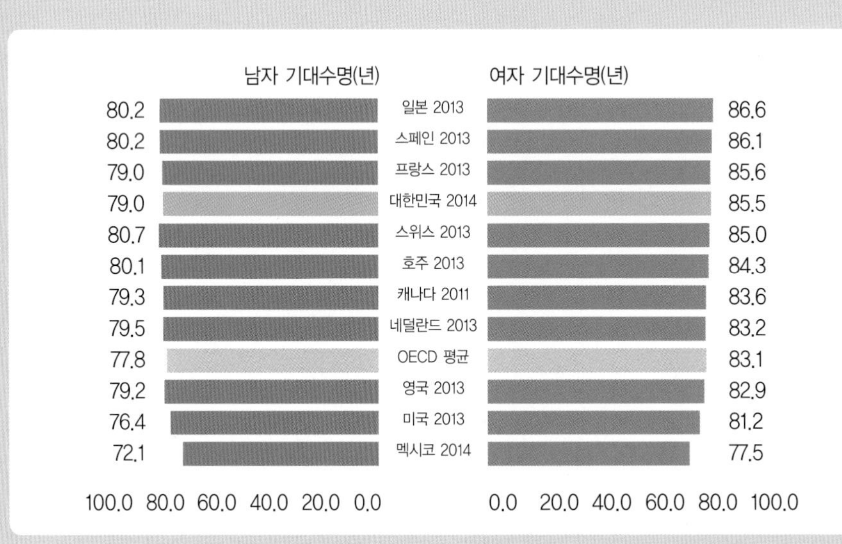

〈평균 수명과 활동의사 수〉

가장 많이 증가했고, 위암(23.1명→17.6명)은 감소폭이 가장 컸다(표 1-3). 남자는 폐암, 간암, 위암 등의 순으로 사망률이 높았고, 여자는 폐암, 위암, 대장암 등의 순이었다. 평균적으로 남자의 암 사망률은 여자보다 1.7배 높았는데 식도암은 남자가 남녀 간 차이가 가장 많았다.

암을 발생시키는 관련 요인으로는 식생활, 신체활동, 흡연, 술, 호르몬 및 환경인자 등이 있으며, 이들 요인 중에서 암 발생의 20~30%가 식생활 요인으로 보고되고 있다. 암 종류별로는

| 표 1-3 | 악성신생물(암)의 성별 사망률 추이, 2004년-2014년

(단위: 인구 10만 명당, %)

구 분			악성 신생물(암)	식도암	위암	대장암	간암	췌장암	폐암	유방암	자궁암	전립선암	뇌암	백혈병
남녀 전체	2004년		132.6	3.1	23.1	12.1	22.4	6.3	27.3	3.1	2.7	1.9	2.3	3.0
	2013년		149.0	2.9	18.2	16.4	22.6	9.6	34.0	4.4	2.4	3.2	2.4	3.2
	2014년		150.9	3.0	17.6	16.5	22.8	10.1	34.4	4.5	2.6	3.3	2.5	3.3
	13년 대비	증감	1.9	0.2	−0.6	0.2	0.2	0.5	0.4	0.0	0.1	0.1	0.2	0.1
		증감률	1.3	5.9	−3.3	1.1	1.0	5.5	1.1	0.8	5.1	1.9	7.0	4.5
남	2004년		168.7	5.6	29.9	13.3	33.7	7.2	40.4	0.1	−	3.8	2.4	3.5
	2013년		186.2	5.2	23.7	18.5	33.3	10.3	49.5	0.1	−	6.4	2.5	3.7
	2014년		188.7	5.5	22.7	18.9	34.0	10.8	50.4	0.1	−	6.6	2.8	3.6
	13년 대비	증감	2.4	0.3	−1.0	0.3	0.6	0.5	0.9	0.0	−	0.1	0.3	−0.1
		증감률	1.3	6.2	−4.2	1.9	1.9	4.9	1.8	30.3	−	2.0	14.1	−2.9
여	2004년		96.4	0.5	16.2	10.8	11.0	5.4	14.2	6.1	5.5	−	2.2	2.6
	2013년		111.8	0.5	12.6	14.2	11.8	8.8	18.4	8.8	4.9	−	2.3	2.6
	2014년		113.2	0.5	12.4	14.2	11.6	9.3	18.3	8.9	5.1	−	2.2	3.0
	13년 대비	증감	1.4	0.0	−0.2	0.0	−0.2	0.5	−0.1	0.1	0.2	−	−0.0	0.4
		증감률	1.3	3.4	−1.5	0.2	−1.6	6.2	−0.5	0.6	5.1	−	−0.8	15.2
사망률 성 비 (남/여)	2004년		1.75	10.27	1.85	1.23	3.06	1.34	2.85	0.01	−	−	1.11	1.37
	2013년		1.67	10.31	1.88	1.31	2.82	1.18	2.69	0.01	−	−	1.09	1.46
	2014년		1.67	10.58	1.83	1.33	2.92	1.16	2.75	0.01	−	−	1.26	1.23

※ 남자의 암 사망률(188.7명)은 여자(113.2명)보다 1.67배 높음.

- 남자는 폐암(50.4명), 간암(34.0명), 위암(22.7명) 순으로 사망률 높음.
- 여자는 폐암(18.3명), 대장암(14.2명), 위암(12.4명) 순으로 사망률 높음.
- 남녀 간 차이는 식도암(10.58배)이 가장 높고, 간암(2.92배), 폐암(2.75배) 순임.

흡연과 관련이 깊은 폐암을 제외하고 대장암 및 췌장암 등 채소와 과일의 섭취부족 등 동물성 식품을 주로 한 식생활과 관련이 있는 암의 발생이 눈에 띄게 많아졌다(표 1-4). 반면에 우리 전통식생활에서 문제로 지적되는 염분의 과다 섭취와 관련이 있는 위암으로 인한 사망률은 감소하고 있다.

두 번째 사망요인인 순환기계통의 질환은 같은 기간에 정체 또는 감소하는 경향을 보이고 있으며, 이 중에서 심장병은 증가하고, 뇌졸중과 고혈압은 정체 또는 감소하는 것으로 조사되었다. 순환기 계통의 질환 역시 포화지방산, 콜레스테롤을 비롯한 지방의 섭취 과다, 식이섬유, 채소와 과일 및 불포화지방산의 섭취 부족 등 식생활과 관련이 깊은 것으로 나타나고 있다.

(2) 영양불균형의 심화

1970년대 중반 이후 식량 자급과 고도의 경제성장, 소득증대, 서구식 식생활의 일반화 · 간편화로 인하여 쌀 소비량이 급격히 감소하였고 동물성 식품과 지방의 과잉 섭취 경향이 점차 심

| **표 1-4** | 만성 질환의 발생원인

구 분	비 만	당 뇨	심장병	암
칼로리 섭취 과다	↑			
포화지방산, 트랜스지방			↑	
지방산, 콜레스테롤				
염분, 염장식품 과다 섭취			↑	↑위암
설탕 함유 음료	↑			
뜨거운 음료 · 음식				↑구강 · 인후 · 식도암
알코올 섭취 과다			↑	↑구강 · 인후 · 간 · 유방암
비 만		↑	↑	↑식도 · 대장 · 유방 · 신장암
흡 연			↑	↑거의 모든 암
식이섬유	↓	↓	↓	
채소와 과일	↓	↓	↓	↓구강 · 식도 · 위 · 대장암
불포화지방산(ω-3, ω-6)			↓	
운 동	↓	↓	↓	↓대장 · 유방암

주 : ↑ 높음, ↓ 낮음

	'98	'01	'05	'07	'08	'14
전체	26.0	29.2	31.3	31.7	30.7	31.5
남자	25.1	31.8	34.7	36.2	35.3	37.7
여자	26.2	27.4	27.3	26.3	25.2	25.3

| 그림 1-2 | 비만 유병율 추이(체질량지수 기준)

주 : 1) 비만 유병률 : 체질량지수 25Kg/m² 이상인 분율, 만 19세 이상

2) 2005년 추계인구로 연령표준화

자료 : 보건복지부, 2014 국민건강영양조사 제6기

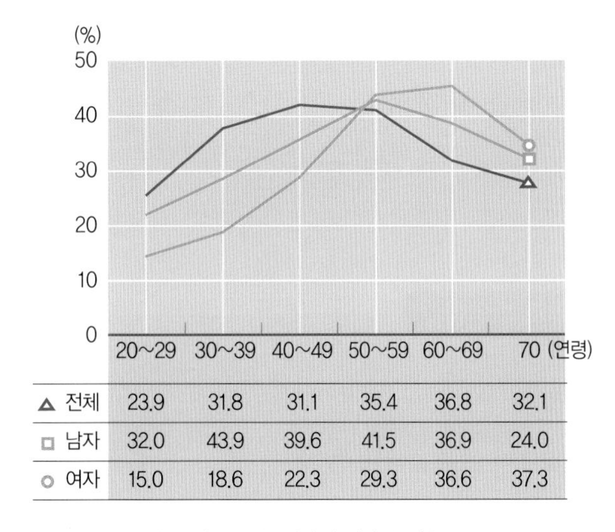

	20~29	30~39	40~49	50~59	60~69	70 (연령)
△ 전체	23.9	31.8	31.1	35.4	36.8	32.1
□ 남자	32.0	43.9	39.6	41.5	36.9	24.0
○ 여자	15.0	18.6	22.3	29.3	36.6	37.3

| 그림 1-3 | 연령별 비만 유병률

자료 : 보건복지부, 2014 국민건강영양조사 제6기

화되고 있다. 현재 지방의 섭취비율이 20%를 넘고 있고, 이러한 지방 에너지의 과다 섭취가 비만 유병률(만19세 이상, 표준화)은 1998년 26.0%에서 2007년 31.7%로 증가한 후 최근 7년간 31~32%를 유지하고 있다. 이는 미국(NHANES, 만 20세 이상, 체질량지수 30kg/㎡ 이상)의 비만 유병률 32.2%와 비슷한 수준이었다. 남자의 비만 유병률은 37.7%, 여자는 20.2%로 남자가 더 높았고, 남자는 50대 비만율이 가장 높은 반면 여자는 연령이 높을수록 증가하여 70대에 가장 높았다(그림 1-3).

식생활관리의 개념

식생활관리 & 식생활관리자

식사와 관계되는 모든 활동과 의사결정, 그리고 실천하는 것에 대한 책임의 내용을 식생활관리(meal manage-ment)라 하고, 그에 대해 책임을 맡은 사람을 식생활관리자(meal manager)라고 한다.

Tip | 식생활관리자의 결정사항

- 어떠한 음식으로 대접할 것인가?
- 식사에 얼마나 많은 비용을 들일 것인가?
- 어디에서 무엇을 얼마만큼 구입할 것인가?
- 어떻게 조리할 것인가?
- 식사에 얼마나 많은 시간을 소비할 것인가?
- 언제 어떻게 접대할 것인가?
- 부엌은 어떻게 설비하며, 식당을 어떻게 꾸밀 것인가?

Tip | 식생활관리자의 역할

- **영양사** : 가족의 식사를 계획하며 가족의 영양을 책임지는 영양사
- **재정관** : 식품구매자로서 식생활비를 조정하는 재정관
- **경영자** : 여러 가지 일을 조직적으로 실천하는 경영인
- **영양교사** : 영양을 지도하는 교육자
- **조리장** : 주방에서 조리장 · 감독자, 주방과 식당의 관리인
- **예술가** : 식사를 대접할 때는 식탁을 꾸미는 예술가

식생활관리자는 식단계획을 세우고 식품구입 시에 식품종류와 그 양을 결정하는데, 그러한 결정은 가족에게 영향을 주게 된다. 식생활관리자는 가정에서 다양한 업무, 즉 가족의 식사를 계획하는 영양사 · 식품구매자 · 식생활 비를 조정하는 재정관, 여러 가지 일을 조직적으로 실천하도록 하는 경영자, 때로는 영양을 지도하는 교육자로서 일을 수행하며, 주방에서 조리

장 · 감독자, 주방과 식당의 관리인이 된다. 또한 식사를 대접할 때에는 식탁을 꾸미는 예술가가 되기도 한다. 이와 같이 하는 일이 다양하며 그 책임은 매우 크다고 하겠다.

식생활관리의 기본 요소

의사결정과 자원은 식생활관리에 있어 중요한 두 가지 요소이다.

(1) 의사결정

선택에까지 도달하는 연속적인 과정에 대한 계획을 세워 실천하는 것을 의사결정(意思決定, decision making)이라고 한다. 다시 말하면 한 가지 이상의 행동에서 어느 하나를 선택하듯이 다양한 상품이 있을 때 우리는 각양각색의 많은 상품에서 어느 하나를 선택해야 한다. 먼저 선택해야 할 상태를 인식하고 다음에는 선택방법을 어떻게 해야 하는가를 발견해야 한다. 그리고 가능한 선택방법을 평가해 보고, 최종적으로 하나를 선택하게 된다.

① 식생활관리자의 목표에 따라 의사결정을 하게 된다

식생활의 판단 기준은 여러 가지를 참고로 하여 결정을 내리게 되고, 결정대로 식품을 구입하게 되면 목표달성이 가능하므로 만족을 느끼게 된다. 이때에는 가족의 기호, 조리 시간 등을 기준으로 하여 결정하게 된다.

② 식생활관리는 목표달성을 위해 합리적인 방법으로 의사 결정을 한다

합리적인 결정은 깊은 생각과 경험, 지식을 충분히 이용해서 이루어져야 한다. 때로는 비합리적인 결정을 하기도 하는데 이러한 결정들은 사람들의 감정, 과거 경험에 대한 반응, 다른 사

Tip | 의사결정의 예

육류를 구입하기 위해 마트에 가면 여러 형태의 고기를 살 수 있음을 알게 된다. 즉, 신선한 냉장육을 사거나 여러 형태로 냉동한 것, 통조림한 것, 다진 고기 등을 살 수 있으며 다음의 목표(기준)에 의해 선택할 수 있을 것이다.

- **식품비의 최소화** : 좋은 부위의 고기를 살 수 없으며 싸면서 양이 많은 육류를 선택한다.
- **시간 절약을 최우선으로 함** : 통조림이나 냉동된 육류 또는 조리된 육류를 선택한다.
- **맛을 최우선으로 함** : 최상 등급의 신선한 육류를 선택한다.

생활에 대한 의사결정은 우리가 원하는 것이 무엇이며 얻어야 하는 것이 무엇인가를 합리적으로 신속하게 다루는 것이라고 말할 수 있다. 인간은 여러 가지 소망을 가지고 있으며 한 가지 소망이 충족된 후에도 계속 무엇인가를 추구한다. 모든 소망을 다 만족시킬 수 있는 사람은 거의 없으며 우리는 어떤 목표를 위해 노력할 것인가를 결정하는 것이 중요하다. 우리는 목표를 달성하기 위한 방법으로 한정된 자원 내에서 노력하고 있다.

람이 생각하고 기대하는 것, 개인적인 기분 등에 의하여 영향을 받게 된다. 가족을 위한 일상식이 아닌 손님을 위해 계획하는 식사는 비합리적인 의사결정에 의해 이루어질 수도 있다. 이러한 식사는 시간 · 노력 · 경비의 막대한 지출을 요구하나, 이렇게 해서 얻어진 개인적인 만족에 의해 그런 희생이 충분히 보상될 수도 있다.

(2) 자 원

식생활관리자의 자원으로는 물적 자원, 인적 자원 등이 있다.

① 물적 자원

사람들이 여러 가지 필요한 물품을 구입할 수 있고 관리할 수 있는 화폐를 물적 자원이라고 한다.

- 화폐 : 식품을 구입, 부엌설비, 식당설비에 사용한다. 가족들의 가치체계나 목표에 따라 구입하는 물품의 종류와 화폐 자원의 소비형태가 달라진다.
- 주방설비 : 레인지(range), 냉장고, 냉동고, 식기세척기 등의 큰 기구와 토스터, 전기프라이팬, 믹서, 전기밥솥, 전기커피포트 등의 기구 및 조리용 냄비 및 소기구, 식기 등이다.
- 식당 설비 : 테이블, 의자, 장식품 등에 사용된다.
- 기타 : 편리한 기구의 구입, 조리사나 가정부 고용, 외식 등에 사용된다.

② 인적 자원

인적 자원은 시간 · 에너지 · 지식 · 기술과 능력 등을 말한다.

- 시간 : 가족의 식사를 제공함에 있어서 식사를 계획하고, 식품을 구입 · 보관 · 저장하며, 식당과 그 설비를 관리하는 데 시간을 투입해야만 한다. 사용할 수 있는 시간과 사용방법

은 부분적으로는 가족들의 식사내용을 결정한다.

■ 에너지 : 시간 이외에도 한 사람 또는 그 이상의 사람들이 식사를 준비하기 위해 신체를 움직여야 하므로 에너지를 소모해야만 한다. 주부가 시장보기, 식품관리, 상차림, 시중들기, 설거지, 주방과 기구 돌보기, 식당의 설비를 관리하기 위해서는 에너지가 소비가 요구된다. 매일의 생활에 사용할 수 있는 에너지 공급량을 얼마만큼 충당시키느냐에 따라 식사내용이 달라져야 한다.

시간과 에너지는 모든 가족에게 똑같이 필요한 것이지만 식사를 어떻게 간주하느냐에 따라 열량의 과부족과 건강의 양호가 결정되게 된다. 극단적인 예를 들면 만일 식사의 목적이 단지 신체에 열량을 공급하는 것이라면 식품선택이나 양의 결정이 필요 없고 아무 것이나 먹어도 좋을 것이다. 또한 식사시간의 목적이 화목한 상호친교의 시간과 가족끼리의 마음에 맞는 대화의 기회를 제공하기 위한 것이라면 각 음식은 세심하게 준비되고 식탁도 가족을 만족시키는 분위기로 꾸며져서 처음부터 끝까지 정성들여 마련하게 된다.

■ 지식 · 기술 · 능력 : 관리자의 지식 · 능력 · 기술이 풍부할수록 주어진 목표를 달성하기 위해 소비되는 시간과 에너지는 적어진다. 즉, 시장에서는 장보는 방법을 잘 알면 알수록 식품비를 적절하게 조절할 수 있다. 또한 식사준비에 필요한 작업을 어떻게 조직화할 것인가에 대해 좀 더 잘 알고 조리기술이 많으면 많을수록 시간과 에너지 소비를 잘 조절할 수 있다.

③ 자원의 사용 : 목표와 가치관의 차이

가족들이 화폐 · 시간 · 에너지 · 지식 · 기술 · 능력 등의 자원을 어떻게 사용할 것인가는 그들의 목표와 가치관에 달려 있다. 비슷한 자원이 주어져도 가정마다 매우 다르게 사용된다.

예를 들면, A라는 가정은 B라는 가정보다 식생활비 지출이 더 높다. 그 이유는 A는 식품구입에 많은 돈을 사용하고 많은 경비를 들여 주방과 식당을 인테리어를 하며 아름답게 장식된 식탁에서 식사를 즐기는 생활을 하고 있는 반면에, B는 서적구입 · 여행 · 음악 · 영화 감상 등의 문화생활 등에 많은 경비를 지출하는 것을 더 좋아하며 소박한 식생활을 하기 때문이다.

식사는 우리들의 건강을 유지시켜 주며 음식을 먹는 만족감을 주는 것 외에 좋은 식품에 대한 심미적인 즐거움, 식품과 환경에 의해 주어진 미적인 경험, 다른 사람과 함께 식사하는 인간관계 등을 만족시킨다. 또한 식사는 주부가 가족을 위해 사랑을 베푸는 수단이 될 수 있고 가족과 자신이 원하는 것이 무엇인가를 나타내는 상징이 되기도 한다. 식사가 단순히 생리적 필요를 만족시키는 데 그치는 것이 아닐 때 가족들은 다른 필요를 만족시키기 위하여 자원을 제공하게 된다. 단지 배를 채우기 위한 식사는 빈약하고 저질적인 식사로 표현되며, 음식과 서비스의 수준 높은 식사는 호화롭고 예의 바른 식사라고 생각된다. 이와 같이 식습관과 식사예절은 가족의 가치관에 따라 얼마만큼의 자원을 제공하느냐에 달려 있다.

식생활관리의 가치와 목표

(1) 가 치

우리는 우리가 소중히 여기는 것이 무엇인가를 인식하고 있는지를 모르고 있는 경우가 있다. 또한 사람들이 높게 평가를 내린 것이라고 해서 그 가치(value)가 모두 똑같이 중요한 것은 아니다. 가치와 그의 상대적인 중요성은 필요와 목표, 여기에 따르는 행동방식에 따라 달라진다. 무엇을 소중히 하는가를 알고 이해하고자 하면 할수록 필요와 행동에 대해 더 잘 이해할 수 있게 된다.

즉, 가치란 희망하는 어떤 것이나 중요한 무엇으로 정의할 수 있다. 가족에게 있어 가치 있는 것 중의 하나는 건강이다. 식생활의 가치를 '건강' 에 둔다면, 식생활관리자는 식사의 목표를 우수한 영양섭취에 둘 것이다.

① 건강의 가치

식생활관리자의 식사관리는 건강의 가치를 추구하기 위해 기회를 제공한다. 계획된 식단이나 영양 있는 조리방법을 선택하거나 조리된 음식을 제공하는 안전한 식사환경을 제공하는 것도 식생활의 목표로 삼는 것이다.

② 사회적(이웃과의 친목도모) 가치

어떤 가족에게는 음식이나 식품이 사회적 친목도모의 가치를 가지기도 한다. 음식은 휴식의 도구로 사용되기도 하고 대화의 수단 또는 정보 교환의 수단 가치로 이용된다. 그러한 가족에게 음식이란 마음과 몸을 풍요롭게 해주는 가치를 내포하게 된다.

③ 경제적 가치

음식이나 식품은 달라진 경제적 위치를 표현하는 가치를 지니기도 한다. 경제적으로 풍요롭다가 갑자기 가계 수입이 줄어든 가족에게는 그 전에 먹던 값비싼 음식이나 식품은 개인의 빈곤해진 경제적 깨닫게 해주는가 하면 반대로 갑자기 경제적으로 풍요로워진 가족에게는 전에는 비싸서 먹을 수 없었던 음식이나 식품을 사고 먹는 행위가 자신의 경제적 위치를 확인하는 도구로 사용할 수도 있을 것이다.

④ 문화적 가치

인종적인 풍습이나 자부심을 중요하게 생각하는 사람에게 음식은 문화적 가치를 내포한다. 그러나 새로운 환경으로 이사를 가거나 직장을 옮긴 사람에게는 오히려 그러한 식문화가 새로운 환경에 적응하는 데 부정적 가치를 내포할 수도 있다.

⑤ 능률적 가치

가족의 구성원이 모두 성인이고 바쁜 직장인이라면 시간과 노력, 에너지의 효율적 가치를 사회적 가치(social value)보다 우선시하는 가족의 경우에는 효율적 가치를 가장 중요하게 생각하고, 건강이나 친목 도모의 가치를 우선시하는 가족과는 다른 식사관리를 할 것이다. 예를 들어 금전이나 절약에 큰 가치관을 둔 가족이라면 소고기 같은 비싼 식품을 사지 않는 식사가 이루어질 것이다. 또한 전기나 가스를 오래 사용하여 만들어지는 음식보다는 인스턴트식품이나 빨리 먹을 수 있는 즉석식품 및 냉동식품을 선호할 것이다.

⑥ 예술적 가치

음식의 맛보다는 모양, 색깔, 향기, 질감 등 예술적인 가치에 의미를 둔다면 식생활관리자는 식품구입, 메뉴 작성, 식비관리가 식생활관리자와는 전형적인 다른 형태로 이루어질 것이다.

⑦ 교육적 가치

어떤 사람에게는 음식이 교육적인 가치를 지니기도 한다. 초등학교 어린이들은 음식을 통해 다양한 음식의 맛, 냄새, 색깔 등을 배울 수 있고, 중 · 고생은 음식이 어떻게 재배되고 수확되고 가공되는지 배울 수 있으며, 가족은 다른 나라의 음식을 보고 직접 만들어 보면서 그 나라에 대한 관심과 문화, 지리 등에 대해 배울 수 있을 것이다.

Tip | 식사와 관련된 일반적인 목표

• 영양적으로 균형 있는 식사를 준비한다.
개인적인 기호, 사회적 · 정서적인 만족도와 순응도 등을 목표로 하여 영양적으로 적합한 식사의 목표를 달성하도록 해야 한다.

• 식사에 너무 많은 비용을 쓰지 않도록 식품비의 지출을 계획한다.
식생활관리자가 가족의 식사를 맡고 있거나, 학교 · 식당 · 단체급식 · 레스토랑과 같이 일반대중의 식사를 맡고 있는 경우에도 이에 해당된다. 영양적으로 바람직한 식사를 위해 최소의 필요한 비용을 계획해야 한다. 그러나 영양면에서 알맞은 식사가 모든 소득계층에까지 가능한 것은 아니다. 가족의 식사를 마련하는 데 필수적인 경비는 가족의 크기 및 연령구성, 살고 있는 지역에 따라 다르다.

• 가족의 식품선호도를 고려한 식사를 제공한다.
이러한 식생활은 영양면을 고려한 식사보다 많은 비용을 소비하게 되며, 어떤 사람은 과식을 하고 영양적으로 음식을 먹지 않게 되어 다른 사람보다 많은 시간과 에너지를 식사에 소비하게 된다. 사람들은 식품에 대한 기호를 가지고 있으며 이러한 기호는 쉽게 바뀌지 않는다. 우리가 좋아하는 식사의 종류는 민족적인 배경, 가족의 식습관, 지역 · 사회 · 경제적 배경, 교육 · 종교 · 경험 등의 영향에 의해 형성된다. 식사는 음식 그 자체를 즐긴다는 만족감을 주게 되며, 우리는 우리가 좋아하는 것을 먹고, 우리가 먹고 지내온 것을 좋아한다. 그러나 이러한 식품기호도 바뀔 수 있다. 많은 사람들이 인스턴트 커피와 제과점 식빵을 좋아하게 된 것이 그 예가 될 수 있을 것이다. 종교적인 개념과 관련된 습관적 행동, 믿음에 따라 예외는 있으나 경제적이거나 노동을 절약하는 이점이 있다면 새 식품에 대한 저항도 강하지는 못하다.

• 식사에 대한 책임을 계획된 시간과 에너지를 사용한다.
식사를 계획하고 조리하는 데에는 시간이 필요하며 시장보기, 식사준비, 설거지 등에도 시간과 에너지가 요구된다. 편리한 식품, 조리하기 쉽게 포장해 놓은 식품, 완전 조리된 음식으로 만들어진 것의 소비가 급증하는 것은 우리가 시간에 많은 가치를 두고 또 그것을 절약하기를 원하며 조리작업을 회피하고 싶어한다는 증거이다. 현재의 주부들은 식사준비를 시간에 맞추기 때문에 시간이 없을 때에는 30분짜리 식사를 마련하고, 시간에 여유가 있으면 식사준비에 많은 시간을 할애하게 된다. 시간과 에너지는 돈과 마찬가지로 계획이 세워져야 한다. 가정에 따라 식품비 예산이 다르게 짜이듯이 그들의 시간과 에너지도 달리 계획되어야 한다. 또한 식사계획에 관계없이 모든 가족은 생활에 있어 시간과 에너지 사용에 제한을 두고 있다. 주부의 사회생활이 점차 증가함에 따라 식사준비를 위하여 소비되는 시간과 에너지를 많이 생각하게 된다. 현명한 주부는 식사계획을 세밀하게 세워서 가족에게 충분한 영양공급을 해야 한다.

위의 내용들은 가족이나 개인이 가지는 음식 또는 식품의 가치관의 예들이다. 그러한 가치를 얼마나 존중하는가에 따라 식사관리 전체에 영향을 받을 것이다. 또한 가치관을 의식적으로 나타나지 않는다고 하더라도 잠재적으로 그러한 가치관을 가지고 식사를 계획하고 준비하고 상을 차리고 음식을 먹는 식생활 전반에 은연 중에 영향을 미칠 것이다.

(2) 목 표

목표(goal)란 어떤 목적을 이루려고 지향하는 실제적 대상 또는 도달해야 할 곳이라는 의미를 가진다. 가치관에 적합한 목표를 세운다면 가치관이 실행되는 것이다. 특히 식사관리에 있어 목표는 구체적이고 실행 가능하며 측정 가능한 것이어야 한다. 예를 들어, 좋은 건강의 가치를 수행하기 위해서는 가족구성원의 영양섭취기준에 맞는 식사를 하겠다는 목표를 세운다. 또한 건강 가치를 충족하기 위해 식생활관리자는 다음과 같은 목표들은 정할 수 있다.

- 혈청 콜레스테롤을 낮추기 위해 일주일에 최소한 4회 정도 생선요리를 준비한다.
- 체중조절을 위해 음식은 적게 만들고, 작은 그릇을 이용하여 식사량을 조절한다.
- 체중조절을 위해 고열량 후식은 일주일에 1회만 준비한다.
- 아침에 식사를 거르지 않기 위해 아침에 일찍 식사를 준비한다.

식생활관리 단계

식생활관리는 식사에 대한 의사결정을 내리는 것이며 실천하는 것이다. 즉, 식사계획, 식품구입, 식사준비, 식탁준비와 대접하기, 설거지, 부엌과 그 기구관리, 식당과 그 설비관리 등을 말한다. 식생활관리는 다음의 여섯 단계로 구성된다.

- 계획(planning)
- 구성(organizing)
- 적임자 선정(delegating)
- 수행(implementing)
- 감독(supervising)
- 평가(evaluating)

각 관리순서에서 어떤 부분이 특히 강조되는지는 식사환경에 따라 달라진다. 예를 들어, 가정에서의 식사관리는 식사를 계획하고 구성 · 수행하며 평가하는 4단계가 중요하지만, 식사를 대신해 주는 도우미가 있는 가정이나 식당의 경우에서는 적임자를 선정하고 감독하는 단계가 포함될 수 있다.

(1) 식사계획

목표와 관련된 구체적인 계획을 세우기 위해서는 경험을 통하여 구체적으로 적합한 결정을 내릴 때까지 여러 가지 방법으로 계획을 세우는 것이 가장 중요하다. 계획을 세우는 것은 목표를 달성하기 위한 것이다.

> 때에 따라 어떠한 음식을 대접할 것이며, 어떻게 하면 시간을 가장 잘 이용할 수 있고, 예산에 알맞은 식품은 무엇이며, 경제적이면서도 간단한 것이 어떤 것인가, 현재 물가로 보아 비싼 것은 무엇인가 하는 것 등을 고려하여 결정하게 된다. 그리고 이러한 문제들은 식사계획에서 해결되어야 한다.

좁은 의미의 식사계획(meal planning)은 단지 식단계획(menu planning)으로 주어진 식사를 위해 식품을 선택하는 것만으로 생각하기 쉽다. 그러나 넓은 의미의 식단계획은 목표와 일치되는 식단 작성, 시장보기계획, 식사준비와 접대계획 등을 모두 포함한다. 오랜 경험을 쌓은 주부는 뚜렷한 계획이나 구매식품 품목(shopping list) 없이도 이러한 계획을 수행한다.

(2) 준비 · 구성

자원을 적절히 활용하고 식사관리가 효율적으로 이루어지기 위한 필수 단계이다. 예를 들어 부엌기구나 가구가 적절하게 배치되어 있거나 저장 공간이 효율적으로 배치되어 있다면 관리자의 시간과 노력이 효과적으로 줄어들 수 있다. 미리 작성한 식품 구매 목록은 자신의 시간을 효과적으로 사용하게 한다. 또한 식품의 품목을 미리 적어서 식품을 구입하여야 필요한 식품을 빠짐 없이 구입할 수 있다.

(3) 적임자 선정

가족구성원이나 가사도우미를 적절한 임무에 적절한 사람으로 선정하면 식사 준비나 식사시간 절약에 도움이 된다. 일을 배정하는 데 있어 분명한 의사소통은 성공적인 적임자 선정에 필수요소이다.

(4) 수 행

식생활관리의 요소인 식품 구입, 식사 준비, 식탁 준비와 대접하기, 설거지 등을 포함한다. 오랜 경험을 쌓은 주부는 뚜렷한 식사계획이나 구매식품 품목(shopping list) 없이도 경험에 의해 메뉴를 정하고, 장을 보고 음식준비와 접대 등을 행한다. 식품위생, 식품선택, 요리, 상차리기에 대한 지식이 적절하게 이용되어야 효율적인 식사관리가 이루어진다.

(5) 감 독

식당의 종업원이나 식사도우미를 잘 감독하는 것은 성공적인 식사관리와 그들의 특별한 기술을 발전시키는 데 필요한 부분이다. 적절한 훈련, 명확한 작업, 일 잘하는 종사원을 알아보는 것은 감독의 중요한 요소이다.

(6) 평 가

평가는 식사관리에 매우 중요하다. 식사에 관련되는 여러 요소들을 평가하는 것은 관리자가 다음 식사관리에 개선해야 할 정보를 제공한다. 특히 식사관리에서 도움이 됐던 장점들을 인식하고 평가하는 작업은 효율적인 식생활관리를 가능하게 하고 관리자에게는 식사관리에 점차적으로 자신감을 부여한다.

식사계획을 세워서 식사관리할 때의 장점

① 시간과 에너지를 절약해 준다

메뉴와 구매식품품목의 작성 및 식사준비와 접대에 대한 초안을 작성하는 데에는 약 한 시간 정도의 시간이 소요되며 이 시간은 시장보기, 조리하기, 다음 식사계획하기에 소요되는 시간과 에너지를 절약해 준다. 자신의 시간을 효과적으로 사용하기 위해서 일주일분의 식단계획을 세워 일주일에 한 번 정도 슈퍼마켓이나 할인점에 가게 되면 장보는 시간을 절약할 수 있다. 일주일 식사를 조심스럽게 계획하면 의사결정에 더 이상의 시간이 소비되지 않는다. 그리고 일주일을 기본으로 계획을 세우면 지난 계획의 장점이 평가되고 새로운 계획에 대한 아이디어가 떠오르므로 계획을 세우는 것이 쉬워지고 시간도 적게 소비된다. 또한 장을 보는 중에 구할 수 있는 식품의 종류와 세일 종류에 따라 식품 선택을 바꿀 수도 있고, 식품구매 후 작성한 메뉴의 시간활용 방법과 식사준비계획에 따라 수정해서 완성할 수도 있다.

② 세밀한 계획은 식품비지출의 조절을 쉽게 해준다

식품의 품목을 미리 적어가지고 시장에 나가 식품을 구입하여야 필요한 식품을 빠짐 없이 구입할 수 있다. 어떤 사람들은 식품품목에 대한 기록 없이 시장을 보는데 이들은 기억에 의존하거나, 시장을 다니면서 생각나는 대로 식품을 충동 구입하므로, 때로는 식품을 보고도 결정을 못하는 경우가 있다. 주부에 따라 미리 식단계획을 해서 시장을 보는 사람도 있고 시장을 보면서 계획한 식단에 맞추어 식품을 구입하기도 한다.

- 계획된 지출에 알맞은 신중한 식품선택을 할 수 있다.
- 지출계획의 총 액수에 맞추어 어느 정도 가격이 싸거나 비싼 식품을 선택할 수 있다.
- 계획된 메뉴는 계획된 식품을 구입하도록 하며, 이것은 낭비를 최소화하는 방법이다.
- 순간적인 충동으로 시장에서 계획되는 식사는 가격이 비싸지는 경향이 많은 반면 미리 계획된 메뉴는 지출을 조절할 수 있다.

③ 좋은 영양공급이라는 목표를 달성할 수 있다

시장에서 즉흥적으로 결정한 식품으로 만든 식사는 좋은 영양을 공급할 수도 있으나 그렇지 못한 경우가 더 많다. 어느 한 끼만으로 영양의 필요량을 만족시키지 못하며 하루 세 끼 식사가 한 단위로서 생각되어야 한다. 이러한 점에서 가족 구성원 중에 점심을 밖에서 먹는 사람이 많아지면 집에서 먹는 두 끼의 식사가 더 중요하게 된다. 도시락을 싸지 않는 한, 주부는 외식에 대한 조절을 거의 할 수 없게 된다. 좋은 영양을 확보하기 위해서는 집에서 먹는 두 끼의 식사를 한 단위로 생각하는 것이 바람직하다. 영양적으로 균형이 맞는 식사를 계획하는 것은 어려운 일이 아니며 좋은 식사에 필수적으로 요구되는 식품을 섭취하도록 하는 것도 어려운 일은 아니다. 그러나 계획 없이 영양적으로 좋은 식사를 할 수 없기 때문에 좋은 영양공급을 위해 식단계획을 세우는 것이 바람직하다고 본다.

④ 식품을 다양하게 사용할 수 있다

계획된 식사가 급히 마련된 식사보다 식품이 다양하고 영양적으로 우수하다. 다양한 식사의 이점은 다음과 같다.

■ 한두 가지 식품보다는 많은 종류의 식품이 식사에 포함되어 있을 때, 보다 더 영양적으로 바람직한 식사를 하게 된다. 모든 식품은 식사를 통하여 영양적인 기여를 하며 식사의 영양량은 이들 여러 식품의 영양의 합계이다.
■ 여러 식품을 다양하게 사용할 수 있을 때보다 싼 값에 영양적으로 우수한 식사를 할 수 있게 된다.
■ 먹는 즐거움을 제공하는 식사는 여러 식품이 포함되어 있는 식단일 때 더욱 즐거움을 느끼게 한다. 몇 가지 식품으로 구성된 식사로 만족하는 사람도 있으나 대부분의 사람들은 이러한 단조로운 식사를 좋아하지 않는다.

⑤ 식단계획의 습관을 형성시키는 데 있다

무엇을 대접하고, 식사에 드는 경비는 얼마이며, 얼마만큼의 시간과 에너지를 제공해야 하는가 하는 것에 대한 경험이 많을수록 식생활관리를 함에 있어서 훌륭한 판단을 내리게 된다. 습관은 반복되는 행동에서부터 형성되는 것이므로 모든 식생활관리자는 반드시 식단을 작성하도록 해야 한다. 식생활관리자의 지식과 경험을 토대로 가족 구성원들의 기호를 참작하면서 식단계획을 세우는 것이 중요하다.

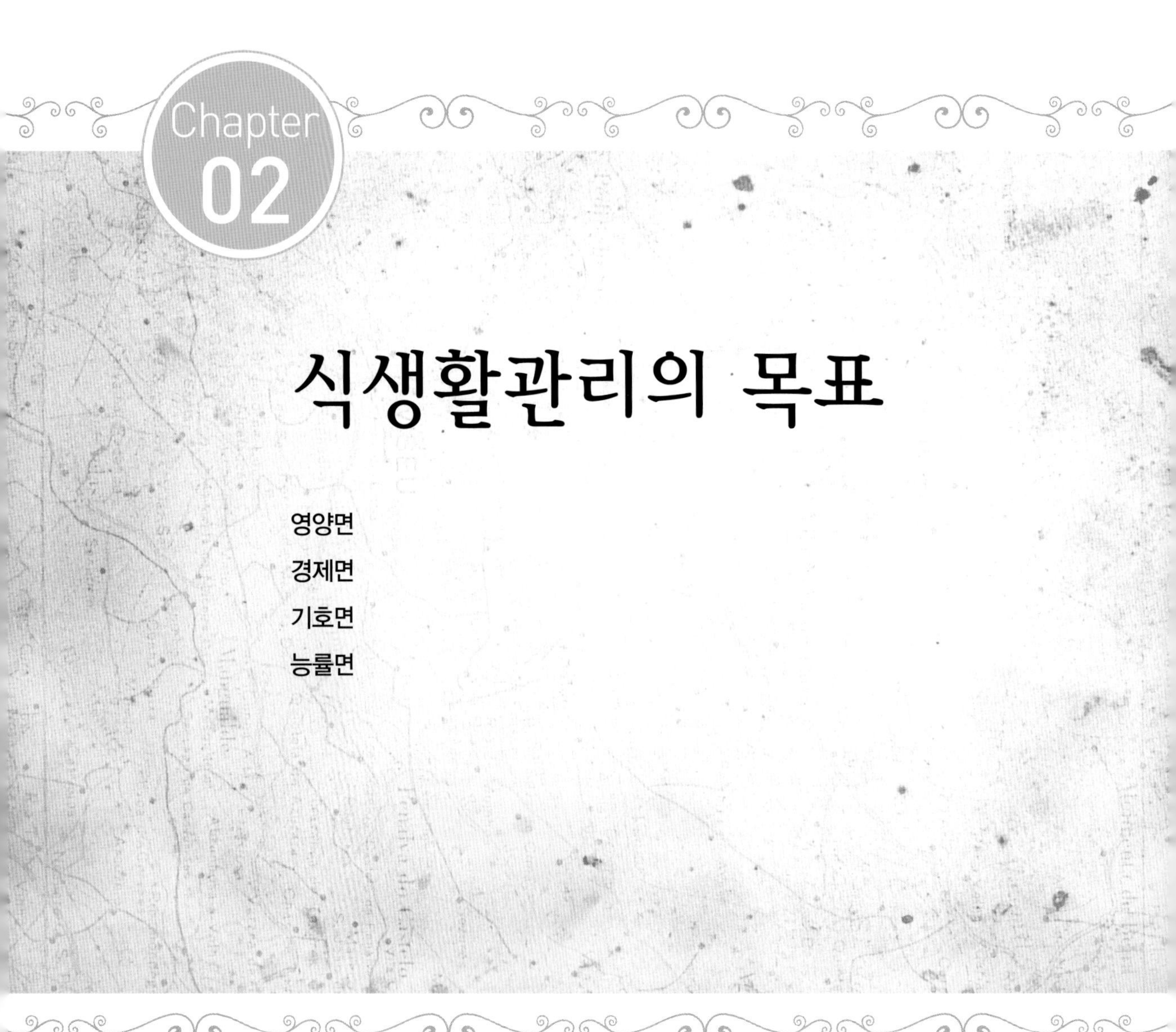

Chapter 02

식생활관리의 목표

영양면

경제면

기호면

능률면

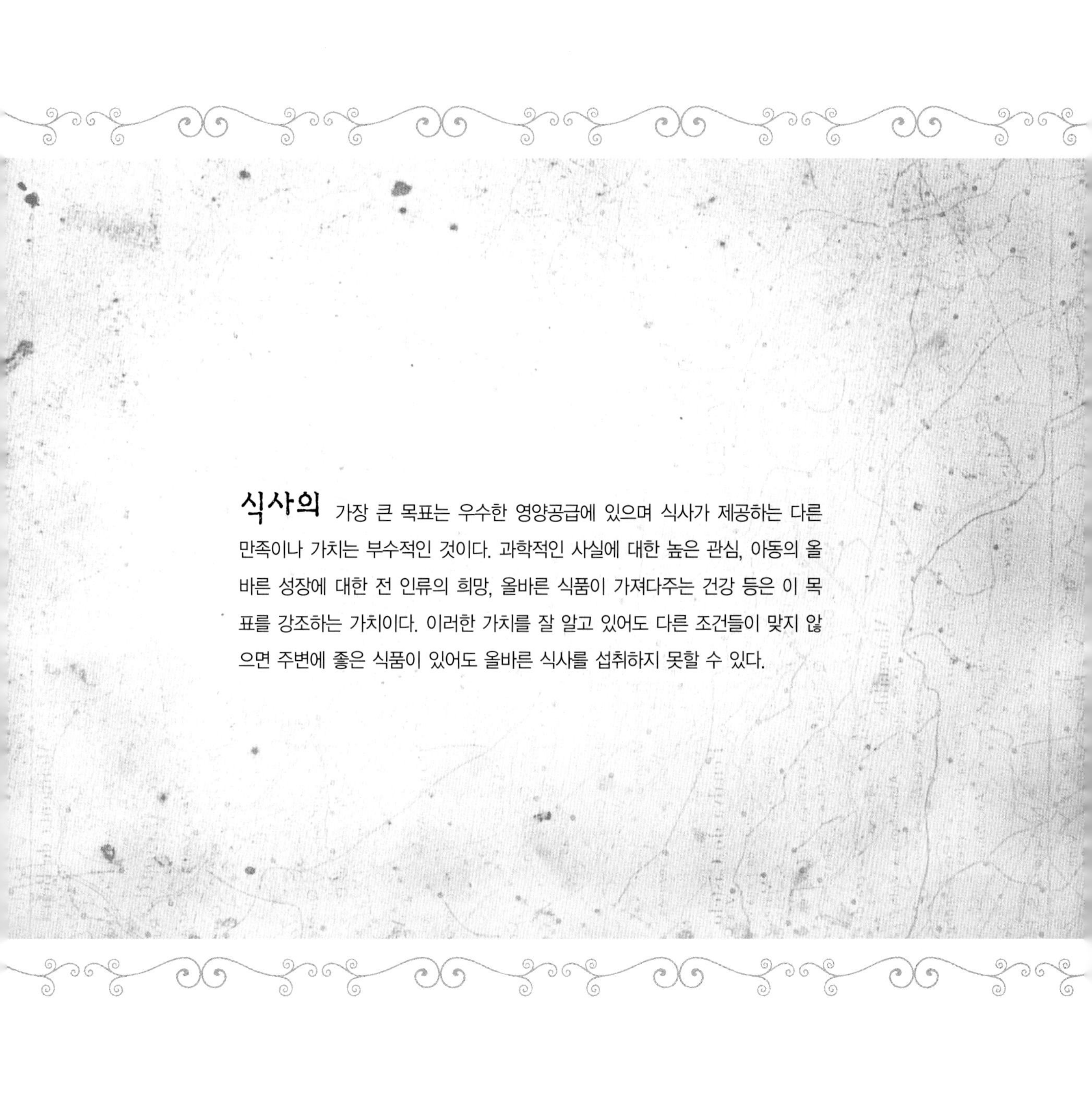

식사의 가장 큰 목표는 우수한 영양공급에 있으며 식사가 제공하는 다른 만족이나 가치는 부수적인 것이다. 과학적인 사실에 대한 높은 관심, 아동의 올바른 성장에 대한 전 인류의 희망, 올바른 식품이 가져다주는 건강 등은 이 목표를 강조하는 가치이다. 이러한 가치를 잘 알고 있어도 다른 조건들이 맞지 않으면 주변에 좋은 식품이 있어도 올바른 식사를 섭취하지 못할 수 있다.

식생활관리의 목표

영양면

식사의 가장 큰 목표는 우수한 영양공급에 있으며, 식사가 제공하는 다른 만족감이나 가치는 부수적인 것이다. 과학적인 사실에 대한 높은 관심, 아동의 올바른 성장에 대한 전 인류의 희망, 올바른 식품이 가져다주는 건강 등은 식생활관리의 목표를 강조하는 가치이다. 이러한 가치를 잘 알고 있어도 다른 조건들이 맞지 않으면 주위에 좋은 식품이 있어도 올바른 식사를 섭취하지 못할 수 있다. 우리나라 보건복지부에서는 국민의 영양개선 및 건강증진의 시책을 강구하기 위하여 1989년부터 국민영양조사를 실시하였고 1995년 이후에는 「국민건강증진법」의 제정에 따라 정기적으로 국민건강영양조사를 실시하였다. 국민건강영양조사는 1998년 제1기 조사를 시작으로 제2기(2001), 제3기(2005), 제4기(2007~2009), 제5기(2010-2012) 조사가 완료되었으며 6기(2013-2015) 조사가 완료되었다. 2014년 조사결과에 의한 영양 및 식품의 섭취 실태는 다음과 같다.

영양섭취 실태

(1) 에너지섭취량과 열량영양소

에너지 섭취량의 변화는 크지 않지만 전반적으로는 증가하는 경향이다(그림 2-1). 탄수화물 섭취량은 감소하고 (1998년 315.5g, 2014년 308.0g), 지방은 증가하여(1998년 40.1g, 2014년 49.7g) 에너지 섭취량에 대한 지방의 기여율이 1998년 17.9%에서 2014년 21.6%로 크게 상승하였다. 지방산의 종류와 상관없이 대체로 남자의 섭취량이 여자보다 높았으며, 포화지방산 섭취량은 14.1g, 단일불포화지방산은 15.3g, 다가불포화지방산은 11,7g이었으며, n-3계 지방산과 n-6계 지방산 섭취량은 각각 1.6g, 10.2g 이었다(국민건강영양조사 2014).

3대 에너지 영양소의 구성 비율은 단백질 : 지방 : 탄수화물이 14.6 : 21.6 : 63.8이며 당질에서의 섭취 비율은 1998년 67.2%에서 2014년도 63.8로 당질의 섭취가 감소하였다. 단백질의 섭취비율은 1998년에 15.0%를 유지하다가 2014년에는 14.6%로 다소 감소하였다(그림 2-2).

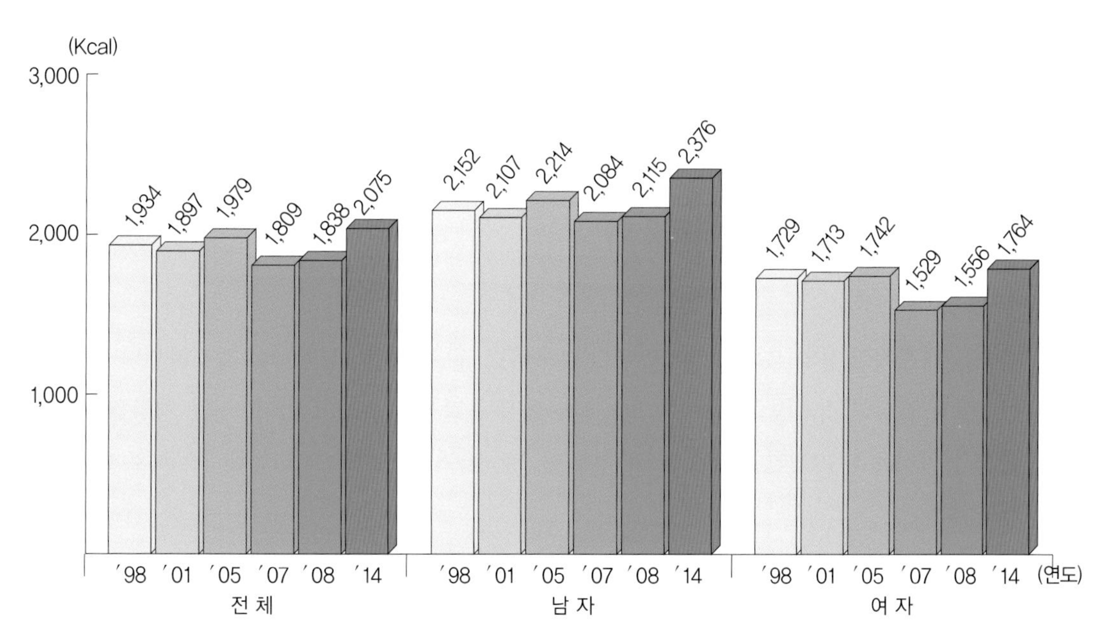

| 그림 2-1 | 에너지섭취량 추이

주 : 2005년 추계인구로 연령표준화

자료 : 보건복지부. 2014 국민건강영양조사.

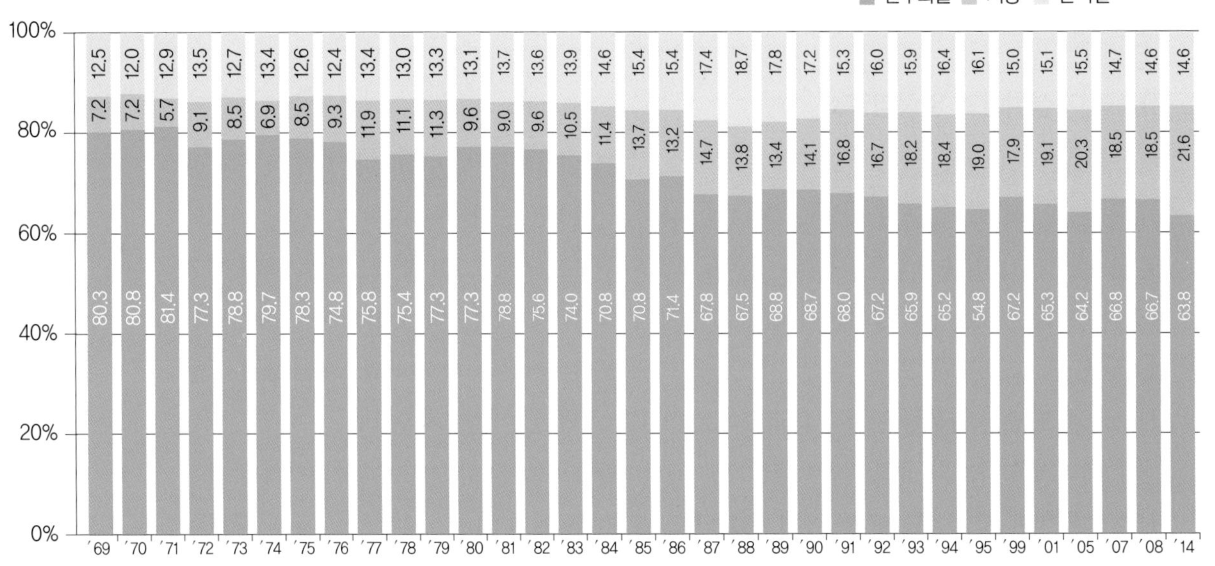

| 그림 2-2 | 영양소별 에너지섭취분율 추이

주 : 1) 단백질급원 에너지섭취분율 : {(단백질 섭취량)×4}의 {(단백질 섭취량)×4+(지방 섭취량)×9+4(탄수화물 섭취량×4}에 대한 분율, 만 1세 이상

2) 지방 및 탄수화물급원 에너지 섭취분율 : 단백질급원 에너지 섭취분율과 같은 정의에 의해 산출

3) 1969~1995년 : 원시자료 확보가 불가하여 각 영양소섭취량의 평균값을 이용하여 계산

4) 1998~2008년 : 2005년 추계인구로 연령표준화

자료 : 국민건강영양조사(2014)

(2) 주요 영양소의 섭취 실태(표 2-1)

① 칼 슘

칼슘은 대표적인 섭취 부족 영양소임에도 불구하고 전년에 비해 섭취량이 감소하였다. 국민 1인 1일당 칼슘의 섭취량은 600~700mg 사이에서 증감을 계속하고 있다. 평균 영양권장량에 대한 섭취비율은 1998년 71.1%, 2001년에 70.2%, 2008년 65.4%, 2014년에 71.1%로 다소 증가하였다.

② 철

철은 1998년부터 2012년까지 13~16mg 사이를 유지하다가 2014년 19.1mg으로 상승하였다. 평균 영양권장량에 대한 섭취비율은 1998년에 91.7%, 2001년에는 95.1%로 2014년도에는 171.6%로 높아졌다.

| 표 2-1 | 1인 1일당 영양소섭취량의 연차적 추이(1969-2014) (단위 : g, mg)

영양소 \ 연도	'69	'70	'71	'72	'73	'74	'75	'76	'77	'78	'79	'80	'81	'82	'83
에너지(kcal)	2,105	2,150	2,072	1,904	2,059	2,054	1,992	1,926	2,134	1,833	2,098	2,052	2,052	1,991	2,012
단백질(g)	65.6	64.6	67.0	64.7	64.6	68.0	63.6	60.4	71.0	59.5	69.6	67.2	69.9	67.4	69.6
지방(g)	16.9	17.2	13.1	19.2	19.2	15.5	19.0	20.0	28.0	22.6	26.2	21.8	20.3	21.1	23.5
탄수화물(g)	423	434	422	368	401	405	399	380	397	346	395	396	394	381	380
칼슘(mg)	444	466	404	486	382	444	407	402	487	412	699	598	559	466	506
철(IU)	24.8	11.2	13.1	12.9	11.0	14.1	12.4	12.0	14.0	10.3	12.4	13.5	15.8	13.3	15.1
비타민 A(mg)	1,400	939	96.2	1,504	891	1,781	1,362	1,923	1,428	1,604	1,324	1,688	1,804	1,676	2,052
티아민(mg)	1.76	1.10	1.22	1.09	1.09	1.30	1.21	1.20	1.40	1.20	1.31	1.13	1.78	1.00	1.14
리보플라빈(mg)	1.28	0.78	0.78	0.77	0.78	0.90	0.77	0.80	0.90	0.80	0.93	1.08	1.24	0.86	1.00
니아신(mg)	27.8	16.3	14.7	13.6	16.0	15.0	15.34	16.0	19.0	16.1	21.3	19.1	20.1	20.7	23.7
비타민 C(mg)	89.9	82.9	83.7	73.4	67.7	100.6	78.9	75.0	91.0	68.3	98.19	87.9	67.2	76.0	69.5

영양소 \ 연도	'84	'85	'86	'87	'88	'89	'90	'91	'92	'93	'94	'95	'98	'01	'05	'08	'14
에너지(kcal)	1,901	1,936	1,930	1,819	1,935	1,871	1,868	1,930	1,875	1,848	1,770	1,839	1,985	1,985	2,016.3	1,838.4	2063.4
단백질(g)	69.3	75.5	74.2	79.2	91.6	83.6	78.9	73.0	74.2	72.6	71.9	73.3	74.2	71.6	75.8	65.8	72.0
지방(g)	24.0	29.5	28.1	29.7	30.0	27.9	28.9	35.6	34.5	36.9	35.9	38.5	41.5	41.6	46.0	38.8	47.9
탄수화물(g)	351	342	343	308	330	323	316	325	31.3	301	286	295	325	315.0	306.5	293.3	310.1
칼슘(mg)	481	569	593	464	495	498	517	518	538	523	556	531	511	496.9	563.1	475.8	492.1
철(IU)	13.9	15.6	17.0	22.8	22.2	22.2	22.7	23.0	22.9	22.4	22.0	21.9	12.5	12.2	13.6	12.9	17.3
비타민 A(RE)	1,681	1,846	2,226	1,204	1,337	1,657	1,662	550	535	440	411	443	625	624	7,821	720.6	765.0
티아민(mg)	1.17	1.34	1.24	1.03	1.19	1.15	1.15	1.27	1.22	1.37	1.12	1.16	1.35	1.27	1.30	1.2	2.0
리보플라빈(mg)	1.04	1.21	1.19	1.11	1.20	1.18	1.27	1.24	1.22	1.11	1.319	1.20	1.09	1.13	1.20	1.1	1.4
니아신(mg)	22.7	25.7	27.2	17.7	20.9	19.5	21.6	17.5	17.4	16.5	16.6	16.7	15.7	16.9	17.1	14.9	16.3
비타민 C(mg)	58.6	64.7	84.3	51.2	76.2	65.8	81.2	92.2	102.5	92.6	93.5	98.3	123.1	132.6	98.2	96.3	99.5

주 : 1) 동물성 단백질비(%)=동물성 단백질/총 단백질×100
2) 1991년부터 비타민 A 단위는 RE로 바뀜
3) 1998년에는 식품성분표 제5 개정판(농촌진흥청 농촌생활연구소, 1995)을 이용함에 따라 쌀의 철 함량이 3.7mg/100g에서 0.5mg/100g으로 하향 조정된 수치를 적용하여 측정하였음
4) 1969~1995년까지는 가구별 청량법, 1998년도부터는 개인별 24시간 회상법에 의해 실시된 결과임
5) 2001년과 2005년에는 식품성분표 제6개정판(농촌진흥청, 농촌생활연구소, 2001) 자료를 적용하였음
자료 : 보건복지부, 2014 국민건강영양조사.

③ 비타민 A

비타민 A의 섭취량은 1998년에 609RE에서 2014년도 757RE로 꾸준히 증가하였다. 영양권장량에 대한 섭취비율은 1998년에 102%, 2014년도 118.4%로 증가하였다.

④ 티아민

티아민의 섭취량은 1.4mg~1.6mg 사이에서 증감이 되다가 2014년에 2.3mg으로 증가하였다. 영양권장량에 대한 섭취비율은 1998년에 125%, 2014년 183%로 권장량에 초과하여 섭취하였다.

⑤ 리보플라빈

리보플라빈의 섭취량은 1.1mg~1.3mg 수준을 유지하다가 2014년에 1.4mg으로 증가하였다. 영양권장량에 대한 섭취비율은 1998년에 85%에서 2014년에는 107%로 증가하였다.

⑥ 니아신

니아신 섭취량은 1998년 15.7mg, 2014년 16.3mg이었으며 권장섭취량에 대한 섭취비율은 1998년에 106%, 2014년에 113%로 여전히 권장량을 초과하여 섭취하고 있는 것으로 나타났다.

⑦ 비타민 C

비타민 C 섭취량은 1998년 123mg에서 2014년 96.1mg으로 감소하였다. 영양권장량에 대한 섭취비율은 1998년에는 233%로 높았으며 2014년에는 106.4%로 권장량에 근접하게 섭취하고 있었다.

식품 섭취 실태

(1) 식물성 식품 섭취

식품 섭취량의 연차적 추이를 살펴보면 식물성 식품의 섭취비율이 1994년에 79%이던 것이 2005년에 78.3%대, 2008년에는 90.1%, 2014년 79.7% 수준을 유지하였다. 한편 동물성 식품의 비율은 2008년에는 19.9%로 2005년 이후 20% 내외를 유지하다가 2014년도 21.3%로 다소 증가하였다(표 2-2).

| 표 2-2 | 식품군별 섭취량 추이(만 1세 이상)

구 분	국민건강영양조사							
	'94	'95	'98	'01	'05	'07	'08	'14
			평균(표준오차)	평균(표준오차)	평균(표준오차)	평균(표준오차)	평균(표준오차)	평균(표준오차)
식물성 식품 섭취비율(%)	79.0	79.1	81.4(0.2)	80.2(0.2)	78.3(0.2)	80.0(0.3)	80.1(0.2)	79.7(0.2)
동물성 식품 섭취비율(%)	21.0	20.9	18.6(0.2)	19.8(0.2)	21.7(0.2)	20.0(0.3)	19.9(0.2)	21.3(0.2)

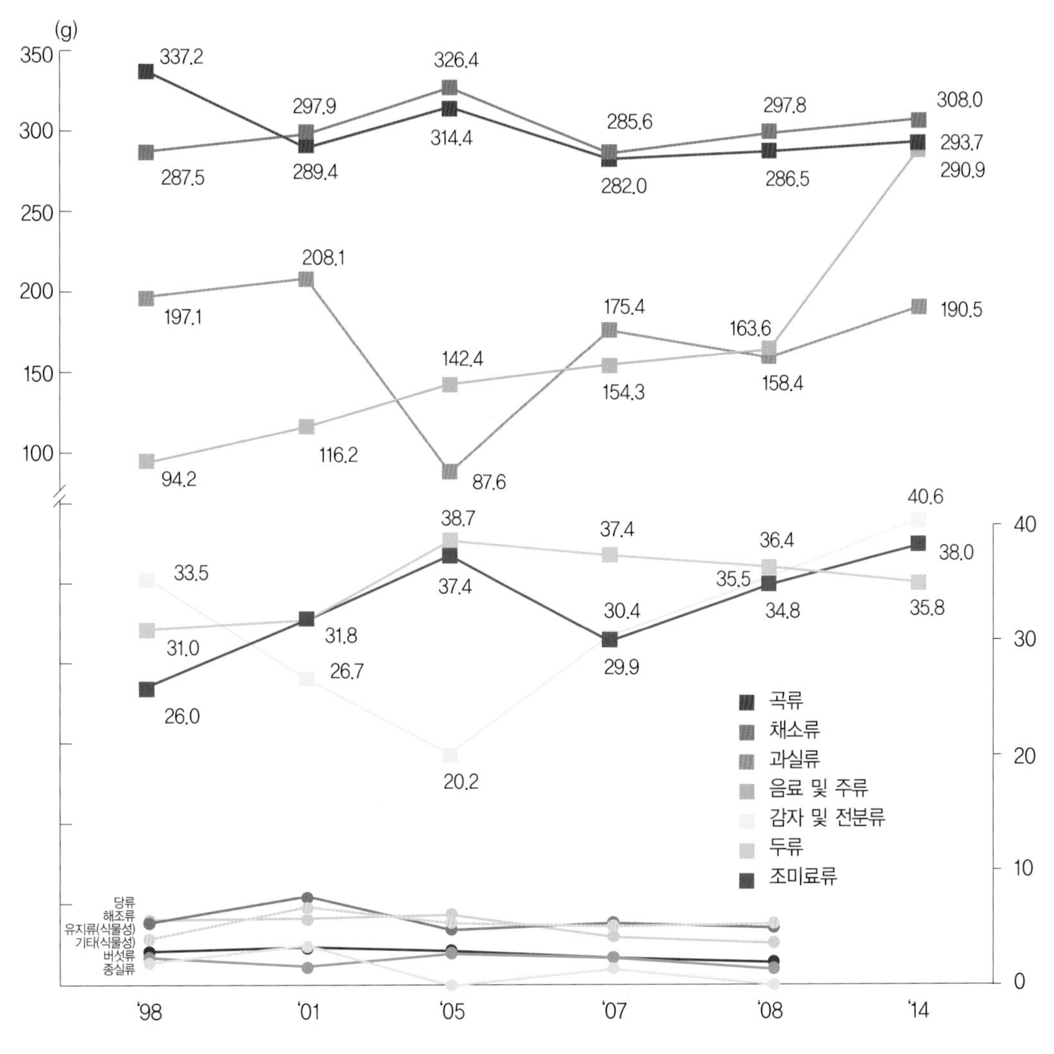

| 그림 2-3 | 식물성 식품군별 섭취량 연차적 추이

자료 : 보건복지부, 2014 국민건강영양조사 6기

1998년부터 2014년까지의 국민건강영양조사 결과 전국 국민 1인 1일당 식품섭취량의 연차적 추이는 표 2-3과 같다. 식물성 식품군 중 곡류 섭취량은 1998년에는 337g 정도를 섭취하였으나 2005년 314g, 2008년 286g, 2014년 293.7g으로 다소 변동되었다. 채소류의 섭취는 1998년 197g, 2014년 308.0g으로 다소 증가하였다. 과실류의 섭취량은 1998년 197g, 2001년 208g으로 지속적으로 증가하다가 2005년 187g으로 감소하였으나 2008년 158g, 2014년 190.5g으로 다시 증가하였다. 음료는 1998년 94.2g에서 꾸준히 증가하여 2008년에 163g, 2014년에 167.4g으로 증가하였다(그림 2-3).

(2) 동물성 식품 섭취

동물성 식품군에서는 육류의 섭취량이 1998년 67g, 2005년 89g으로 급격히 증가하다가 2008년도에는 85g, 2014년도 108.1g으로 증가하였다. 난류의 섭취량은 1998년 21g에서 2008년도 22g, 2014년 27.1g으로 다소 증가하였고, 어패류는 1998년 66g에서 2008년도 51g, 2014년도 89.3g으로 증가하는 추세를 나타냈다. 유류 및 낙농제품은 1998년도 79g에서 섭취량이 매년 증가하여 2008년도는 97g, 2014년도 102.3g으로 크게 증가하였다(그림 2-4).

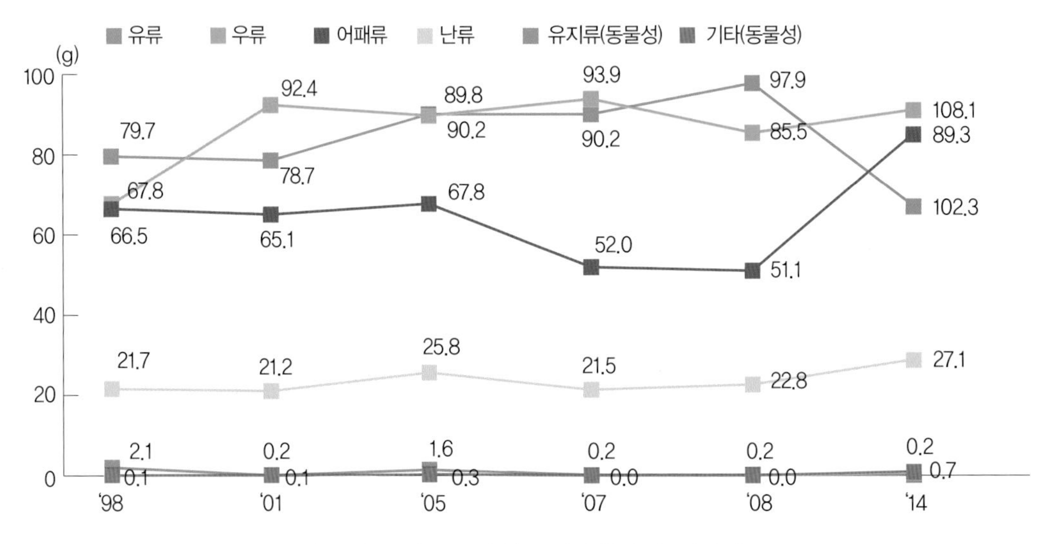

| 그림 2-4 | 동물성 식품군별 섭취량 연차적 추이

(3) 다소비 식품 섭취

표 2-4는 24시간 회상법에 의한 식품섭취량 조사결과를 토대로 분석한 2014년도 다빈도 섭취 식품명을 나열한 것이다. 쌀이 가장 높았으며, 우유, 배추김치를 포함한 배추, 맥주. 사과, 돼지고기, 소주, 양파, 닭고기, 콜라 등이 상위에 속하였다.

주당 섭취빈도가 주 1회 이상인 다빈도 식품은 남녀가 대부분 유사했으나, 일부 항목에서 남녀 간 차이를 보였다. 남자의 경우 소주, 콜라, 막걸리 등이 주 1회 이상 섭취하는 식품에 포함된 반면, 여자는 귤, 감이 주 1회 이상 섭취하는 식품에 포함되었다(표 2-4).

(4) 에너지 및 영양소 기여 식품군

2014년도 국민건강영양조사에서 에너지 및 영양소섭취량에 있어 주 식품급원을 조사한 결과는 다음과 같다.

- 식품군별 에너지 및 영양소섭취량에 가장 기여가 큰 식품군은 곡류였으며, 육류, 음료 및 주류가 그 다음으로 나타났다.

| 표 2-3 | 식품섭취빈도

구분 / 순위	식품명	섭취 분율 (%)	누적 분율 (%)	구분 / 순위	식품명	섭취 분율 (%)	누적 분율 (%)	구분 / 순위	식품명	섭취 분율 (%)	누적 분율 (%)
1	백미	10.2	10.2	11	달걀	1.9	39.7	21	고구마	1.2	54.0
2	우유	4.5	14.7	12	고추	1.8	41.5	22	막걸리	1.2	55.2
3	김치,배추김치	4.2	18.9	13	무	1.7	43.2	23	수박	1.1	56.3
4	맥주	4.1	23.0	14	쇠고기	1.4	44.6	24	오이	1.1	57.4
5	사과	3.6	26.6	15	빵	1.4	46.1	25	떡	1.0	58.4
6	돼지고기	2.8	29.3	16	두부	1.4	47.5	26	포도	1.0	59.4
7	소주	2.7	32.1	17	감자	1.4	48.9	27	배	1.0	60.4
8	양파	1.9	34.0	18	감	1.4	50.2	28	요구르트,호상	0.9	61.3
9	닭고기	1.9	35.9	19	귤	1.3	51.6	29	사이다	0.9	62.2
10	콜라	1.9	37.8	20	토마토	1.2	52.8	30	파	0.9	63.1

자료 : 보건복지부, 2014 국민건강영양조사 6기

※ 육수, 침출액 등은 에너지 및 영양소 섭취량에 미치는 영향이 적어 다소비 식품 순위 산출 대상에서 제외

■ 단백질 역시 곡류로부터 섭취하는 양이 가장 높았고, 육류, 어패류 순으로 많이 섭취하고 있었다. 지방은 육류, 곡류, 유지류 순이었다.

■ 칼슘은 채소류로 섭취하는 양이 가장 많았고 유류, 어패류, 두류가 그 다음으로 중요한 식품군이었다. 인은 곡류로부터, 나트륨은 양념류와 채소류로 섭취하는 양이 가장 많았으며, 칼륨과 철은 채소류와 곡류에 의한 섭취량이 높았다.

■ 비타민 A의 주요 급원식품군은 채소류, 양념류, 해조류 순이었고, 비타민 A의 1위 급원식품은 당근이었다.

■ 티아민은 곡류와 육류, 리보플라빈은 채소류, 곡류, 육류, 유류에서 섭취하는 양이 많았다. 니아신 역시 곡류, 육류, 어패류에 의한 섭취량이 높았으며, 비타민 C 섭취에는 채소류, 과실류, 감자 및 전분류에 의한 기여도가 높았다.

■ 에너지의 주요 급원식품은 백미로, 전체 섭취량의 1/4 정도를 공급하는 수준이었으며 돼지고기, 빵, 소주, 라면 등이 그 다음이었다.

■ 섭취 부족 정도가 가장 큰 영양소인 칼슘의 주요 급원식품은 우유이며 배추김치, 멸치, 두부, 무청, 대두, 달걀, 미역, 파, 백미 등 10위까지의 식품으로 전체 섭취량의 50% 가량을 공급하였다.

| 표 2-4 | 성별에 따른 다소비 식품

구분 / 순위	전체	남자	여자
	식품명		
1	백미	백미	백미
2	우유	맥주	우유
3	김치, 배추김치	김치, 배추김치	사과
4	맥주	소주	김치, 배추김치
5	사과	우유	맥주
6	돼지고기	돼지고기	돼지고기
7	소주	사과	감
8	양파	콜라	달걀
9	닭고기	닭고기	양파
10	콜라	양파	귤

- 나트륨 섭취에 가장 크게 기여하는 식품은 소금으로 전체 섭취량의 23%를 공급하는 수준이었다. 주요 급원 10위 안에 소금, 간장, 된장, 고추장, 쌈장 등이 포함되는 등 양념류로 섭취하는 양이 절대적으로 많았다.

식생활의 변화

(1) 식습관

2014년도 국민건강영양조사 결과에 나타난 식생활의 변화는 다음과 같다.

- 2014년도 국민영양조사 결과 여자의 점심 및 저녁식사의 결식률이 남자에 비해 더 높았고, 연령별로는 만 19~29세의 결식률이 끼니와 상관없이 가장 높았다. 또한 소득수준이 낮은 군에서 결식률이 높은 경향을 보였다.
- 끼니별 가족동반 식사율의 경우 점심식사가 가장 낮았으며, 아침식사, 점심식사 순이었다. 가족동반 식사율은 2005년도에 비해 아침과 저녁식사에서 각각 감소하였다. 혼자 식사하는 분율은 아침, 점심, 저녁 모두 남자보다는 여자가, 65세 이상이 다른 연령에 비해 높았다
- 외식 섭취빈도는 남자의 경우 '하루 1회' 가 가장 높았으며, 여자는 '주1-2회' 가 가장 높았다 . 하루 1회 이상 외식률은 남자가 여자보다 높았고, 또한 소득수준이 높을수록 하루 1회 이상 외식률은 높은 경향을 보였다

(2) 영양 지식

- 가공식품 구매 및 선택 시 영양표시를 읽는지의 여부에 관해서는 여자가 남자에 비해, 동지역이 읍면지역에 비해, 교육수준이 높을수록 영양표시 이용률이 높았다. 영양표시 항목 중 가장 관심 있게 보는 영양소는 열량이었고, 다음은 나트륨, 트랜스지방 등이었다.
- 영양표시를 읽는 사람 중 가공식품을 사거나 고를 때 영양표시내용에 영향을 받는다고 응답한 사람은 남자보다 여자에서, 교육수준이 높을수록 더 많은 영향을 받는 것으로 나타났다.

■ 최근 1년 이내 영양교육 및 상담 수혜율은 10% 미만이었고, 만 6~11세와 12~18세의 학령기 아동 및 청소년의 수혜율이 상대적으로 높았다.
■ 식이보충제 복용경험률은 12~29세를 제외한 모든 연령대에서 40% 이상이었고, 읍면지역에 비해 동지역이, 소득수준은 높을수록 높았다. 여자의 식이보충제 복용 경험률이 남자에 비해 높았으며, 연령별로는 만 3~5세가 가장 높았다.

영양을 고려한 식생활관리

식사의 본래 목적은 건강유지 · 체위향상을 기하기 위한 것이며 충분한 활동과 성장을 할 수 있도록 하기 위하여 영양을 섭취하는 것이므로 식단 작성에 있어서 가장 중요시 해야 할 점이 '영양' 이다. 어떠한 식품이든지 영양소를 함유하고는 있으나 한 가지 식품이 모든 영양소를 골고루 함유하고 있는 것은 아니다. 그러므로 모든 영양소를 균형잡힌 상태로 섭취하려면 무엇보다도 가족의 영양필요량에 알맞은 식품과 양을 택해야 한다.

식단 작성은 단순히 식습관을 통하여 이어받은 하나의 생활습관으로만 생각해서는 안 된다. 왜 우리는 음식을 먹어야 하는가, 어떠한 식품을 얼마만큼 섭취해야 하는가, 우리들의 몸은 어떠한 영양소를 얼마나 필요로 하는가를 알아서 여기에 알맞은 식단을 계획해야 한다. 다시 말해서 영양지식을 기본으로 하여 올바른 식사형태를 갖도록 하며, 식단 작성을 할 때에는 식단 작성의 기본조건을 반영시켜 현실성 있는 식단이 되도록 해야 한다.

우리는 연도별 영양필요량을 알아두고, 또한 각 개인의 생활 상태를 알아서 영양섭취기준에 적합한 식사를 마련해야 한다. 모든 나라는 그 나라의 국민영양조사를 통하여 필요한 영양량을 결정하고 있다.

(1) 영양섭취기준

우리나라의 영양섭취기준은 2005년에 새롭게 재정되었으며, 표 2-5에 제시된 한국인의 영양섭취기준은 20~29세 남자 173.3cm, 체중 68.7kg 여자 161.5cm, 체중 56.1kg을 기준으로 하였다.(2015 한국인 영양소 섭취기준, 한국영양학회) 실제로 식단을 작성할 때에는 기본조건으로 식사를 하는 사람의 연령 · 성별은 물론 노동강도 · 건강상태 등을 고려하여 각각의 영양소요량을 알아야 한다. 나아가서는 가족 개개인의 영양량을 알아야 하며 어떠한 식품을 얼마나 섭취하여야 할 것인가를 알아야 한다.

영양섭취기준을 실생활에 유용하게 사용할 수 있도록 하기 위해서 우선 식생활을 담당하고 있는 주부가 자기 가족별로 필요한 열량을 산출해야 한다. 먼저 하루에 필요한 가족의 총 열량을 알아서 충분한 열량을 취할 수 있도록 식단을 작성해야 한다.

두 번째로 생각해야 할 것은 단백질량이다. 따라서 식단 작성에 있어서는 필요한 열량과 단백질량을 충족시킬 수 있도록 식단을 작성하는 데 유의해야 한다. 예를 들면, 25세된 남자에게 필요한 1일의 열량은 2,600kcal이며, 단백질량은 65g이다. 여자인 경우에는 열량 2,100kcal와 단백질 55g이 필요하다.

| 표 2-5 | 2015 한국인 영양소 섭취 기준

에너지와 다량영양소

성별	연령	에너지(kcal/일)				탄수화물(g/일)				지방(g/일)				n-6계 지방산(g/일)			
		필요 추정량	권장 섭취량	충분 섭취량	상한 섭취량	평균 필요량	권장 섭취량	충분 섭취량	상한 섭취량	평균 필요량	권장 섭취량	충분 섭취량	상한 섭취량	평균 필요량	권장 섭취량	충분 섭취량	상한 섭취량
영아	0~5(개월)	550						60				25				2.0	
	6~11	700						90				25				4.0	
유아	1~2(세)	1,000															
	3~5	1,400															
남자	6~8(세)	1,700															
	9~11	2,100															
	12~14	2,500															
	15~18	2,700															
	19~29	2,600															
	30~49	2,400															
	50~64	2,200															
	65~74	2,000															
	75 이상	2,000															
여자	6~8(세)	1,500															
	9~11	1,800															
	12~14	2,000															
	15~18	2,000															
	19~29	2,100															
	30~49	1,900															
	50~64	1,800															
	65~74	1,600															
	75 이상	1,600															
임신부		+0 +340 +450															
수유부		+320															

성별	연령	n-3계 지방산(g/일)				단백질(g/일)				식이섬유(g/일)				수분(mL/일)				
		필요 추정량	권장 섭취량	충분 섭취량	상한 섭취량	평균 필요량	권장 섭취량	충분 섭취량	상한 섭취량	평균 필요량	권장 섭취량	충분 섭취량	상한 섭취량	평균 필요량	권장 섭취량	충분섭취량 액체	충분섭취량 총수분	상한 섭취량
영아	0~5(개월)			0.3				10								700	700	
	6~11			0.8		10	15									500	800	
유아	1~2(세)					12	15					10				800	1,100	
	3~5					15	20					15				1,100	1,500	
남자	6~8(세)					25	30					20				900	1,800	
	9~11					35	40					20				1,000	2,100	
	12~14					45	55					25				1,000	2,300	
	15~18					50	65					25				1,200	2,600	
	19~29					50	65					25				1,200	2,600	
	30~49					50	60					25				1,200	2,500	
	50~64					50	60					25				1,000	2,200	
	65~74					45	55					25				1,000	2,100	
	75 이상					45	55					25				1,000	2,100	
여자	6~8(세)					20	25					20				900	1,700	
	9~11					30	40					20				900	1,900	
	12~14					40	50					20				900	2,000	
	15~18					40	50					20				900	2,000	
	19~29					45	55					20				1,000	2,100	
	30~49					40	50					20				1,000	2,000	
	50~64					40	50					20				900	1,900	
	65~74					40	45					20				900	1,800	
	75 이상					40	45					20				900	1,800	
임신부[1]						+12 +25	+15 +30					+5					+200	
수유부						+20	+25					+5				+500	+700	

1)에너지, 단백질: 임신 1, 2, 3분기별 부가량

성별	연령	메티오닌+시스테인(g/일)				류신(g/일)				이소류신(g/일)				발린(g/일)				라이신(g/일)			
		필요추정량	권장섭취량	충분섭취량	상한섭취량	평균필요량	권장섭취량	충분섭취량	상한섭취량	평균필요량	권장섭취량	충분섭취량	상한섭취량	평균필요량	권장섭취량	충분섭취량	상한섭취량	평균필요량	권장섭취량	충분섭취량	상한섭취량
영아	0~5(개월)			0.4				1.0				0.6				0.6				0.7	
	6~11	0.3	0.4			0.6	0.8			0.3	0.4			0.3	0.5			0.6	0.8		
유아	1~2(세)	0.3	0.4			0.6	0.8			0.3	0.4			0.4	0.5			0.6	0.7		
	3~5	0.3	0.4			0.7	0.9			0.3	0.4			0.4	0.5			0.6	0.8		
남자	6~8(세)	0.5	0.6			1.1	1.3			0.5	0.6			0.6	0.7			1.0	1.2		
	9~11	0.7	0.8			1.5	1.9			0.7	0.8			0.9	1.1			1.4	1.8		
	12~14	1.0	1.2			2.1	2.6			1.0	1.2			1.2	1.5			2.0	2.4		
	15~18	1.1	1.3			2.4	3.0			1.1	1.3			1.4	1.7			2.2	2.7		
	19~29	1.0	1.3			2.3	3.0			1.0	1.3			1.3	1.6			2.4	3.0		
	30~49	1.0	1.3			2.3	2.9			1.0	1.3			1.3	1.6			2.3	2.9		
	50~64	1.0	1.2			2.2	2.7			1.0	1.2			1.2	1.5			2.2	2.8		
	65~74	0.9	1.2			2.1	2.6			0.9	1.2			1.2	1.5			2.1	2.7		
	75 이상	0.9	1.1			2.0	2.6			0.9	1.1			1.1	1.4			2.1	2.6		
여자	6~8(세)	0.5	0.6			1.0	1.2			0.5	0.6			0.6	0.7			0.9	1.2		
	9~11	0.6	0.7			1.4	1.7			0.6	0.7			0.8	1.0			1.2	1.5		
	12~14	0.8	1.0			1.8	2.3			0.8	1.0			1.1	1.3			1.7	2.1		
	15~18	0.8	1.0			1.9	2.3			0.8	1.0			1.1	1.3			1.7	2.1		
	19~29	0.8	1.1			1.9	2.4			0.8	1.1			1.1	1.3			2.0	2.5		
	30~49	0.8	1.0			1.8	2.3			0.8	1.0			1.0	1.3			1.9	2.4		
	50~64	0.8	1.0			1.8	2.2			0.8	1.0			1.0	1.2			1.8	2.3		
	65~74	0.7	0.9			1.7	2.1			0.7	0.9			0.9	1.2			1.7	2.2		
	75 이상	0.7	0.9			1.6	2.0			0.7	0.9			0.9	1.1			1.6	2.0		
임신부		0.3	0.3			0.6	0.7			0.3	0.3			0.3	0.4			0.3	0.4		
수유부		0.3	0.4			0.9	1.1			0.5	0.6			0.5	0.6			0.4	0.4		

성별	연령	페닐알라닌+티로신(g/일)				트레오닌(g/일)				트립토판(g/일)				히스티딘(g/일)			
		필요추정량	권장섭취량	충분섭취량	상한섭취량	평균필요량	권장섭취량	충분섭취량	상한섭취량	평균필요량	권장섭취량	충분섭취량	상한섭취량	평균필요량	권장섭취량	충분섭취량	상한섭취량
영아	0~5(개월)			0.9				0.5				0.2				0.1	
	6~11	0.5	0.7			0.3	0.4			0.1	0.1			0.2	0.3		
유아	1~2(세)	0.5	0.7			0.3	0.4			0.1	0.1			0.2	0.3		
	3~5	0.6	0.7			0.3	0.4			0.1	0.1			0.2	0.3		
남자	6~8(세)	0.9	1.1			0.5	0.6			0.1	0.2			0.3	0.4		
	9~11	1.3	1.6			0.7	0.9			0.2	0.2			0.5	0.6		
	12~14	1.7	2.2			1.0	1.3			0.3	0.3			0.7	0.9		
	15~18	2.0	2.4			1.1	1.4			0.3	0.4			0.8	0.9		
	19~29	2.7	3.4			1.1	1.4			0.3	0.3			0.8	1.0		
	30~49	2.7	3.3			1.1	1.3			0.3	0.3			0.7	0.9		
	50~64	2.6	3.2			1.0	1.3			0.3	0.3			0.7	0.9		
	65~74	2.4	3.1			1.0	1.2			0.2	0.3			0.7	0.9		
	75 이상	2.4	3.0			1.0	1.2			0.2	0.3			0.7	0.8		
여자	6~8(세)	0.8	1.0			0.5	0.6			0.1	0.2			0.3	0.4		
	9~11	1.1	1.4			0.6	0.8			0.2	0.2			0.4	0.5		
	12~14	1.5	1.8			0.9	1.1			0.2	0.3			0.6	0.7		
	15~18	1.5	1.9			0.9	1.1			0.2	0.3			0.6	0.7		
	19~29	2.2	2.8			0.9	1.1			0.2	0.3			0.6	0.8		
	30~49	2.2	2.7			0.9	1.1			0.2	0.3			0.6	0.8		
	50~64	2.1	2.6			0.8	1.0			0.2	0.3			0.6	0.7		
	65~74	2.0	2.5			0.8	1.0			0.2	0.2			0.5	0.7		
	75 이상	1.9	2.3			0.7	0.9			0.2	0.2			0.5	0.7		
임신부		0.8	1.0			0.3	0.4			0.1	0.1			0.2	0.2		
수유부		1.5	1.9			0.4	0.6			0.2	0.2			0.2	0.3		

지용성 비타민

성별	연령	비타민 A(μg RE/일)				비타민 D(μg/일)				비타민 E(mg α-TE/일)				비타민 K(μg/일)			
		평균 필요량	권장 섭취량	충분 섭취량	상한 섭취량	평균 필요량	권장 섭취량	충분 섭취량	상한 섭취량	평균 필요량	권장 섭취량	충분 섭취량	상한 섭취량	평균 필요량	권장 섭취량	충분 섭취량	상한 섭취량
영아	0~5(개월)			350	600			5	25			3				4	
	6~11			450	600			5	25			4				7	
유아	1~2(세)	200	300		600			5	30			5	200			25	
	3~5	230	350		700			5	35			6	250			30	
남자	6~8(세)	320	450		1,000			5	40			7	300			45	
	9~11	420	600		1,500			5	60			9	400			55	
	12~14	540	750		2,100			10	100			10	400			70	
	15~18	620	850		2,300			10	100			11	500			80	
	19~29	570	800		3,000			10	100			12	540			75	
	30~49	550	750		3,000			10	100			12	540			75	
	50~64	530	750		3,000			10	100			12	540			75	
	65~74	500	700		3,000			15	100			12	540			75	
	75 이상	500	700		3,000			15	100			12	540			75	
여자	6~8(세)	290	400		1,000			5	40			7	300			45	
	9~11	380	550		1,500			5	60			9	400			55	
	12~14	470	650		2,100			10	100			10	400			65	
	15~18	440	600		2,300			10	100			11	500			65	
	19~29	460	650		3,000			10	100			12	540			65	
	30~49	450	650		3,000			10	100			12	540			65	
	50~64	430	600		3,000			10	100			12	540			65	
	65~74	410	550		3,000			15	100			12	540			65	
	75 이상	410	550		3,000			15	100			12	540			65	
임신부		+50	+70		3,000			+0	100			+0	540			+0	
수유부		+350	+490		3,000			+0	100			+3	540			+0	

수용성 비타민

성별	연령	비타민 C(mg/일)				티아민(mg/일)				리보플라빈(mg/일)				니아신(mg NE/일)[1]				
		평균 필요량	권장 섭취량	충분 섭취량	상한 섭취량	평균 필요량	권장 섭취량	충분 섭취량	상한 섭취량	평균 필요량	권장 섭취량	충분 섭취량	상한 섭취량	평균 필요량	권장 섭취량	충분 섭취량	상한 섭취량[2]	상한 섭취량[3]
영아	0~5(개월)			35				0.2				0.3				2		
	6~11			45				0.3				0.4				3		
유아	1~2(세)	30	35		350	0.4	0.5			0.5	0.5			4	6		10	180
	3~5	30	40		500	0.4	0.5			0.6	0.6			5	7		10	250
남자	6~8(세)	40	55		700	0.6	0.7			0.7	0.9			7	9		15	350
	9~11	55	70		1,000	0.7	0.9			1.0	1.2			9	12		20	500
	12~14	70	90		1,400	1.0	1.1			1.2	1.5			11	15		25	700
	15~18	80	105		1,500	1.1	1.3			1.4	1.7			13	17		30	800
	19~29	75	100		2,000	1.0	1.2			1.3	1.5			12	16		35	1,000
	30~49	75	100		2,000	1.0	1.2			1.3	1.5			12	16		35	1,000
	50~64	75	100		2,000	1.0	1.2			1.3	1.5			12	16		35	1,000
	65~74	75	100		2,000	1.0	1.2			1.3	1.5			12	16		35	1,000
	75 이상	75	100		2,000	1.0	1.2			1.3	1.5			12	16		35	1,000
여자	6~8(세)	45	60		700	0.6	0.7			0.6	0.8			7	9		15	350
	9~11	60	80		1,000	0.7	0.9			0.8	1.0			9	12		20	500
	12~14	75	100		1,400	0.9	1.1			1.0	1.2			11	15		25	700
	15~18	70	95		1,500	1.0	1.2			1.0	1.2			11	14		30	800
	19~29	75	100		2,000	0.9	1.1			1.0	1.2			11	14		35	1,000
	30~49	75	100		2,000	0.9	1.1			1.0	1.2			11	14		35	1,000
	50~64	75	100		2,000	0.9	1.1			1.0	1.2			11	14		35	1,000
	65~74	75	100		2,000	0.9	1.1			1.0	1.2			11	14		35	1,000
	75 이상	75	100		2,000	0.9	1.1			1.0	1.2			11	14		35	1,000
임신부		+10	+10		2,000	+0.4	+0.4			+0.3	+0.4			+3	+4		35	1,000
수유부		+35	+40		2,000	+0.3	+0.4			+0.4	+0.5			+2	+3		35	1,000

성별	연령	비타민 B6(mg/일)				엽산(μgDFE/일)[3]				비타민 B12(μg/일)				판토텐산(mg/일)				비오틴(μg/일)			
		평균 필요량	권장 섭취량	충분 섭취량	상한 섭취량	평균 필요량	권장 섭취량	충분 섭취량	상한 섭취량	평균 필요량	권장 섭취량	충분 섭취량	상한 섭취량	평균 필요량	권장 섭취량	충분 섭취량	상한 섭취량	평균 필요량	권장 섭취량	충분 섭취량	상한 섭취량
영아	0~5(개월)			0.1				65				0.3				1.7				5	
	6~11			0.3				80				0.5				1.9				7	
유아	1~2(세)	0.5	0.6		25	120	150		300	0.8	0.9					2				9	
	3~5	0.6	0.7		35	150	180		400	0.9	1.1					2				11	
남자	6~8(세)	0.7	0.9		45	180	220		500	1.1	1.3					3				15	
	9~11	0.9	1.1		55	250	300		600	1.5	1.7					4				20	
	12~14	1.3	1.5		60	300	360		800	1.9	2.3					5				25	
	15~18	1.3	1.5		65	320	400		900	2.2	2.7					5				30	
	19~29	1.3	1.5		100	320	400		1,000	2.0	2.4					5				30	
	30~49	1.3	1.5		100	320	400		1,000	2.0	2.4					5				30	
	50~64	1.3	1.5		100	320	400		1,000	2.0	2.4					5				30	
	65~74	1.3	1.5		100	320	400		1,000	2.0	2.4					5				30	
	75 이상	1.3	1.5		100	320	400		1,000	2.0	2.4					5				30	
여자	6~8(세)	0.7	0.9		45	180	220		500	1.1	1.3					3				15	
	9~11	0.9	1.1		55	250	300		600	1.5	1.7					4				20	
	12~14	1.2	1.4		60	300	360		800	1.9	2.3					5				25	
	15~18	1.2	1.4		65	320	400		900	2.0	2.4					5				30	
	19~29	1.2	1.4		100	320	400		1,000	2.0	2.4					5				30	
	30~49	1.2	1.4		100	320	400		1,000	2.0	2.4					5				30	
	50~64	1.2	1.4		100	320	400		1,000	2.0	2.4					5				30	
	65~74	1.2	1.4		100	320	400		1,000	2.0	2.4					5				30	
	75 이상	1.2	1.4		100	320	400		1,000	2.0	2.4					5				30	
임신부		+0.7	+0.8		100	+200	+200		1,000	+0.2	+0.2					+1				+0	
수유부		+0.7	+0.8		100	+130	+150		1,000	+0.3	+0.4					+2				+5	

[1] 1 mg NE(니아신 당량) = 1 mg 니아신 = 60 mg 트립토판 [2] 니코틴산/니코틴아미드 [3] Dietary Folate Equivalents, 가임기 여성의 경우 400 μg/일의 엽산보충제 섭취를 권장함, 엽산의 상한섭취량은 보충제 또는 강화식품의 형태로 섭취한 μg/일에 해당됨.

다량 무기질

성별	연령	칼슘(mg/일)				인(mg/일)				나트륨(g/일)				
		평균 필요량	권장 섭취량	충분 섭취량	상한 섭취량	평균 필요량	권장 섭취량	충분 섭취량	상한 섭취량	평균 필요량	권장 섭취량	충분 섭취량	상한 섭취량	목표 섭취량
영아	0~5(개월)			230	1,000			100				120		
	6~11			300	1,500			300				370		
유아	1~2(세)	390	500		2,500	380	450		3,000			900		
	3~5	470	600		2,500	460	550		3,000			1,000		
남자	6~8(세)	580	700		2,500	490	600		3,000			1,200		
	9~11	650	800		3,000	1,000	1,200		3,500			1,400		2,000
	12~14	800	1,000		3,000	1,000	1,200		3,500			1,500		2,000
	15~18	720	900		3,000	1,000	1,200		3,500			1,500		2,000
	19~29	650	800		2,500	580	700		3,500			1,500		2,000
	30~49	630	800		2,500	580	700		3,500			1,500		2,000
	50~64	600	750		2,000	580	700		3,500			1,500		2,000
	65~74	570	700		2,000	580	700		3,500			1,300		2,000
	75 이상	570	700		2,000	580	700		3,000			1,100		2,000
여자	6~8(세)	580	700		2,500	450	550		3,000			1,200		
	9~11	650	800		3,000	1,000	1,200		3,500			1,400		2,000
	12~14	740	900		3,000	1,000	1,200		3,500			1,500		2,000
	15~18	660	800		3,000	1,000	1,200		3,500			1,500		2,000
	19~29	530	700		2,500	580	700		3,500			1,500		2,000
	30~49	510	700		2,500	580	700		3,500			1,500		2,000
	50~64	580	800		2,000	580	700		3,500			1,500		2,000
	65~74	560	800		2,000	580	700		3,500			1,300		2,000
	75 이상	560	800		2,000	580	700		3,000			1,100		2,000
임신부		+0	+0		2,500	+0	+0		3,000			1,500		2,000
수유부		+0	+0		2,500	+0	+0		3,500			1,500		2,000

성별	연령	염소(mg/일)				칼륨(mg/일)				마그네슘(mg/일)			
		평균 필요량	권장 섭취량	충분 섭취량	상한 섭취량	평균 필요량	권장 섭취량	충분 섭취량	상한 섭취량	평균 필요량	권장 섭취량	충분 섭취량	상한 섭취량[1]
영아	0~5(개월)			180				400				30	
	6~11			580				700				55	
유아	1~2(세)			1,300				2,000		65	80		65
	3~5			1,500				2,300		85	100		90
남자	6~8(세)			1,900				2,600		135	160		130
	9~11			2,100				3,000		190	230		180
	12~14			2,300				3,500		265	320		250
	15~18			2,300				3,500		335	400		350
	19~29			2,300				3,500		295	350		350
	30~49			2,300				3,500		305	370		350
	50~64			2,300				3,500		305	370		350
	65~74			2,000				3,500		305	370		350
	75 이상			1,700				3,500		305	370		350
여자	6~8(세)			1,900				2,600		125	150		130
	9~11			2,100				3,000		180	210		180
	12~14			2,300				3,500		245	290		250
	15~18			2,300				3,500		285	340		350
	19~29			2,300				3,500		235	280		350
	30~49			2,300				3,500		235	280		350
	50~64			2,300				3,500		235	280		350
	65~74			2,000				3,500		235	280		350
	75 이상			1,700				3,500		235	280		350
임신부				2,300				+0		+32	+40		350
수유부				2,300				+400		+0	+0		350

[1]식품외 급원의 마그네슘에만 해당

미량 무기질

성별	연령	철(mg/일)				아연(mg/일)				구리(μg/일)				불 (mg/일)			
		평균 필요량	권장 섭취량	충분 섭취량	상한 섭취량	평균 필요량	권장 섭취량	충분 섭취량	상한 섭취량	평균 필요량	권장 섭취량	충분 섭취량	상한 섭취량	평균 필요량	권장 섭취량	충분 섭취량	상한 섭취량
영아	0~5(개월)			0.3	40			2				240				0.01	0.6
	6~11	5	6		40	2	3					310				0.5	0.9
유아	1~2(세)	4	6		40	2	3		6	220	280		1,500			0.6	1.2
	3~5	5	6		40	3	4		9	250	320		2,000			0.8	1.7
남자	6~8(세)	7	9		40	5	6		13	340	440		3,000			1.0	2.5
	9~11	8	10		40	7	8		20	440	580		5,000			2.0	10.0
	12~14	11	14		40	7	8		30	570	740		7,000			2.5	10.0
	15~18	11	14		45	8	10		35	650	840		7,000			3.0	10.0
	19~29	8	10		45	8	10		35	600	800		10,000			3.5	10.0
	30~49	8	10		45	8	10		35	600	800		10,000			3.0	10.0
	50~64	7	10		45	8	9		35	600	800		10,000			3.0	10.0
	65~74	7	9		45	7	9		35	600	800		10,000			3.0	10.0
	75 이상	7	9		45	7	9		35	600	800		10,000			3.0	10.0
여자	6~8(세)	6	8		40	4	5		13	340	440		3,000			1.0	2.5
	9~11	7	10		40	6	8		20	440	580		5,000			2.0	10.0
	12~14	13	16		40	6	8		25	570	740		7,000			2.5	10.0
	15~18	11	14		45	7	9		30	650	840		7,000			2.5	10.0
	19~29	11	14		45	7	8		35	600	800		10,000			3.0	10.0
	30~49	11	14		45	7	8		35	600	800		10,000			2.5	10.0
	50~64	6	8		45	6	7		35	600	800		10,000			2.5	10.0
	65~74	6	8		45	6	7		35	600	800		10,000			2.5	10.0
	75 이상	5	7		45	6	7		35	600	800		10,000			2.5	10.0
임신부		+8	+10		45	+2.0	+2.5		35	+100	+130		10,000			+0	10.0
수유부		+0	+0		45	+4.0	+5.0		35	+370	+480		10,000			+0	10.0

성별	연령	망간(mg/일)				요오드(μg/일)				셀레늄(μg/일)				몰리브덴(μg/일)				크롬(μg/일)			
		평균 필요량	권장 섭취량	충분 섭취량	상한 섭취량	평균 필요량	권장 섭취량	충분 섭취량	상한 섭취량	평균 필요량	권장 섭취량	충분 섭취량	상한 섭취량	평균 필요량	권장 섭취량	충분 섭취량	상한 섭취량	평균 필요량	권장 섭취량	충분 섭취량	상한 섭취량
영아	0~5(개월)			0.01				130	250			9	45							0.2	
	6~11			0.8				170	250			11	65							5.0	
유아	1~2(세)			1.5	2.0	55	80		300	19	23		75				100			12	
	3~5			2.0	3.0	65	90		300	22	25		100				100			12	
남자	6~8(세)			2.5	4.0	75	100		500	30	35		150				200			20	
	9~11			3.0	5.0	85	110		500	39	45		200				300			25	
	12~14			4.0	7.0	90	130		1,800	49	60		300				400			35	
	15~18			4.0	9.0	95	130		2,200	55	65		300				500			40	
	19~29			4.0	11.0	95	150		2,400	50	60		400	25	30		550			35	
	30~49			4.0	11.0	95	150		2,400	50	60		400	20	25		550			35	
	50~64			4.0	11.0	95	150		2,400	50	60		400	20	25		550			35	
	65~74			4.0	11.0	95	150		2,400	50	60		400	20	25		550			35	
	75 이상			4.0	11.0	95	150		2,400	50	60		400	20	25		550			35	
여자	6~8(세)			2.5	4.0	75	100		500	30	35		150				200			15	
	9~11			3.0	5.0	85	110		500	39	45		200				300			20	
	12~14			3.5	7.0	90	130		2,000	49	60		300				400			25	
	15~18			3.5	9.0	95	130		2,200	55	65		300				400			25	
	19~29			3.5	11.0	95	150		2,400	50	60		400	20	25		450			25	
	30~49			3.5	11.0	95	150		2,400	50	60		400	20	25		450			25	
	50~64			3.5	11.0	95	150		2,400	50	60		400	20	25		450			25	
	65~74			3.5	11.0	95	150		2,400	50	60		400	20	25		450			25	
	75 이상			3.5	11.0	95	150		2,400	50	60		400	20	25		450			25	
임신부				+0	11.0	+65	+90			+3	+4		400				450			+5	
수유부				+0	11.0	+130	+190			+9	+10		400				450			+20	

(2) 당질량의 결정

우리나라의 식생활은 곡류 위주라는 것을 알 수 있다. 이러한 점에서 앞으로 우리는 하루에 필요한 열량의 45~50%는 쌀, 15%는 잡곡, 5.0%는 감자류를 사용하여 당질 식품을 60~65%로 제한해야 할 것이다. 식단을 작성하는 데 있어 주식의 양을 총 열량의 65%로 결정하게 된다. 한국인 영양섭취기준에 의하면 성인 남자의 1일 필요 열량은 2,600kcal이며, 그의 65%는 1,690kcal이다. 65%의 당질 위주 식품을 다시 나누어 쌀 45%, 잡곡 15%, 감자류 5%로 생각하면 당질 위주 식품의 양으로 산출했을 때 190g의 쌀과 63.3g의 잡곡, 16.9g의 감자류로 구성된다. 이것은 주식을 밥으로 하였을 때의 수치이며, 만일 빵이나 국수를 주식으로 할 때에는 쌀이나 잡곡에 해당하는 열량과 동등한 열량만큼의 분량이 필요하다.

(3) 단백질량의 결정

단백질량을 결정하는 것은 식단 작성에 있어 매우 중요한 일이다. 특히 우리나라 국민영양조사 결과를 보면 단백질의 양적인 문제와 함께 질적인 문제도 중요시해야 한다. 단백질의 요구량은 각 개인에 따라 상당한 차이가 있으며 단백질 섭취량의 부족은 건강장애를 일으킨다는 사실이 잘 알려져 있다. 단백질량은 총 섭취열량의 15~20% 내외는 취하도록 권장하고 있으며, 단백질 요구량을 산출하는 기초는 성인에 있어서 체중 1kg당 0.85g이다. 식단 작성을 하는 데 있어 당질량을 우선적으로 결정하는 것은 우리나라 사람들의 당질 섭취량이 많기 때문이며, 또한 주식을 당질식품으로 섭취하고 있기 때문이다. 총 열량의 65%를 당질로 결정한 후

Tip | 성인 남자 당질 섭취량 계산법

1 총 열량 중 주식의 양을 결정한다. 일반적으로 일일 총 열량의 65%를 당질의 양으로 정한다.
- 2,600(성인 남자 20세 권장량)×0.65=1,690kcal

2 65%의 당질 위주 식품을 다시 나누어 쌀 45%, 잡곡 15%, 감자류 5%로 계산한다. 단, 당질은 1g당 4kcal이다.
- 쌀(45%) : (1,690kcal×0.45)÷4=190.1g
- 잡곡류(15%) : (1,690kcal×0.15)÷4=63.3g
- 감자류(5%) : (1,690kcal×0.05)÷4=16.9g

3 곡류 및 전분류에 있는 총 당질의 양을 계산한다.
- 190.1g(곡류)×63.3g(잡곡류)+16.9g(감자류)=270.2g

Tip | 가족의 단백질 섭취량 계산법

1. 필요 열량의 65%로 당질량을 결정한다.
   - 2,600(성인 남자의 권장량)×0.65=1,690kcal
2. 곡류 및 전분류에 있는 당질과 단백질의 양을 구한다. 곡류 및 감자류의 당질량 270.2g의 단백질량은 9.29g이다.
3. 곡류군 이외의 식품에서 섭취해야 하는 단백질량을 구한다. 성인 남자 1일 단백질 권장량은 55g이고, 곡류의 단백질량은 총 9.3g이다.
   - 55−9.3=45.7g
4. 단백질 권장량에 따르는 가족의 단백질량을 정한 후 그 양을 어떠한 식품에서 어떻게 취해야 하는가를 산출해야 한다.
   - 예를 들어 쇠고기90g의 단백질량은 18.1g이고, 돼지고기 45g은 약 9g, 달걀 1개는 6.4g, 된장 30g은 3.6g, 두부 80g은 6.9g으로써 총 단백질량은 45.1g이 된다.

총 열량의 65%에 해당되는 곡류 및 감자류가 함유하고 있는 단백질을 계산한다.

(4) 채소량의 결정

녹황색 채소는 1일 100~150g을 취하도록 하며, 담색 채소는 200~300g 이상을 취해야 한다. 식단을 작성하는 데 있어서의 기본조건은 녹황색 채소를 반드시 넣어야 한다는 것이다. 우리나라에서는 식사 때마다 김치를 먹고 있으므로 김치의 분량에 따라 담색 채소의 양을 결정한다.

(5) 기타 조건

칼슘의 섭취를 위하여 반드시 우유 또는 뼈째 먹는 생선을 메뉴에 넣어야 한다. 특히 성장기 어린이와 임신부, 수유부에게는 칼슘의 필요량이 많으므로 식단 작성 시 유의하도록 한다. 양적으로는 많이 필요하지 않으나 칼슘의 섭취가 부족하기 쉬운 우리나라의 식습관에서는 특별히 유의해야 할 점이다. 칼슘 급원으로는 우유가 가장 좋으므로 우유 또는 유제품을 많이 사용할 수 있는 식습관을 기르도록 한다. 지방은 성인 남성의 경우 1일 50~60g, 성인 여성은 44g을 권장하고 있으며, 1일 총 열량의 20%를 지방으로 섭취하도록 한다. 우리나라의 식생활은 식품 선택에 있어서나 조리법에 있어서 지방을 소홀히 생각해왔는데 과량의 지방섭취, 특히 포화지방산(飽和脂肪酸, saturated fatty acid)의 함량이 많은 동물성 지방은 여러 가지 순환계 질환의 발생과 관계가 있으므로 유의해야 한다. 끝으로 조미료 사용에 있어 염분의 과량 섭취를 방지하기 위하여 모든 부식은 너무 짜지 않게 해야 하며, 그 밖의 조미료 사용에 있어 고춧가루, 후춧가루를 되도록이면 적게 사용한다.

경제면

영양을 위주로 생각하고 균형 잡힌 식단을 작성하여도 많은 비용이 든다면 식단대로 실천할 수 없다. 대부분의 가정에서는 들어오는 수입에 한계가 있으며, 가정수입에 따라 식생활비의 규모가 정해지므로 식단 작성과 경제적인 측면은 밀접한 관계를 가지게 된다. 따라서 식생활비는 식생활 내용을 여러 가지로 지배하게 된다. 그러므로 균형 잡힌 식단을 작성하여 실천에 옮기는 데는 식생활비에 대한 일정한 계획을 세워야 한다. 즉, 계획적이고 영양이 풍부한 식생활을 하기 위해서는 식생활비를 책정하고 그 내용을 충분히 검토하여 식단을 작성해야 한다. 그러기 위해서는 물가를 알아보고 가정의 식생활비로 충당할 수 있는 최대의 비용을 확보하기 위한 노력을 하여 가족에게 영양식을 제공하도록 해야 한다.

월 평균 식생활비의 연도별 변화

대부분의 가정에서는 수입에 한계가 있으며 수입에 따라 식생활비의 규모가 정해지므로 식품비에 맞춰 식사를 계획하는 일이 중요하다. 식생활관리자는 가족을 위하여 한정된 식비예산으로 좋은 식사를 제공할 수 있도록 식품비의 계획을 잘 세워 실천해야 한다. 가구당 월평균 소비지출은 경제성장에 힘입어 꾸준한 증가 추세를 보여 2014년 255만으로 2004년의 180만 원에 비하여 크게 증가하였다(표 2-6). 식료품비도 2014년에 35만 원으로 2005년 27만 원에 비해 증가하였다. 식료품비 중에서 차지하는 식품종류별 구성을 보면 주식 구입에 사용되는 비용과 부식인 육류를 구매하는 비용이 2006년에는 비슷하였다가 2014년에는 육류 구입 비용이 곡류 구입 비용보다 높아졌다. 식료품비에서 세 번째로 지출이 높은 항목은 우유 및 유제품 구입 비용이 된다.

| 표 2-6 | 가구 월 평균 소비자 지출 중 식료품비 구성비율

(단위 : 원)

가계수지항목별	2004	2006	2008	2010	2012	2014
	전체가구	전체가구	전체가구	전체가구	전체가구	전체가구
가구원수 (명)	3.43	3.33	3.35	3.29	3.26	3.19
가구주연령 (세)	45.8	46.96	47.73	48.52	49.29	49.97
가구분포 (%)	100	100	100	100	100	100
소득 (원)	2868323	3116923	3489370	3670142	4126769	4334989
가계지출 (원)	2339830	2540985	2803089	2998887	3259326	3379423
소비지출 (원)	1848708	1997449	2179613	2312540	2485245	2566896
01.식료품 · 비주류음료 (원)	273680	279767	304593	319704	351257	351932
곡물 (원)	29588	24460	24955	18774	21289	22359
곡물가공품 (원)	11754	12038	14264	15757	17032	16278
빵및떡류 (원)	12777	13690	17532	20266	22140	22534
육류 (원)	33130	37647	42506	46479	49217	52588
육류가공품 (원)	7780	7296	8003	9518	11758	11188
신선수산동물 (원)	20982	21453	22685	21763	20977	20523
염건수산동물 (원)	6155	6569	6615	6750	6994	7750
기타수산동물가공 (원)	5066	5313	5969	6372	7129	7341
유제품및알 (원)	23238	23995	26951	29250	31702	31516
유지류 (원)	2230	2358	2767	2824	2810	2880
과일및과일가공품 (원)	31195	33829	36362	38503	44182	44991
채소및채소가공품 (원)	32610	32800	33359	39183	40281	36009
해조및해조가공품 (원)	6046	6331	6882	4076	4349	4312
당류및과자류 (원)	17538	16396	18670	22006	25870	27892
조미식품 (원)	12111	11679	10864	10932	14727	11681
기타식품 (원)	6295	8484	9408	9913	10326	12219
커피및차 (원)	5174	5213	5886	6946	8584	7863
쥬스및기타음료 (원)	10012	10215	10917	10393	11890	12007

자료 : 2015년도 통계청 가계연보

식생활비에 영향을 주는 요소

계획된 식품비대로 소비한다는 것은 쉬운 일이 아니다. 좋은 영양, 식품기호, 사용 가능한 수입 등은 동일한 조건이 아니므로 가정의 여건에 맞게 조절해야 한다. 좋은 영양을 공급한다는 목표를 정해 놓고 식품비 소비에 있어 여러 면에서 이 목표를 달성하기 위한 방법을 모색하도록 한다.

식생활관리자는 식품비 예산에 영향을 주는 요소로서 다음 사항을 고려해야 한다.

- 가족들의 영양필요량
- 식품구입
- 식품계획
- 식품비 예산 세우기
- 계획적인 식생활 실천

(1) 가족의 영양 필요량

주부는 가족을 위하여 식품비에 얼마를 소비해야 하는가에 대해 깊은 관심을 가져야 한다. 주부는 대개 다른 가정에 비해 자신이 지나치게 많이 지출하는지 또는 적게 지출하는지를 알고 싶어 하는데 이러한 것에 식생활비 소비 표준을 알고자 하기 때문일 것이다. 실제로 표준이 존재하기는 하나 이는 가족 수에 따르는 경제면만도 아니고, 영양량이나 식품필요량도 아니다.

① 가족구성과 구성원의 건강상태

가족의 건강상태뿐만 아니라 연령, 성, 몸의 크기와 활동 정도에 따라 영양소의 필요량이 달라지며 나아가 임신부와 수유부는 영양필요량이 증가된다. 예를 들면 같은 나이일 경우 남성은 여성(임신부나 수유부가 아닌)보다 식품비가 많이 들며, 12세 이후부터는 여자 아이보다 남자 아이의 경우 식품비가 증가되어야 한다. 또한 3세보다 6세 아이의 경우가 식품비가 더 든다.

② 가족구성원의 수

가족의 구성이 비슷한 가정은 식품에 소비하는 비용이 다를지라도 영양필요량은 같다. 가족구성이 다르면 영양필요량이 달라지고 총 식품필요량도 달라진다. 가족의 식품필요량의 차이는 식품비의 차이를 가져온다. 그러므로 가족구성의 크기는 식품필요량을 결정하는 요소이며 식품비예산을 세우는 요인이 될 것임에 틀림없다.

일반적으로 가족 수가 많으면 적은 가족보다 총 식품비가 많이 필요하지만 1인당 식생활비는 약간 적어진다. 가구원 수별 · 가구별 월평균 식품비 지출을 살펴보면(표 2-7) 2인 가족을 기준으로 했을 때 식료품비는 3인 가족 1.32배, 4인 가족 1.5배, 5인 가족 1.65배, 6인 이상 가족의 경우 1.97배였고, 1인당 식료품비 지출은 6인 이상의 가정은 2인 가정의 60% 정도를 사용하고 있는 것으로 나타났다.

Tip | 가족의 영양 필요량에 영향을 주는 요인

- 가족구성과 구성원의 건강상태
- 가족 구성원 수
- 가족의 수입
- 가족의 식이문제(dietary problem)

| 표 2-7 | 가구원별 가구당 월평균 식품비 지출

구 분	1인	2인	3인	4인	5인 이상
소득	1,966.4	2,998.6	3,822.7	4,330.8	4,695.2
가계지출	1,546.3	2,295.4	2,981.5	3,528.2	3,875.6
소비지출	1,140.5	1,670.8	2,274.2	2,681.2	3,017.0
식료품 · 비주류 음료	124.1	242.3	291.7	331.1	407.7

자료 : 통계청(2009). 연간 가계 동향.

③ 가족의 수입

일반적으로 수입이 많아지면 식료품비의 지출도 많아지고 1인당의 식료품비도 증가하지만 소비지출 중 식료품비의 비율은 낮아진다(표 2-7). 수입이 가장 높은 가구의 식료품비 44만 원은 수입이 가장 낮은 계층의 식료품비 25만 원의 약 2배나 되었다. 소비지출 중 식료품비 비율인 엥겔계수는 수입이 가장 낮은 계층 21%, 가장 높은 계층 11%로 큰 차이를 보였고 식료품비 중 외식비 비율은 수입이 많아질수록 높아져 15~40%로 큰 차이를 보이고 있다(표 2-8). 식품필요량에 있어서 질적인 차이가 식품비에 영향을 주게 된다.

| 표 2-8 | 가구당 월평균 식품비 지출

수입(원)	소비지출(원)	식료품비(원)	소비지출 중 식료품비율(%)	외식비(원)	식료품비 중 외식비비율(%)
35만 원 미만	280,931	122,573	43.6	15,835	12.9
35~50만 원 미만	434,190	178,489	41.1	40,218	22.5
50~65만 원 미만	579,702	225,483	38.9	65,906	29.2
65~80만 원 미만	728,587	269,876	37.0	89,437	33.1
80~95만 원 미만	876,925	312,056	35.6	111,279	35.7
95~110만 원 미만	1,025,345	350,885	34.2	133,021	37.9
110~125만 원 미만	1,175,172	394,976	33.6	155,984	39.5
125~140만 원 미만	1,324,907	429,124	32.4	175,002	40.8
140~155만 원 미만	1,473,186	460,396	31.3	189,761	41.2
155~170만 원 미만	1,624,347	495,580	30.5	210,091	42.4
170~185만 원 미만	1,771,329	518,619	29.3	219,497	42.3
185~200만 원 미만	1,922,443	549,501	28.6	234,276	42.6
200~225만 원 미만	2,117,988	583,348	27.5	250,879	43.0
225~250만 원 미만	2,369,906	621,849	26.2	265,249	42.7
250~300만 원 미만	2,727,686	657,927	24.1	287,563	43.7
300~400만 원 미만	3,413,645	717,697	21.0	324,311	45.2
400만 원 이상	6,763,753	799,033	11.8	370,646	46.4
평 균	1,762,124	463,582	26.3	190,480	41.1

자료 : 통계청, 도시가계연보.

④ 가족의 식이문제(dietary problem)

가족 중에 특수 알레르기를 가지고 있거나 당뇨병, 기타 질환을 가진 사람이 있으면 이러한 문제가 없는 가정보다 식품비가 더 많이 소요된다. 곡류, 달걀, 우유 등의 일상식품에 알레르기 반응을 보이는 경우에는 특수하게 가공·처리된 식품을 구입해야 하며, 대개 이들은 값이 비싸다. 식품비 예산의 중요한 결정요인은 구입해야 할 식품의 양과 종류이다.

(2) 식품 구입

이론적으로 볼 때 가족구성이 비슷한 가족들은 그들의 식품필요량이 같기 때문에 식품비 합계가 같으리라고 생각하나 실제로 이런 일은 거의 없다. 필요 영양소를 공급하기 위한 식품의 종류가 다양하므로 비슷한 영양량이라도 구입하는 식품의 종류에 따라 차이가 나게 마련이다. 식생활관리자가 식품비로서 얼마를 소비할 것인가를 결정하는 것은 주부가 가족의 식품필요량을 만족시키기 위해 무엇을 구입할 것인가를 결정하는 데 있다.

Tip | 식품 구입에 영향을 주는 요인

- 가족의 수입
- 구입할 식품을 선택하는 능력
- 시장 보는 기술과 능력, 시간적인 여유
- 식사준비 및 시장보기에 시간을 사용하고자 하는 의식구조
- 가족의 식품기호
- 가족의 목표와 가치

① 가족의 수입

식품에 얼마만큼의 돈을 소비할 것인가를 결정함에 있어 수입은 중요한 요소가 된다. 예외가 있기는 하나 일반적으로 수입이 증가함에 따라 1인당 소비되는 식품비와 가족의 식생활비는 증가한다. 미국에서는 일반적으로 수입이 증가함에 따라 육류와 생선류, 가금류, 빵과 과자류, 과일과 채소류, 우유와 유제품, 편의식품 등의 사용이 많아졌고 밀가루와 곡류, 달걀, 설탕과 당류 등의 사용이 적어졌다. 또한 평균보다 수입이 많은 가정에서는 냉동 요리, 냉동 과일과 채소, 냉동 케이크와 파이, 귀한 과일과 채소, 특수한 치즈 등을 구입하고 있었다.

② 효율적으로 식품을 구입하는 능력

시장에는 여러 식품이 있으므로 영양학적으로 좋은 식사라고 하여 반드시 많은 돈을 들여 구입해야 한다는 것은 아니다. 식생활관리자의 매우 중요한 능력 중의 하나는 화폐자원에 맞는 식품을 선택하는 것이다.

③ 장보는 기술과 능력

시장에 대한 지식과 물건을 사는 기술 및 능력은 소비계획에 일치하는 의사결정을 내리는 데 필수적인 것이다. 20세기의 농업과 공업의 발달은 식품구입을 다양하게 했을 뿐만 아니라 동시에 복잡하게 만들었다. 빵과 우유 같은 주요상품들은 쉽게 구입할 수 있게 되었고, 상품의 종류도 매우 다양해졌으며 가격 면에서도 여러 층이 있어서 확고한 생각 없이 구입하여서는 안 된다.

④ 식사준비 및 시장보기에 시간을 사용하고자 하는 의식구조

시간과 에너지를 절약하는 데는 돈이 필요하다. 식생활관리자의 일과가 빡빡해서 장보기와 식사준비에 시간을 덜 들이고자 할 때에는 식품구입에 더 많은 비용을 들이게 된다. 주부들이 직장을 갖게 됨으로써 편의식품에 대한 이용과 그에 대한 지불능력이 생긴 것으로 해석할 수 있다. 예를 들어, 닭튀김의 경우 생닭을 사느냐 또는 튀겨 놓은 닭을 사느냐의 결정은 식사준비에 사용될 시간과 에너지에 달려 있다.

⑤ 가족의 식품 기호

가족의 식품 기호도 식품비에 영향을 준다. 만일 가족구성원들이 아침식사로 토스트와 달걀을 먹기 좋아한다면 저녁식사로는 주로 쇠고기요리(불고기 · 전골 · 찜 등)를 먹을 것을 원하며 신선한 과일과 채소를 좋아하고, 곡류 · 밀가루 음식 · 통조림은 잘 먹지 않을 것이다. 그러므로 식품 기호도 역시 식품비의 지출에 중대한 영향을 미친다.

⑥ 가족의 목표와 가치

비슷한 가족도 생활의 목표가 다르면 소비 형태에 영향을 주는 가치관이 다르다. 가족의 교육, 외국여행 등의 문화경험, 정원 가꾸기, 주택 · 자동차 등의 소유에 가치를 두는 가정은 비슷한 자원을 가진 다른 가족보다 식품비를 덜 쓰게 된다. 반면에 좋은 음식과 술을 즐기는 가족들은 그들의 식품을 사는 데 많은 비용을 지불하게 된다. 식품에 소비하는 비용은 가족구성원들에게 기쁨과 만족을 주게 된다.

식료품 마트에서 제공하는 식품의 종류가 매우 다양하므로 주부는 가격 면으로 넓은 범위 안에서 식품의 필요량을 구입해야 한다. 주부가 식단을 작성하여 장보기를 계획하면, 비슷한 가족구성일지라도 다른 가정에 비해 장바구니에 들어가 있는 식품이 다양해진다. 소비계층에 따른 식품구입을 위해 철저한 구입계획을 세우도록 한다.

(3) 식품계획

- 식품계획은 어느 나라에서나 오래전부터 사용되고 있다. 이것은 새로운 영양지식의 발달, 식품소비의 변천, 경제상태의 발전 등에 따라 수정되어 왔다. 미국의 농무성(USDA)에서 가족의 소득에 따라 영양섭취기준을 만족시킬 수 있는 합리적인 식품을 구매할 수 있는 지침서로 제공한 것이 식품계획(food plan)이다.
- 식품계획은 소득 수준에 따라 절약계획(thrifty plan), 저단가계획(low cost plan), 적정 단가계획(moderate cost plan), 여유단가계획(liberal cost plan)으로 나누어 지고, 미국의 저소득층을 위한 식품구매 보조금(food stamps)의 자료로 활용하기도 한다.

Tip | 소비 수준에 따른 식품계획

- 절약계획(thrifty plan) : 저가격계획보다 25~33% 낮게 책정함
- 저단가계획(low cost plan) : 현재 물가와 비교하여 저렴한 가격으로 계획함
- 적정 단가계획(moderate cost plan) : 저가격계획보다 약 25% 높게 책정함
- 여유단가계획(liberal cost plan) : 저가격계획보다 약 50% 높고 적정가격계획보다 20% 높게 계획함

① 절약계획

저단가계획보다 25~33% 낮게 결정하여 영양필요량을 공급해 줄 수 있도록 한다. 저소득층가족에게 좋은 영양분을 보충해 줄 수 있는 식품계획으로 곡류를 많이 사용한다. 반면에 육류, 어류, 채소, 과일의 사용은 적다. 대부분 집에서 만든 음식을 준비하여 식사한다.

② 저단가계획, 적정 단가계획

저단가계획은 식품계획의 기준가격으로 이용이 되며, 적정 단가계획은 저단가계획보다 25% 높게 정해진다.

③ 여유단가계획

저단가계획보다 약 50% 높고 적정 단가계획보다 20% 높게 계획하며 육류, 과일, 채소 등을 다른 계획보다 다양하고 풍부하게 이용할 수 있는 계획이다.

표 2-9는 각 식품구입계획에 따라 구입 가능한 식품군의 지출비율을 나타낸 것이다. 곡류 및 감자류는 저가단가계획이 33.5%로 여유가격계획의 18.7%에 비해 높고 육어류, 두류, 난류는 저단가계획이 27.5%으로 여유단가계획의 38.4%에 비하여 낮다. 비교적 많은 비용을 식생활비로 소비할 수 있는 가정의 여유단가계획에서는 주식인 전분성 식품을 구매하는 비용보다(18.7%) 단백질 식품에 있어서 동물성 단백질인 쇠고기, 돼지고기, 닭고기를 구매하는 비용이 높으며(38.4%) 기호식품인 음료 또는 간식 등에도 높은 비율(38.7%)의 식생활비를 지출한다.

(4) 식품비 예산 세우기

식품비 예산을 세우는 것은 비교적 간단하다. 즉, 필요 식품을 결정하고 어떻게 구입할 것인가를 결정하면 된다. 그러나 실제로 결정이 그리 쉬운 것은 아니다. 결정된 계획에 따라 식품을 구입한다는 것은 그 계획에 따라 다소 식품선택을 제한할 것을 의미하고 있다. 계획이 보수적일수록 식품선택은 제한되며 일단 형성된 식품기호와 식습관은 쉽게, 빨리 바뀌지 않는다. 나아가 계획이 보수적일수록 식생활관리자가 계획하기, 장보기, 식품 준비하기에 더 많은 시간과 에너지를 소비하여야 하며 더 많은 지식·기술·능력을 요구하게 된다.

① 첫 번째 접근법

- 저단가계획(low-cost plan)에 따라 가족의 필요 식품을 먼저 결정한 다음에 가족의 기호를 고려하여 가격을 산정해야 한다.
- 얻어진 예산서로부터 다른 계획들의 가격이 계산될 수 있다.
- 마지막으로 각 계획의 계산된 가격으로부터 수입에 알맞은 한 가지 계획이 선택된다.

| 표 2-9 | 각 식품구입계획에서 구입 가능한 식품군의 지출비율 (단위 : %)

식품구입계획 / 식품군	저단가계획	적정 단가계획	여유 단가계획
곡류 및 감자류	33.5	23.1	18.7
육어류 · 두류 · 난류	27.5	25.6	38.4
우유류	12.4	10.5	8.2
채소 및 과실류	34.9	45.3	38.7
유지류 · 조미료류	6.8	5.7	3.5

자료 : 1) 통계청, 1998년 3월 가격.
2) 이경성 · 최성원 · 최혜미(1998). 대한지역사회 영양학회지, 3(3), 480-495.

② 두 번째 접근법

- 필요 식품을 결정하는 과정이 생략되어 있는 대신에 발표된 식품계획의 1인당 가격으로부터 예산이 나오게 된다. 이 예산으로부터 수입에 알맞은 소비계획을 선택할 필요가 있다.
- 수입에 있어서 어떤 주어진 비율이 식품을 위해 소비되어야 한다거나 소비되어서는 안 된다고 말하기는 어려우나 아이가 없는 가정이 아이가 있는 가정보다 식품비로 소비하는 비율이 높은 편이다.

③ 세 번째 접근법

- 현재 실행하고 있는 소비를 조사하여 얼마나 소비하고 있으며 무엇을 구입했는가를 분석하는 방법이다.
- 먼저 2주일이나 그 기간 이상 시장에서 구입한 모든 식품과 비식품 품목을 자세히 기록하고 이것들을 식품군과 기타 식품이 아닌 항목(non-food category) 등으로 분류한다.
- 구입의 필요성이 낮은 품목이나 같은 품목을 다른 방법으로 구입하거나 달리 선택할 수 있는 품목들이 있는지 알아보기 위해 각 품목별로 식품군을 조사한다.
- 계획에서 제시된 양과 구입한 식품의 양을 비교하는 것으로 실제보다 많은 것이 구입되었는지 혹은 낭비되었는지를 알아본다.

현재의 소비실천을 완전히 분석한 결과를 토대로 새로운 식품예산이 세워져야 한다. 그러나 모든 가족구성원들이 그러한 변화를 바람직한 것으로 생각하지 않거나 이러한 변화에 요구되는 시간과 에너지를 봉사하고자 하는 의사가 없을 때에 새로운 예산은 실패하고 만다.

식품비 예산계획방법

- 필요 식품에서 시작하여 객관적으로 이것을 구입하기 위해 얼마를 소비할 것인가를 결정하는 방법
- 식품계획에 발표된 가격 중에서 하나를 선택하는 방법
- 현재 사용되고 있는 소비 형태를 객관적으로 변경시키는 방법

Tip | 구매에 있어 식생활관리자가 먼저 결정해야 할 것

- 시판조리식품과 즉석요리(ready-to-eat-food)에 얼마를 소비할 수 있는지를 결정한다.
- 과일과 채소, 육류 구매비용을 결정한다.
- 같은 식품 중에서 자신의 예산에 맞는 것이 어느 것인지를 알아야 한다[시장단위(market unit)의 식품량(portion yield)에 대해 알고 있어야 하며 시장물가를 알아두는 것이 가장 좋은 지침이 된다].
- 모든 예산에 있어 주부는 잡비항목에 할당하는 비용에 주의해야 한다.
- 식생활을 이롭게 하기 위해서는 어떻게 식품을 사면되는지 알아보고 특매(bargain)에 대해서도 깊은 관심을 가지면 큰 도움이 된다.

(5) 식품비 조절

일단 합리적인 예산이 세워지면 모든 가족은 주어진 한계 내에서 생활할 책임을 나누어 가져야 한다. 아버지와 아이들은 준비한 식사를 잘 먹고 식품준비와 설거지를 도움으로써 그들의 역할을 다하게 된다. 주부는 식사를 계획하고 식품을 구입하며 음식을 준비하게 되므로 주된 책임을 맡게 된다. 이러한 책임을 수행하는 주부의 기술이 예산의 성공 여부를 결정하며 예산이 적을수록 주부는 많은 시간과 노력을 기울여야 한다. 주부는 여러 가지 맛과 풍미를 배합하여 사용해야 하며 텍스처의 대조, 식품의 모양이나 맛을 좋게 하기 위해 여러 가지 방법을 동원해야 한다. 요리를 잘 하는 것이 항상 바람직하다는 것은 말할 필요도 없으나 예산이 제한된 경우에는 식단계획이 가장 중요하다.

경제면을 고려한 식생활관리

(1) 경제면을 고려한 식생활관리에서 주의할 점

① 생활비 전체에서 몇 %를 식생활비로 할당해야 하는가를 계획해야 한다

생활비는 소득의 증가에 따라 달라지나 가족 수에 따라서도 차이가 나게 된다. 총 수입에 대한 식생활비의 백분율(엥겔계수)은 그 가정의 경제 상태를 표시한다. 즉, 엥겔계수가 높으면 빈곤하고 낮으면 부유한 생활 상태라고 할 수 있다. 식생활은 식비와 많은 관계가 있으므로 식단계획을 세울 때에는 먼저 식생활비로 사용할 수 있는 금액을 잘 알아야 한다.

- 주식비를 정하고 부식비를 결정하게 된다 : 가정의 수입을 알아보고 가족 수에 알맞은 식생활비를 결정한 다음 식비의 내용을 주식 · 부식 · 기호식품 · 외식비로 나누어 예산을 세운 후 계획에 맞추어 식단을 작성하도록 한다. 소득이 많고 적음과는 관계없이 주식비는 가족 수에 따라 결정되며 부식비는 소득과 높은 상관관계를 갖는다. 소득이 증가하면 부식비가 증가하게 되고 부식비 중에 값이 비싼 동물성 단백질식품의 소비가 증가하게 된다.
- 물가를 알아보고 식생활비로 충당할 수 있는 최대의 비용을 결정한다 : 어느 나라나 경제성장에 따라, 또는 그 나라의 경제형편에 따라 물가의 변동이 있다. 제한된 식생활비로 가족에게 영양이 풍부하고 즐거운 식사를 제공하려면 주부나 식생활관리자는 변동하고 있는 물가를 알아야 한다.
- 월별 물가조사를 참고한다 : 우리나라는 계절의 변동에 따라 식품 생산이 달라지므로 주부는 항상 물가에 관심을 갖고 식품을 선택해야 한다. 신문, TV, 인터넷 등을 통한 도매물가 및 소매물가를 알아보고 식단 작성에 이용하면 좋다. 또한 주부는 직접 시장에 나가 물가를 알아보고 항상 그 변동을 기록해 두도록 한다. 최소의 비용으로 최대의 효과를 얻기 위해서는 가격과 식품의 영양면을 같이 생각하도록 해야 한다. 우리나라의 물가는 식품에 따라 많은 변동이 있는 것과 그렇지 않은 것이 있는데 월별 물가조사를 보고 식품에 따라 어느 달이 가장 가격이 싸고 영양이 풍부한가를 알아보아야 한다. 참깨, 고추, 마늘 등은 가을철이 비교적 값이 싸며 가정에 이러한 식품을 저장할 수 있는가도 살펴야 한다. 특히 새로 생산되고 있는 가공식품에 대해서는 그 내용물과 가격을 비교하여 값싸고 가족의 기호에 알맞은 것을 택하여 사용하도록 할 것이다.

② 대체식품이나 폐기량이 적은 식품을 알아둔다

- 대체식품을 참고한다 : 가격이 싸고 영양이 풍부한 식품이 무엇이며 대체할 수 있는 대체식품은 무엇인가 알아보아야 한다. 대체식품은 기본이 되는 식품에 대해 교환할 수 있는 것을 말한다. 예를 들면, 당질식품인 쌀로 밥을 선택하는 대신에 국수를 교체하는 것을 말한다. 대체식품은 식품에 함유되어 있는 주된 영양소를 주로 생각하여 대체한다. 우리나라는 계절의 차로 말미암아 식품생산의 종류가 다르므로 대체식품에 대해 잘 알아두어야 한다. 뿐만 아니라 계획한 식단가격이 비싸서 예산으로 구입하기 어려울 경우에는 대체식품을 생각하여 같은 영양소를 공급하면서 싼 값으로 식품을 구입하여야 한다. 쇠고기

대신으로 생선을 사용할 수도 있고 닭고기 · 두부 · 된장 등 모두가 양질의 단백질을 함유하고 있으므로 대치할 수 있다.이와 같이 계획된 예산에 알맞은 식생활을 실천하는 데 있어 대체식품을 알아두어 이용하도록 하는 것이 좋다. 경제면에 있어서의 대체식품은 계절식품을 뜻하며 계절에 많이 생산되는 식품은 가격이 쌀뿐 아니라 영양에 있어서도 우수하고 특히 맛에 있어 가장 좋은 맛을 지니고 있다. 그러므로 계절식품을 알아두어 대체식품을 사용하는 것이 좋다.

- **식품의 폐기량을 고려해서 선택한다** : 저렴하고 영양가가 높은 식품을 선택하는 것은 식단작성에 있어 중요하며, 식품의 가식부율에 대하여도 잘 알아야 한다. 순식품구매량(AP : As Purchased)을 알아보고 가식부량(EP : Edible Portion)을 식품별로 알아야 한다. 식품에 있어 폐기량이 많은 식품은 가격이 싸도 실질적으로 먹을 수 있는 가식부율이 적으므로 이러한 식품을 택하는 것은 합리적인 식생활관리라고는 볼 수 없다. 총 식품량에서 폐기량을 뺀 것이 가식부량이 되므로 식품선택은 폐기량과 많은 관련을 가지고 있다. 식품에 따라서는 대 · 중 · 소의 크기에 따라 폐기량이 다르고 식품의 신선도에 따라서도 폐기량이 달라진다. 식품에 따르는 폐기량을 알아보고 가족이 섭취해야 할 식품량에 폐기량을 가산하여 식품을 구입해야 한다. 폐기량이 많은 식품을 구입하는 것은 경제적이라 할 수 없으며, 식품의 이용도를 생각하여 폐기량뿐 아니라 식품재료를 구입할 때 가족에게 알맞은 식품을 구입하지 않으면 오히려 재료가 남아 유용하게 쓰이지 않고 버리게 되는 수도 있다. 이와 같이 식품량의 결정, 식품종류의 결정, 식품 자체의 차이 또는 식품의 신선도 등을 생각하여 식품을 구입하도록 해야 한다. 식품종류의 선정과 식품량의 결정은 가정경제와 밀접한 관계가 있을 뿐 아니라 식생활관리 면에서 가장 중요한 점이다.

Tip | 폐기율과 가식부율 구하기

- 폐기율 = $\frac{\text{총 식품량(g)} - \text{가식부량(g)}}{100}$
- 가식부율 = $\frac{\text{총 식품량(g)} - \text{폐기량(g)}}{100}$

(2) 경제를 고려한 식단 작성

가정을 기준으로 볼 때, 가족의 수입에 따른 식생활비(식비)가 결정되면 주식비, 부식비(간식 및 후식 포함), 외식비로 나누어 계획한다. 주식비는 곡류 및 그 제품과 감자 및 전분류를 포함하여 결정되며 소득수준과 별 관계없이 가족 수와 가족의 연령 및 구성원에 의하여 결정되는 데에 반해 부식비 · 간식비 · 외식비 등은 소득수준과 밀접한 관계가 있다.

① 여유단가계획(liberal cost plan)

- 더 많은 양의 모든 식품군의 많은 양 구입 가능(단, 우유군은 제외)
- 비싼 과일이나 전곡류(통곡류)의 구입 가능
- 비싼 녹색채소 구입 가능
- 비싸고 질 좋은 쇠고기 구입 가능

② 적정단가계획(moderate cost plan)

- 다량의 더 많은 식품군의 식품구입 가능
- 더 많은 양의 닭이나 칠면조 구입 가능(단, 돼지고기 구입양은 소량으로 제한)
- 감자는 많이 구입 가능(녹색 채소 구입 제한)

③ 저단가계획(low cost plan)

- 우유는 그룹에 관계없이 구입 가능
- 소량의 쇠고기, 돼지고기, 닭고기, 칠면조고기 구입 가능
- 감자 구입량 제한 없음(녹색 채소 구입 제한)
- 탄산음료, 소다, 과일음료는 다량 구입 가능

| 표 2-10 | 대체식품표

군 별	종류별	식 품
곡 류	원곡	백미, 칠분도미, 찹쌀, 누른보리, 겉보리, 쌀보리, 밀, 옥수수, 수수, 조
	가공	빵, 건빵, 떡, 소면, 메밀국수, 마카로니, 소맥분, 라면
감자류	원품	감자, 고구마, 토란
	가공품	녹말, 말린 고구마, 당면, 포도당
두 류	콩	대두, 대두분
	기타 두류	팥, 녹두, 완두, 강낭콩, 땅콩, 동부콩
	두류제품	두부, 튀김두부, 콩조림, 된장, 고추장, 간장, 청국장, 콩비지
채소류	녹황색 채소	시금치, 배추, 양배추, 미나리, 상추, 무청, 당근, 호박, 풋고추, 근대, 부추, 셀러리, 피망, 껍질콩, 깻잎
	기타 채소	가지, 무, 콩나물, 숙주나물, 도라지, 고비, 양파, 우엉, 연근
	건조 채소	호박고지, 무말랭이, 무청, 고춧잎, 버섯류
	김치류	통김치(배추), 무청김치, 열무김치, 오이김치, 오이지, 단무지, 복신채, 알타리김치
	과실	감, 곶감, 귤, 사과, 수박, 포도, 복숭아, 토마토, 밤, 딸기, 자두
	해초	김, 미역, 다시마, 파래
어패류	신선 어패	전갱이, 가자미, 꽁치, 정어리, 조기, 숭어, 상어, 연어, 갈치, 삼치, 오징어, 대구, 방어, 도미, 청어, 조개, 큰새우, 민어, 동태
	기타 어패	염갈치, 염고등어, 염꽁치, 염청어, 염전갱이, 말린 조기, 북어
	가공	어류통조림, 생선튀김, 새우젓, 멸치젓, 굴젓
	알류	명란젓, 대구알젓, 기타 어란
수조육류	수육	쇠고기, 돼지고기, 토끼고기, 양고기
	조육	닭, 꿩, 칠면조, 오리
	난류	달걀, 오리알, 메추리알
유 류	우유	우유, 분유, 연유, 농축유
유지류	식용유	참기름, 콩기름, 샐러드유, 면실유, 올리브유, 채종유
	지류	버터, 강화 마가린, 라드
조미료 및 향신료	조미료	식염, 깨소금, 간장, 파, 마늘, 양파, 설탕
	향신료	말린 고추, 고춧가루, 생강, 겨자, 카레가루, 후춧가루, 계핏가루
기호품	당류	설탕, 캐러멜, 엿류, 얼음사탕, 사탕
	기타	인삼차, 생강차, 커피, 홍차, 주류(정종 · 맥주 · 소주 · 약주 · 위스키)

| 표 2-11 | 식품군별 평균 가식부율

식품군명	가식부율(%)	식품군명	가식부율(%)	식품군명	가식부율(%)
채소류	85	생선(토막)	83	패류(껍질 있는 것)	25
감자류	90	어패류(생것)	90	난류	87
과일류	76	어패류(염건)	82	-	-
생선(통째)	62	어패류(염장)	72	-	-

| 표 2-12 | 각종 식품의 폐기율

• 육류의 폐기율

식품명	폐기율(%)	식품명	폐기율(%)
쇠갈비	8	쇠꼬리	50
쇠혀	13	꿩고기	50
닭고기	39	메추리고기	45
참새고기	50	오리고기	36
칠면조고기	33	식용 개구리	40

• 채소류의 폐기율

식품명	폐기율(%)	식품명	폐기율(%)	식품명	폐기율(%)
가지	10	연근	11	부추	11
고추	28	우엉	22	시금치	14
풋고추	6	케일	26	쑥갓	42
청정채	10	피망	15	아욱	10
냉이	12	호배추	11	양파	7
당근	4	갓	4	오이	8
조선무	5	말린 통고추	46	죽순	35
배추	8	고춧잎	6	파	14
생강	14	근대	14	호박	8
쑥	12	달래	36	송이버섯	10
아스파라거스	30	마늘	10	-	-
양배추	12	미나리	26	-	-

• 어패류의 폐기율

식품명	폐기율(%)	식품명	폐기율(%)	식품명	폐기율(%)
가다랭이	35	대게	85	우럭	32
가자미	49	은어	25	임연수어	25
게(큰 것)	68	잉어	54	장어	27
고등어(생것)	31	전갱이(아지)	33	전갱이(염건)	20
고등어자반	27	전복	54	정어리	45
꽁치	24	전어	26	정어리염건	25
굴(석굴)	75	정어리(말린 것)	29	준치	32
꽁치염장	20	조기	34	참다랭이(참치)	45
날치	45	쥐치	64	청어(자반비웃)	17
농어	34	동태	37	갈치	21
대구	34	모시조개	83	해삼	24
참도미	51	문어	12	새우(잔새우)	40
석도미	44	바닷가재	60	소라	82
돌가자미	51.4	바닷장어	33	아귀	55
모래무지	37	방어	25	양미리	13
무지개송어	25	백합	75	연어훈제	20
붉은새우	66	놀멩이	32	옥돔	45
민어	35	대합	71	병어	17
바지락	82	가시배새우	65	보리새우	55
뱀장어	32	갈고등어	23	볼락	54
보리멸	35	멸치	45	북어	50
복어	48	광어	34	삼치	34
굴비	42	송어	34	대하(생것)	50
꼴뚜기(생것)	15	숭어	40	홍합(생것)	12
꽁치(말린 것)	22	암치	31	청어	35
낙지	15	연어	28	갈치자반	22
노래미	50	오징어(생것)	28	홍어	28

• 알류의 폐기율

식품명	폐기율(%)	식품명	폐기율(%)
달걀	14	오리알	12
메추리알	11	–	–

• 곡류, 견과류 및 감자류의 폐기율

식품명	폐기율(%)	식품명	폐기율(%)	식품명	폐기율(%)
메밀	37	호두	57	해바라기씨	46
감자	6	고구마	10	말린호박씨	26
토란	7	아몬드	50	호콩	32
잣	28	은행	35	–	–

• 과일류의 폐기율

식품명	폐기율(%)	식품명	폐기율(%)	식품명	폐기율(%)
감	5	백도	17	버찌	12
개암	21	복숭아(황도)	13	사과(인도황)	11
오렌지(navel)	32	사과(후지)	11	사과(홍옥)	10
곶감	5	사과	18	살구	5
대추(말린 것)	19	산딸기	1	수박	42
딸기	2	석류	80	오얏	1
배	24	앵두	10	자두(후무사)	3
연시	3	자두	5	파인애플	50
귤	25	참외	25	포도(거봉)	34
대추(생것)	10	포도	29	포도(델라웨어)	52
머루	23	포도(골덴머스킷)	53	–	–
복숭아	12	복숭아(신도)	21	–	–

④ 절약계획(thrift plan)

- 제한된 기준으로 영양섭취기준에 맞는 식품을 구매하는 식품계획
- 많은 양의 채소(녹색 채소 제한), 과일, 유제품 구입(저가)
- 고기, 콩류의 구입 가능
- 지방, 기름, 소다(탄산음료), 설탕 등의 구입 제한

경제면을 고려한 식단 작성 대강

- 가정을 기준으로 볼 때, 가족의 수입에 따른 식생활비(식비)가 결정되면 주식비, 부식비(간식 및 후식 포함), 외식비로 나누어 계획한다.
- 주식비는 곡류 및 그 제품과 감자 및 전분류를 포함하여 결정한다. 소득수준과 관계없이 결정된다.
- 부식비 · 간식비 · 외식비 등은 소득수준과 밀접한 관계가 있다.
- 예를 들어 5인 가족, 일인 4,000원의 경우 한 달 주식비를 구해 보도록 하자.
  주식비는 가족 수와 가족의 연령, 가족 구성원에 의하여 결정된다.

  - 열량계수 구하기 : 열량환산표를 참조하면, 5인 가족의 열량계수는 3.88이다.
  - 5인 가족의 일 3끼에 필요한 쌀의 양 구하기 : 성인 한 사람이 한 끼에 필요한 쌀의 양을 100g으로 정하면 100g×3.88=388g의 쌀이 필요, 388g×3끼=1,164g이 이 가족이 하루에 필요한 쌀의 양이 된다.
  - 5인 가족의 하루 식비 : 1인 1일 식생활비를 4,000원이라고 가정하였으므로 4,000원×3.88= 15,520원이 되며 이것은 5인 가족의 하루 식비가 된다.
  - 한 달에 드는 식비 구하기 : 1개월의 식비를 계산하면 15,520원×30=465,600원이 된다.
    자기 가족의 연령과 성별에 따라 영양소별 영양필요량을 산출해 보고 또한 식생활비도 산출해 보자.

성인환산치

가정에 따라 가족 수도 다르고 가족구성에 있어서도 연령과 성별이 각각 다르다. 주부는 자기의 가족단위의 영양량을 알아서 항상 알맞은 영양을 제공할 수 있도록 해야 한다. 우리나라에서는 19~29세의 중등활동을 하는 남자, 체중이 67kg인 사람의 영양섭취기준을 기준(1.0)으로 하여 환산하게 된다. 그러므로 자기 가족의 계수를 알아 성인환산치로 환산한다. 한국인 영양섭취기준에 따른 중 가족의 계수를 알아두어야 하는 것은 열량과 단백질이며, 특히 가족에 따라 부족되기 쉬운 영양소가 있으면 그 계수를 알아두고 단위에 반영하여 부족됨이 없도록 하여야 한다. 성인환산치는 전체가 중등활동을 표준으로 한 것이므로 가족 중 격심한 노동을 하는 사람이 있을 때에는 성인환산치로 계산한 후라도 어느 정도 여유가 있어야 한다. 가족의 영양소 산출은 식품섭취 구성량을 산출하기 위한 것이므로 영양량 결정과 아울러 식품구성량을 결정해야 한다. 가족 중 체중에서도 평균체중을 초과하는 사람이 있을 경우나 체중이 많이 미달되는 구성원이 있을 때에는 특별히 조절해야 할 것이다. 대부분의 가정에서는 영양소별로 가족의 영양량을 산출하지 않고 열량의 계수만을 가지고 식품량을 결정하고 있으며, 또한 식품구입비도 여기에 따라 산출하고 있다. 이와 같이 가족단위의 영양량은 환산치에 의하여 산출할 수 있으나 가장 중요한 것은 가족의 열량을 산출하는 계수를 가지고 식품량과 식품비를 계획하는 것이다. 예를 들어 5인 가족의 1일 에너지필요추정량을 구하는 방법은 다음과 같다.

- **열량환산치의 합계를 구한다** : 아래 표에서 열량치의 합계는 3.88이다.
- **1일 가족의 에너지 필요추정량을 구한다** : 기준 성인 환산치가 1.0, 즉 2,400kcal이므로 2,400×3.88=9,312(kcal)이 된다. 즉, 이 가족의 1일 에너지 필요추정량은 9,312kcal이다.

따라서 가족의 식품섭취량도 영양섭취기준량에 따른 식품 구성량 예의 식품량에다 성인환산치계 곱하면 된다.

〈5인 가족 영양소별 성인환산치의 예〉

구 분	아버지(40세)	어머니(37세)	장남(9세)	차남(7세)	장녀(5세)	계
열량	1.00	0.80	0.72	0.72	0.64	3.88
단백질	1.00	0.79	0.57	0.57	0.43	3.36
비타민 A	1.00	1.00	0.71	0.71	0.57	3.99
티아민	1.00	0.77	0.69	0.69	0.62	3.77
리보플라빈	1.00	0.80	0.73	0.73	0.67	3.93
니아신	1.00	0.76	0.71	0.71	0.65	3.83
비타민 C	1.00	1.00	0.86	0.86	0.71	4.43
칼슘	1.00	1.00	1.00	1.00	0.86	4.86
철	1.00	1.33	0.83	0.83	0.75	4.74

기호면

식사의 세 번째 목표는 음식을 즐거운 마음으로 맛있게 먹고 우리들의 기호에도 잘 맞아야 한다는 것이다. 주부인 경우나 영양사로서의 식생활관리자는 이 목표달성이 가장 어려울 수 있다. 왜냐하면 똑같은 식사라도 모든 사람에게 같은 정도의 즐거움을 줄 수는 없기 때문이며 기호와 동시에 좋은 영양을 제공해야 하기 때문이다. 배고픔을 만족시키는 것 외에 식사로부터 얻어지는 기쁨과 만족, 즐거움은 시각과 미각에서뿐만 아니라 사회적 · 경제적 · 심리적인 측면까지도 고려 대상이 되기 때문이다. 만일 식사가 배고픔만 만족시켜 주는 것이라면 계획에도 문제가 적어지만 이로서 끝나는 일이 아니다. 즉, 배고픈 사람일지라도 먹어보지 않고 경험하지 않은 낯선 음식이면 먹기를 꺼리게 된다.

식품기호와 풍미 · 감각 · 식습관 등을 고려한 식단 작성을 하도록 한다.

연령별 기호조사

기호는 연령과 성에 따라 차이가 있을 뿐만 아니라 식습관에 따라서도 차이가 있다. 그러므로 기호조사를 하여 좋아하는 식품, 좋아하는 음식, 좋아하는 조리법 등을 알아두면 좋은 식단을 작성할 때 참고가 된다. 음식별로 기호조사를 하는 것과 또한 음식을 어느 식사를 할 때에 먹는 것이 좋은가를 알아보는 조사도 있다. 음식에 있어 좋아하는 음식과 싫어하는 음식으로 크게 나누어 조사하는 방법과 식품별로 조사하는 방법도 있다. 특히, 청소년에서 식품에 대한 기호도의 결정요인은 관능적 요소인 맛에 의하여 좌우되고 또한 섭취 횟수가 많을수록 기호도가 높게 평가되는 경향으로 식품에 대한 기호성은 어렸을 때 접한 식품이나 음식의 경험을 통해서 얻어짐을 알 수 있다.

(1) 초등학생의 식품기호도

표 2-13은 전남 지역의 초등학교 중에서 무작위로 학교를 선정하여 해당학교 6학년의 한 학급을 연구의 대상으로 하였으며 도시지역 7개 학교(199명), 농촌지역 10개교(204명)로 총 17개 학교의 403명을 연구의 대상으로 선정하여 음식의 기호도조사를 한 결과를 요약하면 다음과 같다(최인선, 2006).

| 표 2-13 | 밥류에 대한 기호도 (단위 : %)

<table>
<tr><th rowspan="2">구 분</th><th colspan="2">도시</th><th colspan="2">농촌</th><th colspan="2">전체</th><th rowspan="2">t값</th><th rowspan="2">p값</th></tr>
<tr><th>평균</th><th>표준편차</th><th>평균</th><th>표준편차</th><th>평균</th><th>표준편차</th></tr>
<tr><td>쌀밥</td><td>4.14</td><td>0.82</td><td>4.06</td><td>0.85</td><td>4.10</td><td>0.84</td><td>0.92</td><td>0.358</td></tr>
<tr><td>보리밥</td><td>3.50</td><td>1.05</td><td>3.36</td><td>1.01</td><td>3.43</td><td>1.03</td><td>1.36</td><td>0.175</td></tr>
<tr><td>누룽지</td><td>3.67</td><td>1.17</td><td>3.55</td><td>1.13</td><td>3.61</td><td>1.15</td><td>1.00</td><td>0.319</td></tr>
<tr><td>팥밥</td><td>2.30</td><td>1.17</td><td>2.41</td><td>1.16</td><td>2.35</td><td>1.17</td><td>−0.91</td><td>0.365</td></tr>
<tr><td>수수밥</td><td>2.93</td><td>1.16</td><td>2.80</td><td>1.15</td><td>2.87</td><td>1.16</td><td>1.14</td><td>0.257</td></tr>
<tr><td>조밥</td><td>2.88</td><td>0.75</td><td>2.79</td><td>1.17</td><td>2.83</td><td>1.17</td><td>0.78</td><td>0.438</td></tr>
</table>

① 주식류

- 밥류 : 전체적으로 조사대상자들은 쌀밥에 대한 기호도가 가장 높았고, 다음으로 누룽지, 보리밥 순으로 기호가 높았으며, 팥밥에 대한 기호도가 가장 낮았다. 초등학생의 쌀밥에 대한 기호도가 높은 것은 쌀밥이 가정에서의 일반적 주식이고 잡곡밥은 평소 식생활에서 자주 이용되지 않아 잡곡밥의 기호도가 낮은 것으로 해석된다.
- 떡류 : 전체적으로 초등학생들은 떡류 중 꿀떡에 대한 기호도가 가장 높았고, 다음으로 인절미, 시루떡, 경단 순으로 기호도가 높았다. 꿀떡, 인절미, 경단에 기호도는 도시 · 농촌별로 차이가 없었으며 시루떡에 대한 기호도는 도시지역에 비하여 농촌지역에서 높게 나타났다.
- 면류 : 도시지역 학생들은 면류 중 우동에 대한 기호도가 가장 높았고, 다음으로 스파게티, 자장면, 냉면, 비빔국수 순으로 기호도가 높았다. 농촌지역 학생들은 자장면에 대한 기호도가 가장 높았고, 다음으로 우동, 국수장국, 스파게티, 냉면 순으로 기호도가 높았으며, 두 군 간에 유의적인 차이는 나타나지 않았다.
- 빵류 : 도시지역 학생들은 빵류 중 햄버거에 대한 기호도가 가장 높았고, 다음으로 핫도그, 카스테라, 식빵 순으로 기호도가 높았으며, 농촌지역 학생들 또한 햄버거에 대한 기호도가 가장 높았다. 다음으로 핫도그, 식빵, 카스테라 순으로 기호도가 높았다. 특히 카스테라는 농촌지역에 비해 도시지역 학생의 기호도가 높았으며, 유의적인 차이가 있었다.

② 고기 및 난류, 생선류

- 고기 및 난류 : 도시와 농촌지역 학생들은 고기류 중 불고기에 대한 기호도가 가장 높았고, 다음으로 갈비찜, 갈비탕, 햄, 순으로 기호도가 높았으며 두 군 간에 유의적인 차이는 나타나지 않았다. 간편하게 조리할 수 있고 외식 및 경제적 능력의 향상으로 육고기와 간편한 훈제품을 자주 섭취하고 있다.
- 생선류 : 도시와 농촌지역 두 군 모두 생선류 중 마른 오징어에 대한 기호도가 가장 높았고, 다음으로 어묵, 갈치조림, 고등어조림 순으로 기호도가 높았으며 유의적인 차이는 나타나지 않았다. 식생활 수준이 향상되면서 학생들이 생선류를 고루 섭취할 기회는 있으나 먹기에 불편한 생선은 꺼리고 있음을 보여주고 있다.

③ 채소 및 해조류, 종실류

- 채소 및 해조류 : 도시지역 학생들은 김치류 중 배추김치에 대한 기호도가 가장 높았고, 다음으로 열무김치, 깍두기 순으로 기호도가 높았으며, 농촌지역 학생들은 배추김치에 대한 기호도가 가장 높았다. 다음으로 깍두기, 열무김치 순이었으며 두 군 간에 유의적인 차이는 없었다. 두 군 모두 미역 초무침에 대한 기호도가 가장 낮았다.
- 종실류 : 밤, 아몬드, 땅콩 순으로 기호도가 높았다. 아몬드는 농촌지역이, 은행은 도시지역이 유의적으로 높게 나타났다.

④ 일품요리 및 기호식품류

- 일품요리류 : 일품요리는 대부분 학생들의 기호도가 상당히 높은 것으로 나타났다. 도시와 농촌 지역 모두 탕수육에 대한 기호도가 가장 높았고, 다음으로 김밥, 돈가스, 비빔밥, 오므라이스, 카레라이스 순으로 기호도가 높았다. 유부초밥은 농촌지역에 비해 도시지역 학생들의 기호도가 높아 유의적인 차이가 나타났다.
- 기호식품류 : 도시지역 학생들은 기호식품류 중 팥빙수에 대한 기호도가 가장 높았으며, 다음으로 아이스크림, 껌, 사탕 순으로 기호도가 높았는데, 이는 농촌지역 학생들도 유사한 경향이었다. 양갱은 농촌보다 도시가 높았으며, 두 군 간에 유의적인 차이가 나타났다.

| 표 2-14 | 채소 및 해조류에 대한 기호도 (단위 : %)

구 분	도시		농촌		전체		t값	p값
	평균	표준편차	평균	표준편차	평균	표준편차		
배추김치	4.07	1.06	4.04	1.06	4.05	1.06	0.30	0.768
열무김치	3.94	1.09	3.85	1.18	3.90	1.14	0.85	0.394
깍두기	3.90	1.17	3.95	1.12	3.93	1.14	−0.41	0.684
김치전	4.26	1.03	4.28	1.03	4.27	1.03	−0.22	0.823
콩나물 무침	3.80	1.17	3.80	1.15	3.80	1.16	0.00	1.000
깻잎조림	3.41	1.32	3.15	1.48	3.28	1.41	1.83	0.069
감자볶음	3.80	1.14	3.66	1.24	3.73	1.19	1.20	0.232
김구이	4.07	1.17	4.11	1.19	4.09	1.18	−0.36	0.719
미역 초무침	2.82	1.37	2.71	1.46	2.76	1.41	0.84	0.402

| 표 2-15 | 일품 요리류에 대한 기호도 (단위 : %)

구 분	도시		농촌		전체		t값	p값
	평균	표준편차	평균	표준편차	평균	표준편차		
돈가스	4.58	0.75	4.45	0.88	4.51	0.82	1.68	0.095
유부초밥	3.95	1.33	3.52	1.41	3.73	1.38	3.19[1)]	0.002
카레라이스	4.34	1.06	4.24	1.14	4.29	1.10	0.88	0.397
오므라이스	4.47	0.94	4.41	0.92	4.44	0.93	0.60	0.549
비빔밥	4.58	0.77	4.43	0.96	4.50	0.87	1.69	0.091
김밥	4.59	0.75	4.59	0.75	4.59	0.75	0.06	0.950
탕수육	4.74	0.63	4.62	0.74	4.68	0.69	1.78	0.076

주 : P〈.01

(2) 중 · 고등생의 식품기호도

청소년기는 성장이 활발하고 정서적 · 지적 · 성적으로 성숙해지는 시기로 영양소의 필요량이 어느 때보다 높다. 그러나 우리나라 청소년들의 경우 입시 스트레스로 인한 심리적 불안정, 수면부족, 편식 및 불규칙한 식사, 특히 아침식사를 소홀히 하고 학교에서 보내는 시간이 많아짐에 따라 과자나 케이크, 탄산음료, 패스트푸드 등 당분과 지방의 함량이 높은 간식의 섭취량이 많고, 채소의 섭취량이 적어 비만 등을 초래하며 각종 질병 이환율이 높아지는 건강문제가 제기되었다. 채소류의 기호도가 낮은 이유는 급식에서 또 다른 문제점인 잔반의 증가 원인이 되고 있다. 서울시 2개 중학교와 경기도 안산에 소재하는 1개 중학교에서 1, 2, 3학년을 대상으로 좋아하는 채소 선호도에 대해 조사한 결과는 다음과 같다(한국식품영양과학회지, 2008).

① 선호하는 급식 반찬 재료

반찬 재료 중 육류가 233명(39.8%), 햄 · 소시지 · 어묵과 같은 가공식품은 142명(24.3%), 생선 56명(9.6%), 달걀 46명(7.9%), 김치 41명(7.0%), 인스턴트식품 40명(6.8%), 채소 24명(4.1%)으로 육류가 가장 높게 나타났고, 반면 채소 반찬이 가장 낮은 것으로 조사되었다.

② 학교급식에서 제공되는 채소의 섭취량

'배식량의 1/3만큼 섭취' 는 173명(29.6%), '배식량의 2/3만큼 섭취' 는 130명(21.4%), '배식량의 1/2만큼 섭취' 125명(21.4%), '배식량 모두 다 먹음' 이 111명(19.0%), '안 먹음' 이 40명(6.8%)이었다. 조사대상자의 6.8%는 전혀 채소류를 섭취하지 않았으며, 배식량 모두를 섭취하는 경우도 19%로, 낮은 결과를 보여 채소류를 섭취하는 정도가 낮음을 알 수 있었다.

③ 학교급식에서의 채소 반찬을 남기는 이유

'맛이 없다' 가 258명(44.1%), '내가 싫어하는 채소이기 때문에 먹지 않는다' 가 170명(29.1%), '배식량이 많기 때문이다' 라 답한 학생이 63명(10.8%), '먹어보지 않은 음식이기에 먹기 두렵다' 가 28명(4.8%), '음식온도가 맞지 않아서' 가 20명(3.4%), '기타' 가 46명(7.9%)으로 나타났다.

④ 엽경채류 20가지 중에서 가장 좋아하는 것

엽경채류는 깻잎 95명 (16.2%) > 셀러리 73명(12.5%) > 양배추 70명(12.0%) > 배추68명(11.6%) > 상추 56명(9.6%) > 브로콜리 52명(8.9%) 순으로 나타났다. 엽경채류를 재료로 하여 조리한 음식으로 시금치 무침, 쑥갓 무침, 마늘쫑 무침과 같은 숙채의 조리법을 이용하였을 때 가장 싫어하였고, 야채볶음밥이나 비빔밥과 같이 밥을 이용하여 조리를 하였을 때 가장 좋아하는 것으로 나타났다.

⑤ 근채류 19가지 중에서 가장 좋아하는 것

고구마 209명(35.7%) > 감자 152명(26.0%) > 무말랭이 64명(10.9%) > 무 63명(10.8%) 순으로 나타났다. 근채류의 경우 무생채, 도라지생채와 같이 채소를 생으로 무쳐 먹는 것이 가장 싫어하는 조리법으로 볼 수 있었으며, 가장 좋아하는 조리법은 감자밥, 카레라이스 등 재료로 쌀과 함께 밥을 짓거나, 일품요리로 이용하여 조리를 하였을 때 가장 좋아하는 경향을 나타냈다.

⑥ 과채류 중에서 가장 좋아하는 것

토마토 147명(25.1%) > 단호박 111명(19.0%) > 오이 80명(13.7%) > 애호박 70명(12.0%) 순이었다. 과채류에 있어 선호하는 조리방법으로는 샐러드, 국/찌개, 생채, 조림/찜, 밥, 튀김, 부침/구이, 숙채 순으로 나타났으며, 볶음에 대한 기호도는 상대적으로 과채류 중 가장 낮은 수준으로 나타났다. 과채류에서는 샐러드의 조리방법별 기호도에 대해 통계적으로 유의차가 나타났으며($p<0.05$), 여학생의 경우 남학생에 비해 기호도가 높은 것으로 조사되었다.

(3) 대학생의 식품기호도

전국의 대학생을 대상으로 식품에 대한 기호도를 조사한 연구로 서울 367명, 경기 926명, 충청 108명, 경상 272명으로 총 1672명을 대상으로 100종의 음식을 선택하여 음식의 기호도를 인터넷으로 조사한 결과를 요약하면 다음과 같다(장경자, 2005).

① 주 식

주식에 대한 기호조사는 밥류 · 일품식 · 빵류 · 면류 · 떡류 · 죽류의 형태로 조사하였는데 남녀학생 모두 주식으로 빵이나 국수보다는 밥을 선호하는 것으로 나타났다. 이는 건강에 대한 관심이 높아지면서 서양식보다는 전통식을 선호하는 경향이 증가했기 때문으로 보고되었다.

- 밥종류(7종) : 밥종류로는 쌀밥, 보리밥, 콩밥, 팥밥, 잡곡밥, 찰밥, 현미밥을 조사했으며 남녀 대학생 모두 쌀밥, 보리밥, 콩밥 순으로 선호하는 것으로 나타났으며 콩밥에 대한 선호도는 경상지역에서 유의적으로 높게 나타났다. 다른 연구에서는 남학생은 흰밥, 찰밥, 팥밥을 좋아하였고, 여학생은 흰밥, 팥밥, 콩나물밥을 선호하는 것으로 보고되었다.
- 일품식(23종) : 남학생의 경우 서울지역이 '만둣국'에 대한 선호도가 타 지역보다 높았으며, 전반적으로 지역 간의 선호도 차이는 없었다. 남학생은 하이라이스, 스파게티, 김밥

등 전반적으로 일품요리에 대한 선호도가 높은 것으로 나타났다.

- 면류(12종) : 면류에 대한 기호도는 자장면, 스파게티, 짬뽕, 유부국수 순으로 나타났다.
- 죽류(5종) : 닭죽에 대한 기호도가 가장 높았으며 섭취빈도수가 높은 죽으로는 닭죽, 채소죽, 단팥죽, 팥죽 순이었다.

② 부 식

부식은 15가지 조리방법별로 나누어 기호조사를 하였다. 기호도의 경향은 튀김류, 볶음류가 높게 나타났고, 숙채나 무침류 등은 낮게 나타났다.

- 국(25종) · 찌개류(11종) : 국류에 대한 기호도는 남녀 모두 고깃국, 미역국, 콩나물국을 가장 선호하였으며 찌개류의 경우 김치찌개, 참치찌개, 된장찌개 순으로 조사되었다.
- 조림류(10종) : 조림류에 대한 기호도는 고기장조림, 콩조림, 연근우엉조림 순으로 나타났다. 조림류에는 97여 종이 사용되었는데 사용빈도는 어묵조림, 고기장조림, 콩장(조림), 감자조림 순이었다.
- 튀김(13종) · 볶음류(15종) : 감자, 오징어, 닭튀김의 선호도가 가장 높았으며 볶음류의 경우 고기볶음, 오징어볶음, 김치볶음을 가장 선호하였으며 일반적으로 남학생들이 여학생보다 선호도가 높은 것으로 나타났고 지역적인 선호도의 차이는 없었다.
- 전(13종) · 구이(12종) 및 조림(10종) : 전류의 기호도는 남녀 대학생 모두 고기전을 가장 선호하였으며 그다음으로는 감자전, 햄전의 순이었다. 구이류에서는 남녀 모두 '김구이' 를 가장 선호하고 조림류의 경우 남녀 모두 감자조림을 가장 선호하였다.
- 나물(13종) · 무침류(13종) : 나물류의 선호도는 콩나물, 시금치나물, 도라지나물이 가장 높았으며, 무침류의 기호도는 오징어무침, 도라지무침, 더덕무침이 높았다.
- 김치(11종) · 짱아치류(7종) : 김치류는 남녀모두 배추김치를 가장 선호하였고 지역별로는 서울 · 경기 · 경상지역은 배추김치를, 충청지역은 총각김치를 가장 선호하는 것으로 나타났다. 장아찌류의 경우 '마늘장아찌' 를 가장 선호하였고 그 다음으로는 더덕장아찌, 무숙장아찌의 순으로 조사되었으며, 지역별로 선호도의 차이는 없었다.
- 과일류(13종) 및 기타 : 과일은 여학생의 경우 귤, 딸기, 사과, 배, 복숭아의 선호도가 높았고, 남학생은 사과, 귤 순으로 나타났다. 남녀 모두 싫어하는 과일은 참외, 바나나 순이었다. 포도, 수박, 파인애플의 선호도는 남녀의 경우 비슷한 수준으로 나타났다.

기호도에 영향을 주는 요인

식품에 대한 기호란 특정 식품에 대한 개개인의 순응도이다. 한 식품에 대한 순응성에는 그 식품 자체의 모양(크기 · 투명도 · 색깔)과 냄새, 맛, 구강 내에서의 촉감과 식품의 받아들이는 개개인의 감각의 예민도와 심리상태, 소화 및 건강상태와 관련이 있다.

경제성장으로 인해 식생활에 대한 기대치가 높아지면서 식품 및 음식에 대한 기호도의 중요성이 더욱 강조된다. 여러 연령층이나 성별에 따른 기호도가 다르기 때문에 각 대상의 기호에 적합한 식사를 제공해야 한다. 기호라는 것은 우리들의 생활에서 후천적으로 형성되는 것이므로 노력 여하에 따라서 변경시킬 수 있는 성질의 것이다. 기호는 시대에 따라, 연령 또는 성별에 따라 변하는 것이므로 식단계획은 어느 일정한 연령이나 어른 위주로 작성해서는 안 된다. 특히 어린이 식단내용을 어린이의 기호에만 맞추는 예가 많으나 될 수 있는 한 여러 종류의 식품을 사용하여 여러 형태의 맛을 즐길 수 있도록 해야 한다. 기호도에 영향을 주는 요인으로는 식품의 풍미, 향기, 맛, 질감이 있으며 개인의 식습관도 기호도에 영향을 준다.

식품의 풍미

어떤 식품이 맛이 좋다든지 나쁘다든지, 또는 어떤 식품이나 음식의 맛을 싫어한다고 말할 때 우리는 식품의 풍미를 판단하게 된다. 풍미의 인식은 계속되는 기간은 짧으나 오랫동안 기억에 남는 경험이다. 이것은 일부는 감각적인 동시에 주관적인 것이다. 인간의 감각적 인식은 그의 습관 · 풍습 · 편견 · 정서와 생리적 상태 등에 의해 달라진다. 풍미인식은 개인에 따라 강도가 다르며 같은 사람이라도 때에 따라 다르게 느낄 수 있다. 풍미는 물질을 입에 넣어서 그것이 미각과 후각을 자극하고 입안에 있는 일반적인 고통, 촉감, 온도 등의 감수기(receptor)를 자극함으로써 일어나는 감각으로 정의된다. 즉, 풍미는 우리가 흔히 생각하는 맛과는 좀 다르다. 또한 입안에서 식품을 어떻게 느끼느냐, 즉, '부드러운지, 깔깔한지, 매끄러운지, 거친지' 하는 것까지 포함된다. 식품의 온도(뜨거운지, 차가운지, 미지근한지), 후추와 생강의 쏘는 맛, 박하의 '싸한' 맛과 아름다운 푸른색, 탄닌의 수렴성, 계피의 통렬함 등도 풍미의 일부이다.

풍미를 결정하는 요인으로는 식품의 향기, 맛 입속의 느낌 등이 있다.

(1) 향 기

냄새 또는 방향은 식품과 음식을 받아들이고 거부하는 데 가장 큰 영향을 주는 풍미의 일면이다. 약간 둔한 편인 맛의 감각에 비해 냄새감각은 매우 예민하다. 냄새를 맡는 기관은 여러 가지 다른 종류의 자극을 구별할 수 있으며, 많이 희석된 용액에서도 냄새물질에 대한 감각을 느낄 수 있다.

① 휘발성 성분과 냄새

기본냄새의 수는 아직 알려져 있지 않다. 복합적인 냄새는 이 기본냄새들이 각기 다른 순열로 조합됨으로써 생기게 된다. 식품의 냄새는 여러 가지 다른 휘발성 성분으로 구성된다. 식품에서 풍기는 냄새는 다양한 냄새물질의 상호작용과 혼합에 의해 형성된다. 후각이 예민하면 설탕, 알코올, 암페타민(감기 · 기침약) 등의 후각 자극도가 큰 물질의 냄새를 맡거나 노쇠해감에 따라 둔화된다. 또한 식후에도 둔화되며 주석산(tartaric acid), 탄닌(tannin), 초산(acetic acid), 쓰디 쓴 약제(bitter tonic), 단맛이 없는 적포도주(dry red wine) 등에 의해 방해된다.

② 향신료와 냄새의 피로

냄새기관은 계속적 · 반복적인 자극에 적응하면서 결국에는 감각능력을 상실하게 되며 이것을 냄새의 피로(smell fatigue)라고 부른다. 예를 들면 제과점의 유혹적인 냄새나 생선가게의 불쾌한 냄새도 그곳에 오래 있으면 느끼지 못하게 된다. 같은 냄새라도 단독으로 있는 것이 다

후각기관과 냄새

후각기관은 콧구멍 위에 자리 잡고 있으며 크기는 엄지손가락 끝만 하다. 휘발성 냄새가 나는 물질이 숨쉬는 동안 콧구멍을 통해 후각기관에 도달하며, 음식을 먹는 동안 비후(鼻后)를 통해 후각기관에 도달한다.

후각에 대한 입체화학적 학설(stereochemical theory)에서는 후각기관은 미세한 구멍을 가지고 있으며 이 구멍에 냄새를 갖는 분자가 오면 그 냄새를 느끼게 된다고 한다. 즉, '자물쇠와 열쇠(lock and key)'의 개념이라고 할 수 있다. 또한 장뇌(camphoraceous), 꽃(floral), 사향(musky) 등의 기본냄새(primary odor)가 있다고 제시하고 있다.

음식을 먹는 동안에는 먹기 전에 식품의 냄새를 맡음으로써 냄새가 인식되고 음식을 십고 삼키는 동안 혀와 목이 공기를 움직이게 함으로써 비인후를 통해 후각기관에 냄새물질을 보내게 되어 냄새를 느끼게 된다. 감기에 걸렸을 때처럼 부어서 콧구멍이 막히면 냄새감각을 잃어 냄새를 맡지 못한다. 이럴 때 식품은 맛과 입에서의 느낌만을 갖게 되어 "모두 같은 맛이다" 또는 "음식 맛이 없다"라고 말하는 것이다.

른 것과 함께 있는 것보다 적응이 빠르다. 또한 냄새의 종류에 따라서 적응이 달라진다. 냄새에 대한 적응은 냄새의 강도나 농도에 따라 달라서 농도가 진할수록 적응속도가 느리며, 강한 냄새는 약한 냄새를 느끼지 못하게 한다. 이러한 적응현상은 왜 같은 음식이라도 첫 번째 입에 넣은 것과 두 번째 것이 서로 똑같은 맛으로 느껴지지 못하며 왜 마지막 먹은 것이 첫 번 것보다 맛이 없는가 하는 것을 설명해 준다.

향신료 냄새에 대한 피로는 다른 냄새에 대한 피로보다 늦으므로 향신료를 합리적으로 사용함으로써 그들의 유일한 냄새를 오랫동안 즐길 수 있다. 그러나 냄새가 강한 향신료나 조미료는 다른 냄새를 지배하여 약한 냄새를 맡지 못하도록 방해한다. 그러므로 음식의 다른 재료가 맛을 내야 할 경우는 향신료나 조미료의 사용을 절도 있게 사용해야 한다.

③ 식품의 온도와 냄새

후각기관을 자극하는 냄새를 갖는 입자들은 높은 온도에서 더 휘발성이 강해지므로 식품의 온도에 따라 냄새가 달라진다. 또한 너무 뜨거운 식품은 통증을 유발하므로 맛이나 냄새를 느낄 수 없다. 음식의 더운 정도는 여러 가지 식품이 가장 좋은 풍미를 갖도록 하는 데에 필수적이다. 아이스크림과 같이 매우 찬 식품은 입 안에서 약간 더워져 녹으면서 더 좋은 풍미를 갖게 되며 복숭아, 딸기, 배, 라즈베리(raspberry, 나무딸기의 일종) 등의 미묘한 냄새는 냉각하지 않은 채이거나 약간 냉각했을 때 더 강한 풍미를 갖는다. 또한 멜론은 약간 냉각했을 때 풍미가 더 좋다. 그러므로 식사의 첫 번 코스는 단 음식이 아닐 것, 과일과 채소는 육류와 함께 먹을 것 등의 제안은 이러한 후각에 관한 특수성과 깊은 연관이 있다.

(2) 맛

맛의 수용체(taste receptor)는 미뢰(taste buds)에 있는 세포들이다. 미뢰는 혀의 작은 돌기 · 유두(乳頭)에 있는 구조이며 연구개(軟口蓋, soft palate), 인두, 후두 등에도 존재하고 있다. 이들 기관의 세포들은 용액으로 존재하는 여러 물질에 의해 자극된다. 맛의 수는 셀 수 없이 많으나 모든 맛은 쓴맛 · 짠맛 · 신맛 · 단맛의 네 가지 기본적인 맛(primary taste)이 혼합된 것이다.

이 외에도 우마미(うまみ)를 포함하여 5가지 맛으로도 알려져 있다.

① 네 가지 기본적인 맛

- 짠맛 : 짠맛은 몇 가지 무기염에 의해 일어나며 식품에 짠맛을 내기 위해 일반적으로 소금 등을 넣는다.
- 신맛 : 신맛은 수소이온(H+)에 의해 일어나는 것으로 모든 무기산은 같은 농도로 취해졌을 때는 비슷한 신맛을 낸다. 초산 · 주석산 · 구연산 · 능금산 등의 유기산은 그들의 수소이온 농도보다 더 강한 신맛을 낸다. 식품 중에는 주로 과일에 신맛이 많이 있으며 신맛을 내고자 할 때에는 식초 · 술 · 레몬주스 등을 넣는다.
- 단맛 : 단맛은 복잡한 유기화합물에서 유래하며 당류와 그 유도체, 사카린(saccharin), 둘신(dulcin), 글리세린(glycerin), 사이클라메이트(cyclamate) 등 기타 유기물질들이 여기에 속한다. 단맛은 과일과 약간의 채소에 천연적으로 존재하고 있다.
- 쓴맛 : 쓴맛은 주로 알칼로이드(alkaloid), 배당체(glucosides), 약간의 무기염류 등에 의해 일어난다. 식품과 음료 중에 존재하는 탄닌(tannin)은 쓴맛과 아린 맛을 준다. 사카린은 약 90%의 사람에게는 뒷맛이 쓰게 느껴지는 것으로 나타났다. 쓴맛은 커피, 차, 적포도주, 맥주 등의 음료에서 특유한 맛을 나타내는 성분이다. 사람들은 쓴맛, 신맛, 짠맛, 단맛의 순으로 느끼게 된다. 설탕을 사카린으로 대치하면 감도(sensitivity) 순서는 쓴맛, 사카린, 신맛, 짠맛의 순이 된다.

② 약품과 맛

약품은 맛을 과장하거나 상충(mask)하기 위해 다른 풍미를 사용한다. 맛에 대한 감각은 과장되기도 하고 억제되기도 한다. 예를 들면 짠맛은 오렌지, 계피, 사르사(sarsaparilla, 약초의 일종) 등의 시럽에 의해 상충되며 라즈베리와 코코아는 쓴맛을 감춘다. 미뢰가 용액 중에 있는 물질에 의해 자극을 받게 되므로 식품의 텍스처(texture)가 맛에 영향을 주게 된다. 액체식품과 농도가 진한 액체식품의 맛은 씹어야 하는 고체식품의 맛보다 쉽게 느껴진다. 또한 잘 씹지 않으면 식품의 맛도 잘 느껴지지 않는다.

③ 음식의 온도와 맛

미각이 맛을 가장 잘 느끼는 온도는 20~30°C라고 한다(단맛 : 35°C, 신맛 : 25°C, 짠맛 : 37°C). 이러한 사실을 식품에 적용하면 더울 때 먹는 애플파이가 냉각되었을 때 먹은 것보다 더 달고, 뜨거운 커피가 냉커피보다 덜 쓰며, 뜨거운 국이 찬 국보다 덜 짜다. 또한 차에 첨가된 설탕은 차가 입 안에서 체온과 비슷한 온도로 식혀질 때까지는 뚜렷한 맛의 변화를 주지 않는다. 온도가 식품의 맛에 영향을 주는 인자이므로 우리는 뜨거운 음식은 뜨겁게, 찬 음식은 차게 대접하며 먹는 시간에 맞추어 조리해야 한다.

④ 피로와 자극의 강도

미각 감수기는 얼마간 오래 작용하는 자극에 대해 피로해지며 무감각해진다. 피로의 정도와 기간은 자극의 강도에 달려 있다. 자극이 약할수록 적응이나 피로가 빠르다. 맛의 지속성은 쓴맛이 가장 길고 단맛이 가장 짧으며 신맛과 짠맛은 그 중간이고 짠맛은 신맛보다 적응이 빨리 온다. 단것을 먹은 후 사과를 먹으면 평소보다 더 시게 느껴지는 것처럼 한 가지 맛에 대한 적응은 다른 맛의 인식을 높여주기도 한다.

⑤ 맛의 상호작용

식품의 독특한 맛은 여러 가지 맛을 내는 물질의 농도와 그들의 상호작용의 결과로 생기는 것이다. 퀴닌(quinine)용액은 쓴맛에 대한 피로를 가져오며 짠맛, 신맛, 단맛에 대한 감도를 감소시킨다. 소금용액은 쓴맛과 산에 대한 감도를 감소시키며, 산용액은 짠맛과 쓴맛에 대한 감도를 감소시키고 소금용액과 산용액은 단맛을 증가시킨다. 묽은 설탕용액은 단맛, 짠맛, 신맛의 감각을 피로하게 하나 20% 설탕용액은 모든 맛의 감도를 증가시킨다.

실제 조리면에 있어 멜론, 케이크 겉에 입히는 설탕(frosting), 푸딩(pudding)의 단맛을 증가시키기 위해 소량의 소금을 사용하며, 햄의 짠맛을 적게 하기 위해 설탕이나 단맛의 소스를 사용하고, 커피의 쓴맛을 약화시키기 위해서 설탕을, 그레이프프루트의 신맛을 감소시키기 위해 설탕 또는 소금을 가미한다.

(3) 입 속의 느낌(질감)

입 안에서의 식품에 대한 느낌은 풍미의 세 번째 요소이며 식품의 수응력에 매우 중요하다. 혀, 잇몸, 연구개, 경구개 등에는 기계적인 자극에 대한 감각을 느끼게 하는 기관이 있으며, 이것이 식품이나 음료의 텍스처를 판단한다.

식품의 텍스처를 말하는 데 사용하는 형용사에는 아삭아삭한 것(crisp), 연한 것(tender), 딱딱하고 단단한 것(tough), 질긴 것(stringy), 말랑말랑하게 부푼 것(fluffy), 기름진 것(oily), 끈적끈적한 것(sticky), 야들야들하고 부드러운 것(velvety), 설컹거리는 것(gritty) 등이 있다. 우리는 식품에 따라 촉감이 다를 것을 요구한다. 즉, 고기는 연하고 신선하며, 빵은 연하고 촉촉하며, 크래커는 바삭바삭하고 건조(crisp & dry)하며, 푸딩은 덩어리 없이 연하고(smooth), 케이크는 벨벳같이 부드럽기(velvety)를 원한다.

① 식품의 텍스처가 서로 대조되는 방법으로 조합된 것을 좋아한다

예를 들면 바삭바삭한 크래커와 수프, 바삭바삭한 과자와 부드러운 소프트아이스크림, 연하게 구운 감자와 입히는 맛이 있는 스테이크(chewy steak), 아삭아삭한 베이컨과 간(肝), 딱딱한 빵(crusty hard roll)과 스파게티와 미트소스 등이다.

② 바람직한 텍스처를 내기 위해 특정한 재료를 넣는다

식품을 조리할 때나 복합 조리음식을 만들 때 바람직한 텍스처를 나타내도록 하기 위해 특정한 재료를 넣을 때가 있다. 예를 들면 라이스푸딩(rice pudding)에 건포도, 치킨알라킹(chicken a′ la king)에 피망(green pepper), 닭고기 만두(chicken chow mein)에 아몬드(almond) 등이다. 설컹거리는 느낌(grittiness), 질긴 느낌(fibrousness), 딱딱한 느낌(toughness), 으깨진 느낌(mushiness), 덩어리진 느낌(lumpiness), 건조된 느낌(dryness) 등의 텍스처는 식품의 수용도를 감소시킨다. 일반적으로 우리가 좋아하는 텍스처는 부드러운 것(smoothness), 아삭아삭한 것(crispness), 연한 것(softness), 가벼운 것(lightness), 촉촉한 것(moistness), 한 겹씩 벗겨지는 것(flakiness), 부푼 것(fluffiness) 등이다.

③ 식품의 텍스처 조절은 조리와 노화(staling) 중에 일어나는 변화의 조절이다

조리가 덜 된 식품이나 너무 많이 조리된 음식은 원하는 텍스처를 지닌 요리가 될 수 없다. 식품이 노화되면 음식에 따라 건조되기도 하고 단단해지기도 하며 질겨지기도 하고 습기가 차기도 한다. 현대의 식품포장은 이러한 미각의 수용력 감소를 가져오는 텍스처의 변화를 방지하고자 하는 것이다.

식생활관리자는 식단을 계획할 때 의도적으로 좋아하는 텍스처를 넣게 된다. 맛과 텍스처에 대한 감수기(感受器)는 입안에 있으며 이것은 식품과 양념에 들어 있는 물질에 의해 자극받는 것으로 식품기호에 영향을 준다. 자극제로는 후추, 생강, 정향, 계피, 서양 고추냉이, 박하, 탄닌 등이 있다. 이들 자극제에 의한 과도자극은 통증을 가져오며 후추와 카레의 온화한 자극은 탄 느낌(burning sensation)을 가져오고, 박하는 찬 느낌(cooling sensation), 탄닌은 수렴성(astringency) 또는 수축성(puckering)을 준다.

(4) 풍미의 청각과 시각

풍미에도 청각적인 면이 있다. 식품과 관계되는 소리가 있으며 이것이 사람의 풍미 인식에 작용하게 된다. 예를 들면 셀러리의 아삭아삭하게 씹히는 소리(crunchiness), 샴페인과 탄산음료의 '슛' 하는 소리(fizz), 스테이크의 '지글지글' 하는 소리(sizzling), 커피의 끓는 소리(perking) 등이다. 색도 식품의 텍스처와 풍미 판단에 중요한 요소이다. 표준에 비해 너무 색이 진하거나 엷거나 하면 맛이 떨어지는 것으로 판정된다. 캔디, 젤리, 시럽, 냉동 디저트 등에서 색은 풍미 인식을 도와준다. 풍미의 양이 동일한 식품인 경우에는 색이 진하고 엷은 정도에 따라 풍미가 더 있다거나 덜하다거나 하는 판정을 받게 된다.

(5) 맛의 강화

음식을 만드는 사람은 식품의 풍미를 증진시키기 위하여 갖가지 조미료를 조금씩 넣고 있다. 향신료(herb), 양념(spice), 양파, 초콜릿, 바닐라, 감귤의 외피, 기타 여러 물질들이 식품에 첨가되고 있으며 그것들로 인해 풍미가 증진된다. 요리가 가정의 부엌으로부터 공장으로 옮겨지자 풍미증진제(風味增進劑, flavor enhancer)와 풍미강화제(風味强化劑, flavor potentiator)를 사용하여 식품의 풍미를 증진시키기 위한 기술이 발달하게 되었다. 이러한 물질들 자체는 풍미를 갖지 않으나 음식의 풍미를 증진시키는 방법에 영향을 준다. 풍미증진제나 풍미강화제는 단독으로 효과를 내지는 않으나 다른 요소의 효과를 과대하게 하는 화합물을 말한다. 건조된 상태에서 글루탐산소다는 달고 짠맛을 내며 용액 중에서는 네 가지 맛을 모두 갖는다. 입안의 신경말단에 작용하여 기본적인 맛의 증진에 영향을 주며, 촉각신경말단에 작용하여 입안에서 만족감을 주게 된다.

Tip | 상업적으로 사용되고 있는 풍미강화제

뉴클레오티드(5'-nucleotides : disodium inosinate, disodium guanylate), 디옥틸소디움설포석시네이트(DSS : Dioctyl Sodium Sulfosuccinate), 말톨(maltol)이 있다. 뉴클레오티드는 글루탐산소다의 효과를 높여 주며 식품에 있어 글루탐산소다 필요량을 절약시킨다. 이들 화합물은 단독으로 또는 혼합한 상태에서 사용되어 식품생산에 중요한 역할을 한다.

예를 들면 가공된 과일과 채소의 신선함을 보존하고 곡류의 신선도와 풍미를 보유하며, 유지류의 끈적끈적함을 감소시키고 음료, 특히 과일음료에 있어 풍미를 증진시키고 신선함을 보존하게 하며 유황냄새를 억제한다. 또한 맑은 고깃국(bouillon), 통조림한 고기, 수프 등의 고유한 풍미를 증가시키며, 수프의 점성(viscosity)을 더 강하게 느끼도록 해준다.

(6) 식습관

식습관이란 식생활에 관한 습관을 말하는 것으로, 후천적으로 신체의 반복적인 행동방식에 따라 쉽게 얻어진다. 각 개인에 있어 식품과 식사에 관한 지식은 문화, 가족적인 배경, 생활경험, 교육 등에 의해 형성된다. 식습관을 형성하고 개인의 기호도를 결정하는 것은 가족의 식생활이다. 나아가서는 식품을 어떻게 조리할 것이냐 또는 하루 식사의 횟수, 식사예절에 대한 것도 문화에 의해 형성된다. 예를 들면, 손으로 음식을 집어 먹느냐 또는 숟가락, 젓가락으로 먹을 것이냐를 지정해 주는 것이다.

식습관은 한 번 형성되면 좀처럼 변화되기가 쉽지 않기 때문에 나쁜 식습관을 좋은 식습관으로 전환시키려면 매일매일 지속적인 노력이 필요하다.

어릴 때 가정에서 경험한 맛이나 식품에 대한 기호도는 개인의 식습관과 중요한 연관이 있다. 예를 들어, 음식을 짜게 먹는 식습관을 가진 사람은 싱거운 음식에 대해서는 맛을 느끼지 못하여서 맛있는 음식도 '맛이 없다' 라고 생각하기 때문이다.

Tip | 식습관의 형성 요인

- 지리적 요인
- 감각과 본능 등의 생리적 요인
- 민족, 종교의식이나 기호에 따른 사회적 · 문화적 요인
- 경제적 요인
- 개인의 체험이나 학습요인

기호면을 고려한 식생활관리

모든 사람이 좋아하고 즐거워하는 식사를 준비할 수 있는 식단계획을 하는 것은 쉽지 않다. 사람들은 식단계획에 있어 예술 · 기교 · 과학을 생각한다. 음식은 맛보기 전에 우선 보게 되므로 눈이 중요한 역할을 한다. 따라서 식사를 계획하는 사람들은 먹는 사람의 눈을 끌 수 있도록 신중하게 계획해야 한다. 식사하기도 전에 음식의 모양이나 냄새, 빛깔 따위로 구미를 잃게 되면 대접하는 사람이나 대접받는 사람이나 모두가 불쾌해지고 만다.

(1) 식품과 시각

- 식사가 시각적인 면에서 뛰어나려면 그 음식을 먹을 사람이 그 식품에 대해 알고 있고, 음식이 식탁에 보기 좋게 배열되도록 해야 할 것이다. 새로운 것은 조금씩 좋아하는 식품이나 음식과 함께 소개해도 된다.
- 친숙하고 평범한 방법으로 식품을 조리한다.
- 같은 식사에서는 각 식품의 조리방법을 달리한다. 즉, 식품을 모두 굽거나 튀기지 않도록 한다.
- 식품이 다르면 모양도 다르게 조리한다. 모든 것을 다 다져 놓으면 음식은 보기에 나쁠 것이므로 써는 모양이나 써는 크기를 다양하게 한다.
- 여러 가지 색을 사용한다. 인간은 색에 대해 민감한 반응을 보이며, 식품의 색을 좋아한다.

식품의 색은 식품의 질을 판별하는 데 도움이 될 뿐만 아니라 풍미 판별에도 도움을 준다. 노란색, 오렌지색, 주황색, 밝은 초록색, 황갈색, 갈색 등은 자율신경계를 자극하며, 자주색, 붉은 자주색, 황록색, 겨자색, 회색은 기분 좋은 색은 아니다. 사람들은 식사하는 데 있어 음식의 색이 다양한 것을 좋아하나 식품이 인공적으로 착색된 것은 좋아하지 않는다. 식품의 인공적인 착색은 천연적인 색을 증가하는 경우에만 사용되어야 한다. 식품을 담는 식기의 선택에서도 신중해야 한다. 오늘날의 사기그릇이나 도자기는 색도 선명하고 디자인도 대담하여 식탁보 위에서 호화롭게 보이기도 한다. 식기의 기능은 식품을 담는 데 있으나 때때로 식기의 색으로 식품의 특징이나 풍미가 저하되거나 감소되는 경우도 있다. 셀러리는 초록색 접시에 놓았을 때 더욱 신선해 보인다. 흰색, 분홍색, 엷고 아름다운 초록색, 노란색 등이 음식의 맛을 돋우는 좋은 색이다.

(2) 음식과 감각

먹는 즐거움을 최대로 하기 위해서는 식사시간을 충분히 잡도록 한다. 식품의 온도, 맛, 입 안에서의 촉감, 향미 등을 고려해야 한다.

- 다양한 맛을 제공하고 분별 있게 사용하는 것이 좋다 : 대부분의 사람은 단맛을 좋아하지만 요리 시 너무 지나치게 사용하지 않도록 주의한다.

Neutral	
N.95	
N9	
N8	
N7	
N6	
N5	
N4	
N3	
N2	
N1.5	

Hue / Tone	R	YR	Y	GY	G	BG	B	PB	P	RP
V										
S										
B										
P										
VP										
Lgr										
L										
Gr										
Dl										
Dp										
Dk										

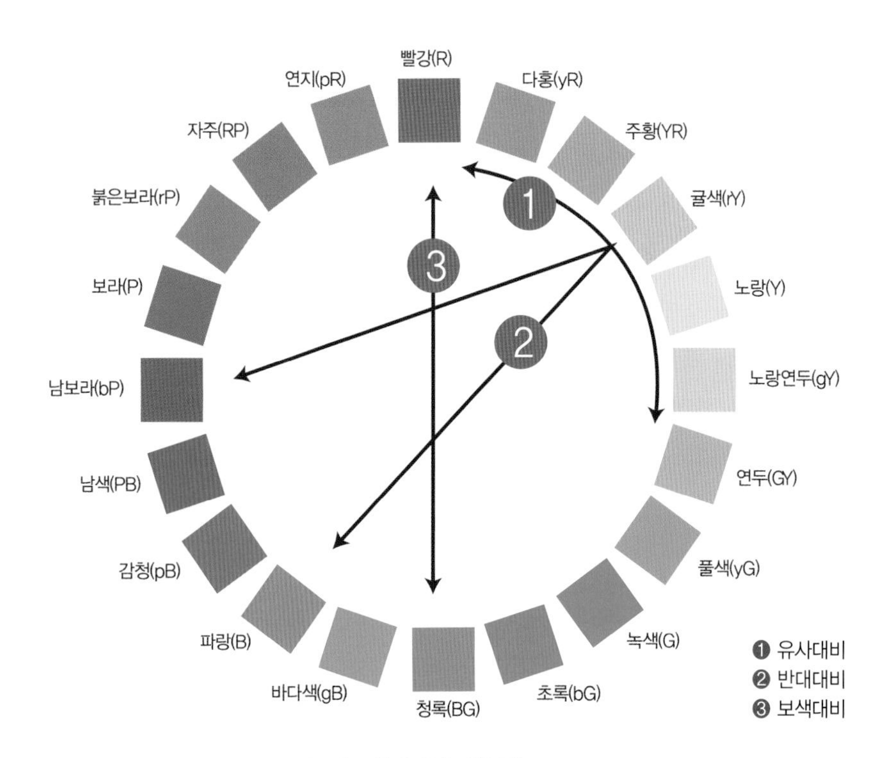

| 그림 2-5 | 색상환

- **다양한 텍스처를 활용한다** : 한편 조리 시에 연함, 아삭아삭함 등 다양한 텍스처를 사용하도록 한다. 으깬 감자(mashed potato), 미트로프(meat loaf), 마카로니와 치즈, 연어요리와 같이 연하고 부드러운 음식에는 아삭아삭한 샐러드와 딱딱한 빵을 사용하여 대조를 이루도록 하면 좋다. 또한 아이스크림과 아삭아삭한 과자를 사용하여 대조를 이루게 한다.
- **서로 온도 차이가 큰 음식을 제공한다** : 온도 차이가 많이 나는 음식을 좋아하는 사람도 있다. 즉, 찬 식품에 뜨거운 것, 더운 식사에 찬 것을 사용하는 것이 식품의 풍미가 가장 잘 인식할 수 있으며, 혀에서 맛을 가장 잘 느끼도록 하려면 더운 음식은 덥게, 찬 음식은 차게 대접해야 한다.
- **향기(aroma) 인식기관이 피로하지 않도록 한 끼 식사에 다양한 풍미를 소개한다** : 후각기관은 한 가지 냄새에 빨리 적응하기 때문에 한두 가지 음식으로 구성된 식사는 흥미 없는 것이 된다. 식품의 맛은 매우 강한 것에서부터 아주 미묘한 것에 이르기까지 다양하다. 강한 맛을 갖는 식품에는 마늘, 양파, 치즈, 향신료, 소시지, 생선 등이 있고 미묘한 것에는 쌀, 감자, 빵, 기타 곡류, 코티지치즈(cottage cheese) · 닭고기 · 암소고기 등의 육류, 완두콩 · 옥수수 · 호박 · 오이 등의 채소류와 아보카도 · 파파야 · 배 · 바나나 등의 과일류가 있다.
- **온화한 맛을 먼저 소개하고 강한 맛은 나중에 제공한다** : 음식을 만들고 식단을 계획하는 데 있어서 풍미를 혼합하는 것은 하나의 예술이다. 예술이기 때문에 오랜 연구와 경험, 특히 센스가 있어야 한다. 식단을 구성할 때의 기본적인 원칙은 온화한 맛을 먼저 소개하고 강한 맛은 나중에 소개하는 것이다. 그러므로 전통적으로 여러 코스로 된 식사는 콩소메(consomme)로부터 시작하여 생선과 육류나 가금류, 그리고 치즈와 크래커로 끝나게 된다.
- **한 코스나 식사 중에 풍미를 혼합하여 접대한다** : 식단을 작성하는 데 있어 진정한 예술은 한 코스나 식사 중에 풍미를 혼합하는 것이다. 맛의 상호관계는 잘 알려져 있지 않으나 세 가지 점은 뚜렷하다. 즉, 어떤 맛은 다른 맛을 강조한다. 빵과 채소에 버터, 햄에 딸기크림 등이 그 예이다. 반대로 어떤 맛은 다른 것을 방해한다. 낙화생 버터가 그 예이다. 낙화생 버터 샌드위치와 감자 크림수프를 함께 대접하면 수프의 맛이 소실되므로 수프를 먹은 후에 샌드위치를 먹어야 한다. 양송이와 돼지고기 소시지를 함께 대접하면 거의 좋아하는 사람이 없는 반면에 송아지고기나 닭고기와 함께 대접하면 좋아한다. 또한 햄버거에서 고기냄새를 없애기 위해 양파 다진 것, 겨자(머스터드), 케첩, 피클 다진 것 등을 넣는 것이 한 예이다. 어떤 것은 함께 먹었을 때 더 좋은 맛을 내기도 하므로 오랫동안 지켜 내려온

전통적인 식품향미의 배합은 사람을 기쁘게 하는 정도가 큰 것이라고 할 수 있다. 이러한 것에 속하는 것으로는 시금치와 우설요리(牛舌料理), 완두와 양고기, 오이와 생선, 토마토와 달걀 · 생선, 아스파라거스와 치즈요리, 양배추와 콘비프(corned beef), 양파와 간, 쌀과 가금류, 당근 · 양파와 쇠고기 냄비구이, 계피와 사과 등이 있다. 그러나 식단을 계획하는 사람은 이러한 전통적 원칙에 제약받아서는 안 되며 오히려 맛을 여러 가지로 달리 배합해 보도록 노력해야 한다. 좋다고 생각된 것은 계속될 수 있으며 그렇지 못한 것은 사용하지 않게 된다. 세계의 모든 요리사 중에서 프랑스 요리사가 향미혼합의 예술을 가장 잘 이해하고 있으며 이것이 프랑스 요리의 명망을 설명하는 이유인 듯하다. 즐겁고 만족스러운 식사를 하기 원하는 주부는 풍미를 생각할 것이며, 더 강한 풍미에 의해 식별되기를 원하는 풍미가 손실되지 않았는지 확인할 것이다.

(3) 식단계획

가장 좋은 메뉴는 한 가지 식품을 중심으로 계획되는 것이다. 한 가지 식품이 식사의 초점이 되며 나머지 것은 이에 종속되거나 이를 보충하는 것이어야 한다. 그러므로 중심이 되어 음식의 가치를 올리기 위해서 다른 모든 식품과 음식의 선택에 신중을 기하여야 한다. 음식을 가장 잘 보이게 하고 먹는 즐거움을 주기 위하여 식품의 질 · 맛 · 냄새 · 색 등이 솜씨 있게 다루어져야 한다.

후식은 항상 주식과 상관되는 것이어야 한다. 주식이 가벼운 것일 경우 후식은 달고 배를 채우는 것으로 할 수 있으며, 주식이 기름지고 배를 채우는 것이면 후식은 가벼운 것이어야 한다. 첫 코스도 주식과 후식을 관련지어서 계획해야 하며, 또한 식욕을 자극하는 것이지 만족시키는 것이어서는 안 되므로 가벼운 것으로 하는 것이 좋다.

(4) 식단 구성 시 유의점

- 사람들은 자기가 좋아하는 것을 먹고 싶어 한다. 알고 있는 식품이나 음식을 식단에 넣도록 하고 아는 방법으로 조리한다.
- 색이 서로 조화되는 식품을 넣도록 한다. 우선적인 호감 있는 색깔은 노란색 · 오렌지색 · 붉은 오렌지색 · 분홍색 · 초록색 · 갈색 · 흰색이며, 자주색 · 녹두색 · 연두색 · 겨자색 · 회색 등은 피하거나 특별한 경우에 사용한다.

- 한 끼 식단에 여러 식품을 혼합하지 않고, 복합조리품의 수를 제한하도록 한다. 왜냐하면 복합조리품은 재료가 항상 비슷하다고 생각되기 때문이다.
- 식품의 종류에 따라 모양, 양, 크기가 서로 다르도록 계획해야 한다.
- 다양한 식품의 텍스처를 활용하여 먹는 동안 입 안에서의 느낌이 여러 가지로 느끼도록 한다.
- 여러 가지 맛을 소개하도록 한다. 식사가 거의 끝날 때까지는 단맛을 사용하지 않도록 하며 다른 맛과 균형을 맞춘다.
- 식품의 중복과 조리방법의 중복을 피한다.
- 여러 음식의 맛을 소개한다. 비슷한 맛의 중복을 피하고 좋아하는 맛과 조화를 이루도록 식품을 배합한다.

Tip | 양식을 계획하는 데 있어서의 의사결정 순서

- 먼저 주식에 있어서의 주된 요리를 결정한다.
- 주식과 함께 대접할 두 가지 채소를 결정한다.
- 질 · 냄새 · 색 등에 맞추어 채소를 선택한 후 샐러드를 결정한다. 가장 좋은 샐러드는 초록색 채소에 다른 채소나 과일을 넣은 간단한 것이며, 신맛이 나는 드레싱으로 샐러드를 꾸민다.
- 마지막으로 식품의 종류와 풍미가 중복되지 않도록 후식을 계획하고 동시에 첫 코스를 결정한다.

능률면

한국인의 1일 가사활동 시간

식생활관리자의 의사결정에 중심이 되는 것은 시간과 노력을 얼마만큼 들이냐 이다.

2014년 통계청에서 실시한 일일 생활시간조사에 따르면 가사노동시간은 여자(3시간 28분)가 남자(47분)보다 2시간 41분 많았다(그림 2-6). 성인 여성(20세 이상)은 90%가 가사노동을 하며 이들의 평균 가사노동 시간은 4시간 전후였고 유형별로 보면, 음식 준비와 가족 보살피기에 거의 대부분(3시간 반 정도) 시간을 사용하고 있었다. 반면에 성인 남성은 평일 52.6%,

토요일 62.1%, 일요일 68.3%가 가사노동을 하며 이들의 평균 가사노동 시간은 각각 1시간 14분, 1시간 38분, 1시간 47분이었고 5년 전에 비해 가사노동을 하는 남성의 비율이 증가하였다.

한편 미취학 자녀가 있는 주부는 미취학 자녀가 없는 주부보다 가사노동에 많은 시간을 보내는 것으로 나타났다. 미취학 자녀가 있는 전업주부는 평일에 8시간 23분, 취업주부는 4시간 7분을 가사노동에 사용하여 미취학자녀가 없는 주부보다 각각 3시간 51분, 1시간 25분 더 많은 가사 노동을 하고 있었다(그림 2-7).

식생활관리자의 식품과 관련된 활동에 관한 시간을 조사해 보면, 가사활동 항목은 음식준비 및 정리, 의류관리, 청소 및 정리, 집 관리, 가정관리 관련 물품구입, 가정경영, 기타 가사일, 가족보살피기 등으로 나눈 수 있다. 가사 활동 중 가장 많은 시간을 차지하는 것은 음식 준비 및 정리, 가족 보살피기, 청소 및 정리, 세탁 등의 의류관리 순이었다(그림2-7).

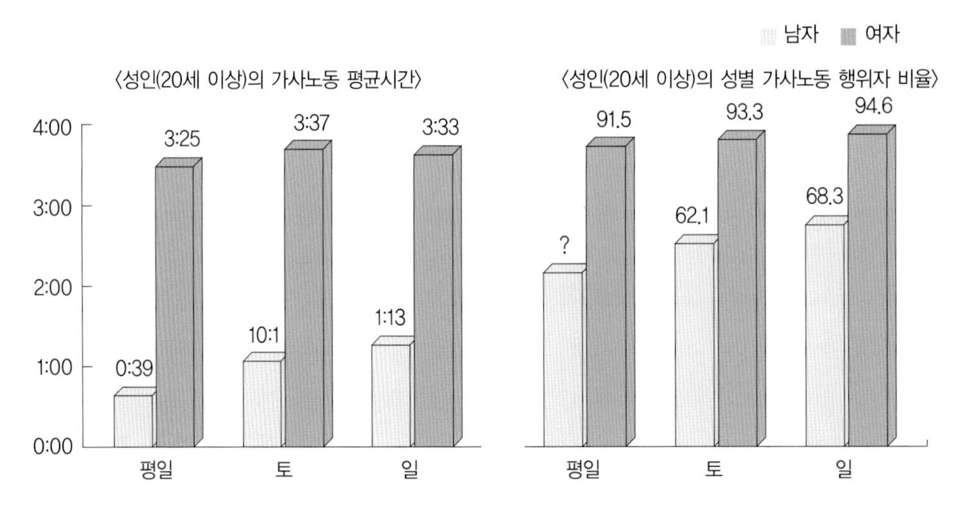

| 그림 2-6 | 생활활동 분류표

출처 : 통계청 2014 생활시간조사

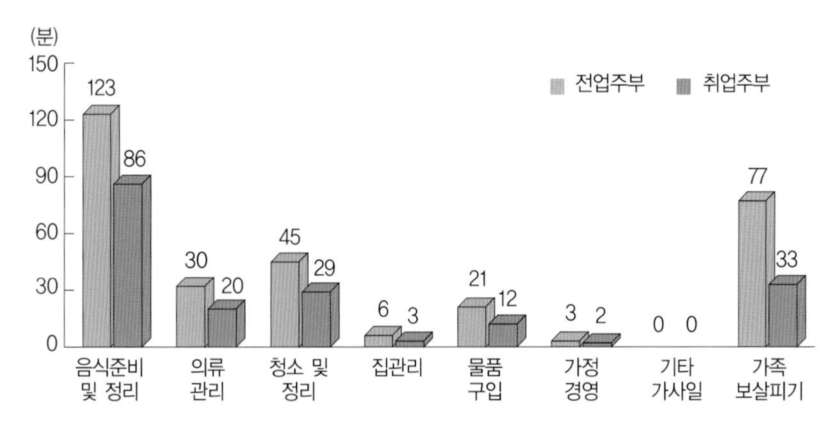

| 그림 2-7 | 전업주부와 취업주부의 일일 가사활동(시간)

자료 : 통계청(2009). 맞벌이 부부의 평균 생활시간

식생활관리에 사용되는 시간과 에너지

식사관리에 소요되는 시간과 노력은 식사의 계획, 식품의 구입, 식사의 준비 및 뒤처리에 따라 달라진다. 식사준비에 사용되는 시간은 가족의 규모, 식사의 수준, 식품의 기호, 주방의 설비와 기기, 식생활관리자의 지식 · 기술 · 능력 및 식품비 예산 등의 여러 요인에 의하여 결정된다.

- **식사를 위한 메뉴계획** : 책이나 잡지를 통해 아이디어를 찾는 데 소요되는 시간도 포함된다. 시장을 보기 전부터 시작하여 시장을 보는 중이나 본 후에도 계속된다.
- **장보기 계획** : 정보 · 특제품 · 쿠폰 · 아이디어를 찾기 위해 선전을 보는 데 소요되는 시간이 포함된다.
- **식사준비** : 실제 조리하는 것을 말하며 관리법을 연구하는 데 소요되는 시간도 포함된다.
- 시장보기
- 식품관리와 저장
- 상차리기
- 식탁 시중들기
- 식사 후의 뒤처리
- 부엌의 설비관리
- 식당의 설비관리

식생활관리자의 시간사용을 제한하는 것은 복잡한 문제이며 현재 얼마나 많은 시간이 사용되고 있으며, 그 시간이 어떻게 이용되고 있는가를 알아내는 것이 중요하다. 그렇게 함으로써 장보기에 너무 많은 시간이 소비된다든지, 메뉴 결정에 많은 시간이 소비된다든지, 조리에 너무 많은 시간을 소비한다는 것을 알게 된다. 한 가지 일에 너무 많은 시간이 소비되고 있는 것을 발견하였을 때는 그 원인을 분석하여 시간을 경제적으로 사용하는 새로운 방법을 모색하고 시간을 절약할 방법을 강구해야 한다.

시간사용을 위한 선택

시간절약을 위해 이용할 수 있는 것들로는 금전 · 지식 · 기술 · 능력과 시간 그 자체 등이 있다. 즉, 식생활관리자가 갖는 능력 및 재원은 시간절약의 수단이 되며, 이들을 이용할 수 있는 범위는 식생활관리자가 어떤 것을 얼마나 공급하느냐에 달려 있다.

(1) 금 전

돈은 여러 가지 방법으로 쉽게 시간을 살 수 있다. 그러나 불행히도 돈의 공급은 대부분의 사람에게 너무 제한되어 있어서 시간절약자로서 의지할 수 없을 때도 있다. 여기에 시간을 살 수 있는 방법을 열거해 보면 다음과 같다.

① 만들어진 음식의 구입

통닭구이, 빵 종류, 라면, 인스턴트, 수프 종류, 반찬 등의 만들어진 음식(ready-made foods & dishes)의 구입 등이다. 이들의 가장 중요한 특징은 시간을 절약할 수 있다는 것이며, 음식을 준비하는 시간을 줄이고 간편하게 식사준비를 할 수 있다. 모든 식생활관리자가 편리한 식품을 이용할 수 있는 것이 아니기 때문에 돈이 없다거나 가정에서 이런 식품을 사용하는 것을 좋아하지 않으면 사용하지 않게 된다. 시간과 돈의 공급이 모두 제한되어 있을 때에는 최대의 편리를 제공할 수 있는 것, 즉 돈이 소비되더라도 시간이 절약되는 것을 구입하게 된다.

② 주방을 보다 효율적으로 개조

주방을 개조하고 현대적으로 꾸미는 데는 막대한 비용이 든다. 그러나 소액의 투자로도 주방의 효율성을 증진시킬 수는 있다. 식기세척기(dish-washer), 쓰레기 또는 음식 찌꺼기를 갈아 없애는 기계(garbage disposer), 전기 믹서(electric mixer), 전기 또는 건전지용 절단 칼, 압력솥(pressure cooker) 등의 보다 편리한 기구들은 시간을 절약시켜 준다. 그러나 모두 비슷해 보이는 주방에서도 각자 조리하고 작업하는 방법에 따라 모든 기구들의 가치가 달라질 수 있다. 구매자는 기구나 소도구가 자신을 위해 어떤 일을 할 수 있을 것인지에 대해 면밀히 조사하여 발견하기 전까지는 어떤 것도 구입해서는 안 된다. 좋은 계량기구, 끝이 날카로운 칼, 도마, 주방가위, 집게 및 식품을 젓는 데 효과적인 기구 등 식품을 조리하는 데 적합한 소기구들은 시간을 절약해 준다. 종이제품, 쿠킹호일, 비닐봉지, 랩(wrap), 1회용 용기, 특수세제와 광택기구 등도 모두 시간을 절약하여 주는 것들이다. 저장기구의 편의성 향상, 조리기물, 주방의 소도구와 기구 등은 주방 일을 쉽게 할 수 있도록 해주며 시간을 절약하게 한다. 이동식 찬장 · 선반, 자주 사용하는 기구를 손이 닿는 위치에 놓아둘 수 있는 나무못꽂이 등이 이러한 범주에 속하는 것들이다. 다리지 않아도 되는 식탁보와 접시깔개(mats), 종이 냅킨, 스테인리스 접시류, 깨질 염려 없이 손쉽게 다룰 수 있는 플라스틱 식기류와 페트병, 스티로폼 용기 등도 돈을 소비하는 반면 시간을 절약해 주는 도구들이다.

③ 가사 도우미 고용

마지막으로 사람을 고용하여 조리를 시키고 식사시중을 들게 하며 설거지와 주방 · 식당을 청소하게 하는 것도 돈으로 시간을 사는 경우이다. 이와 같이 돈으로 시간을 절약하는 방법에는 여러 가지가 있다. 식생활관리자는 자신의 시간과 에너지 관리를 돕기 위해 돈을 소비하며 이러한 것을 어느 정도 이용할 수 있는가는 금전이 얼마나 많이 공급되는가에 달려 있다. 식사를 위해 사용할 수 있는 돈이 제한되어 있을 때는 이 부족된 돈을 보충하기 위해 시간과 에너지를 많이 소비해야 한다.

(2) 지식 · 기술 · 능력

지식 · 기술 · 능력은 식생활관리자가 식사에 대한 의무를 수행함에 있어 시간사용을 조절하는 데 매우 가치 있는 것들이다. 언제, 어디서, 어떻게 장을 보고, 마트의 진열장 안에 있는 수많은 상품 중에서 무엇을 어떻게 선택하며, 비용은 얼마나 들고, 어떻게 조리할 것인가 또는 빨리 조리되는 것과 조리에 시간이 오래 걸리는 것은 무엇이며, 작업을 효과적으로 하고 작업과정을 줄일 수 있는 주방의 배치는 어떠한 것인가, 그리고 식사준비의 일정을 어떻게 할 것이며, 어떻게 하면 만족한 식사를 계획할 수 있는가 하는 것들에 대한 지식 등이 모두 여기에 포함된다. 많은 것들이 경험을 통해 얻어지며 노력에 의해서도 많은 것을 얻을 수 있다. 그것은 책 · 잡지 · 라디오 · 텔레비전 · 인터넷을 이용하거나 친구 · 친척 · 이웃의 도움 등으로부터 얻을 수 있다.

(3) 시 간

마지막으로 시간사용을 조절하거나 시간을 절약하기 위해 시간이 필요하게 된다. 시간을 생산적으로 사용하기 위해서는 자신이 현재 사용하는 시간을 연구하고, 분석해 보는 것이 필요하며 이러한 연구는 낭비하는 시간을 줄여주고 시간을 절약하는 방법을 제시해 준다. 효율적으로 주방을 배치하는 데 소비된 시간은 바람직하게 사용된 시간이다. 가장 효과적인 배치가 될 때까지 부엌은 여러 번 재배열되어야 하기 때문이다. 가능한 한 많은 음식을 만들기 위해서 주방에서의 시간을 최대한으로 이용하는 것이 바람직하다. 두 끼 이상의 식사에 사용될 육류를 미리 구워 둔다거나 내일 아침에 먹을 주스를 만들어 둔다거나, 내일 점심에 먹을 샌드위치의 속을 만들어 둔다거나, 내일 저녁 나물이나 후식을 저녁식사를 조리하고 치우는 동안에 준비해 둘 수 있다. 주방에서 소비되는 시간 중에는 조리 중 기다려야 하는 시간도 포함된다. 이러한 시간을 이용하여 다른 준비를 하도록 한다. 마지막으로 식단을 작성할 때에 소비되는 시간은 식생활관리자의 시간을 절약시켜 준다. 효과적으로 시장을 볼 수 있으며 바쁜 경우 30분 만에라도 식사준비를 끝낼 수도 있으므로 조리시간을 절약해 주는 것이다.

능률면을 고려한 식생활관리

(1) 시간 절약을 위한 방법

여성인력의 수요 증가, 여성의 교육기회 증대, 생활수준의 증가욕구 등에 따라 식생활관리자의 취업이 증가되고 있는 현실에서 전업식생활관리자와 취업식생활관리자의 가사노동 시간을 비교해 보면 취업식생활관리자인 경우 평일에는 식생활관리에도 충분한 시간을 할애할 수 없다. 따라서 식생활관리자의 가사노동을 경감시키기 위하여 식단 작성 시 능률면을 고려해야 한다.

- 식단을 작성하여 이를 활용함으로써 식사준비에 소비되는 시간을 절약할 수 있다. 식품 구입계획에 따라 식품품목을 만들어 식품을 구입하게 되므로 쇼핑 횟수를 줄일 수 있고 조리과정을 미리 알 수 있으므로 식사준비에 소요되는 시간을 절약할 수 있다.
- 식품을 다루고 조리하는 방법과 기술이 충분하고 작업의 순서를 올바르게 할 때에 좋은 음식을 빠른 시간 내에 만들 수 있으므로 시간과 에너지를 절약할 수 있다.
- 식사준비에서 가공식품이나 편이식품(convenience food), 시판 조리식품 등의 간편식의 이용이 시간 조절을 할 수 있다.
- 조리에 필요한 설비와 기기를 적합하게 구비한다. 식사준비에 소요되는 시간은 주방의 설비와 기기에 따라서도 크게 좌우된다. 필요한 설비와 기기가 적합하게 구비되었을 때 일을 능률적으로 처리할 수 있어 시간과 에너지가 절약된다.

(2) 조리과정의 능률화 방법

조리과정의 능률화를 위하여 다음의 다섯 가지 조건을 고려한다.

① 작업의 단순화

비슷한 작업을 간추려서 하는 것을 말하며, 예를 들면 모든 식품을 다듬어서 씻고, 썰고, 끓이고 하는 작업을 간추려서 하는 것을 말한다. 이는 시간을 절약할 뿐 아니라 일을 하는 데 있어 능률을 올릴 수 있다. 적당한 조리시간을 알아서 시간을 절약하고 끓이는 순서와 시간 등을 맞추어 조리함으로써 능률이 오르는 것이다.

작업의 단순화에는 이러한 세부적인 하나의 작업을 간단하게 하는 것도 있으며 또한 전체적인 작업을 간단하게 하는 것도 있다. 예를 들어 보쌈김치는 부재료나 양념도 많이 필요하고 만드는 데 많은 시간이 소요되므로 보쌈김치 대신에 배추를 통째로 김치 양념에 비벼서 담는 김치를 만드는 것도 하나의 작업의 단순화라고 볼 수 있다. 또 다른 예를 들면 예전에는 국수요리는 밀가루로 국수반죽을 하여 밀어서 칼로 썬 후 삶아서 먹거나 기계로 국수를 만들어 먹었다. 그러나 오늘날에는 다양한 국수 종류가 공장에서 생산되어 식생활관리자는 간단히 국수를 조리할 수 있게 되었다. 이와 같이 가공식품의 생산에 따라 작업의 단순화가 이루어지기도 한다. 취업한 식생활관리자는 조리작업의 단순화로서 가정생활과 사회생활을 병행할 수 있다. 작업의 단순화는 조리뿐 아니라 모든 생산면에 있어 다양한 방면으로 활용된다.

Tip | 식사에 소요되는 시간을 최대한으로 이용하는 방법

- 사용하는 시간에 대하여 연구, 관찰하여 어떻게 시간을 사용하는지 알아보고 필요한 경우 시간의 소비를 단축시킬 수 있는 방법을 모색한다.
- 시간 소비를 경제적으로 한다. 즉, 돈으로 예산을 세우듯이 시간도 계획을 세워 사용하도록 한다.
- 공급이 가능한 범위 내에서는 시간에 대치되는 다른 자원을 이용하도록 한다.
- 식사준비에 필요한 예정표를 만들고 시간에 맞춰서 처리하는 기술을 습득한다.
- 좋은 메뉴, 조리법, 간단한 음식상차림, 좋은 식품의 상표이름, 음식에 알맞은 고기부위 이름 등 기타 여러 가지로 사용될 수 있는 정보에 대해 기록해 두고 잘 모아둔다. 식생활관리자는 가까이에서 얻을 수 있는 정보를 찾는 데 많은 시간을 소요하는 경향이 있다.
- 주방에 게시판을 두고 필요할 때 기록해 둔다.
- 저장시설에 맞추어 시장 보는 횟수를 최소한으로 줄인다. 잦은 시장보기는 시간을 낭비할 수도 있다.
- 저장할 수 있는 최대 크기의 식품을 구입한다. 또한 부패성이 없고 자주 사용하는 것은 여러 개를 한꺼번에 구입하도록 한다.
- 정기적으로 사용하는 것은 손이 쉽게 닿는 곳에 둔다.
- 물건들을 걸어 두도록 한다. 모든 소도구와 자주 사용하는 냄비나 프라이팬 등은 벽에 걸어 둔다. 주방에 작업 면이 두 곳이면 이 두 면에 기구를 배치하도록 한다.
- 사용하는 곳 가까이에 저장해 둔다.
- 오븐(oven)을 사용해도 되는 요리는 오븐을 사용하도록 한다. 오븐을 이용하면 팬을 이용할 때와 같이 지켜보며 기다리지 않아도 되기 때문이다.
- 음식을 준비할 때 두 끼 이상의 재료를 준비하도록 한다.
- 새로운 정보와 아이디어에 민감해야 한다. 새로운 메뉴 · 조리법 · 상품 등을 시험해 보고 필요에 따라서는 새로운 것에 빨리 적응함으로써 오래된 나쁜 습관을 개선한다.

② 작업의 기계화

복잡한 조리과정의 능률을 올리기 위하여 편리한 기계와 기구들이 발달되었으며 과학의 발달은 기계를 만들어 작업능률을 올리고 인력을 절감해 주고 있다. 오늘날에 있어서는 노동력과 시간을 절감해 주는 기계뿐 아니라 우리들의 생각을 몇 배 빨리 하고 또한 여러 가지 조건을 같이 생각하여 해결하는 컴퓨터까지 등장하고 있다. 식기세척기(dish-washer), 쓰레기 또는 음식찌꺼기를 갈아 없애는 기계(garbage disposer), 전기 믹서(electric mixer), 전기 또는 건전지용 절단 칼, 압력솥(pressure cooker) 등의 보다 편리한 기구들은 시간을 절약시켜 준다. 우선 편리한 기계를 생산하는 것도 중요하겠으나 이러한 기계를 구입하여 사용하는 것이 더 중요하다. 여기에는 기계를 구입하는 데 필요한 돈을 어떻게 마련하느냐 하는 것과 어떠한 기계가 나의 생활에 가장 알맞고 편리한 것이냐 하는 것뿐만 아니라 기계의 사용법에 대해서도 잘 알아두어야 한다. 작업의 기계화로 말미암아 여러 가지로 사람의 힘과 시간을 절약하며 또한 조리의 정확성을 가지고 음식을 하나의 상품으로 표준화시킬 수가 있다.

③ 작업의 표준화

표준화라고 하는 것은 누구든지 일정한 작업의 절차에 따라 하여 틀림없이 내가 원하는 물품 또는 음식을 만드는 것을 말한다. 즉, 조리작업의 방법과 절차를 일정하게 정하여 놓는 것이다. 조리작업의 순서는 누구나 다 알고 있는 듯 하나 조미료의 분량, 조리온도와 시간, 작업의 순서는 만드는 조리법에 따라 달라지므로 작업의 표준화에 있어서는 반드시 표준조리법을 만들어야 한다. 작업의 표준화는 식품을 올바르게 다루게 할 뿐 아니라 조리능률을 높이며 시간과 노력을 절약하게도 한다. 많은 사람들이 조리작업을 하게 되는 단체급식소에서는 작업의 표준화가 이루어져야 하며 같은 음식은 항상 같은 맛, 같은 냄새, 같은 질을 갖도록 해야 한다. 우리나라에서는 아직도 조리작업의 표준화가 되어 있지 않아서 같은 식품을 가지고 같은 음식을 만들어내는 데 있어 색 · 맛 · 텍스처 · 모양 등이 각각 다르다. 작업의 표준화는 조리과정에 필요한 시간을 미리 알아서 식사 때까지 알맞은 온도를 유지할 수 있도록 조리계획을 세울 수 있다. 조리작업의 표준화는 조리하는 사람으로 하여금 피로를 덜 느끼게 할 뿐 아니라 조리과정에 있어 실패하는 일이 없으며 식품을 완전히 이용할 수 있게 되는 이점이 있다.

④ 작업의 자동화

조리작업은 같은 작업을 계속하는 것이 아니며 여러 형태의 작업을 서로 혼합하여 하게 된다. 식사 시에는 한 가지 음식만을 먹는 것이 아니고 몇 종류의 음식을 먹게 되므로 식사를 준비할 때는 몇 가지 음식을 같이 만들어야 한다. 채소를 다루는 작업, 씻는 작업, 써는 작업, 끓이는 작업, 때로는 지지거나 볶는 작업 등 여러 작업을 하게 된다. 이렇게 기계를 통하여 일정한 시간에 자동적으로 하는 것을 작업의 자동화라 한다. 많은 사람들의 식사를 준비하는 병원 · 기숙사 · 보육원 · 공장 · 군대 등에서는 조리작업을 자동화함으로써 인건비의 절감과 아울러 시간을 절약할 수 있으며 또한 식사시간을 지연하지 않고 일정한 시간에 식사를 할 수 있게 한다. 그러나 작업의 자동화에 있어서 완전 자동화는 어려우며 거의가 부분적인 자동화이다. 부분적 자동화란 부분적인 작업만을 자동화하고 나머지는 사람이 직접 하는 것을 의미한다. 예를 들면 쌀로 밥을 지을 때 쌀을 씻고 일어서 건지는 것은 사람이 하고, 밥을 짓는 과정은 기계가 자동으로 하며, 밥이 다 되면 퍼서 사람에게 주는 것은 다시 사람이 하는 것을 말한다. 반면

완전 자동화는 통조림 공장을 예로 들수 있다. 토마토나 오렌지를 넣으면 기계가 자동적으로 씻고, 자르고, 눌러 즙을 내어 이것이 통 속에 들어가서 완전히 밀폐되는 것을 말한다. 완전 자동화는 생산부분에서 많이 이용되고 있으며 조리에서는 아직도 부분 자동화만 되어 있다. 여기에서 생각해야 할 것은 작업의 자동화를 위해 새로이 생산된 기구마다 구입하게 되면 인건비가 절약되는 것보다 기계를 구입하고 이를 움직이기 위한 동력에 더 많은 비용이 들게 되는 경우도 있으므로 이러한 기구를 구입할 때에는 반드시 계획하여 연차적으로 구입하도록 하는 것이 좋다.

⑤ 작업의 전문화

작업하는 사람의 자세, 일하는 장소, 또는 조리대의 높이 등이 작업을 하는 사람의 피로도에 영향을 주게 된다. 조리작업의 전문화는 일정한 조리 시간에서 일정한 크기 · 농도 · 텍스처 등이 나타날 수 있도록 조리하는 것이다. 운동경기를 하는데 경기종목에 따라 동체의 움직임이나 각도 · 팔 다리의 움직임과 속도를 지도하고 훈련하는 것은 전문화를 위한 것이다. 조리작업의 전문화라 하면 칼을 쥐는 자세, 칼날의 어느 부분을 어떻게 움직이느냐는 것으로, 바꾸어 말하면 음식을 만들어내는 데 있어서 항상 같은 맛 · 모양 · 텍스처를 내기 위해 조리작업을 순서 있게 정해 놓는 것을 말한다. 조리작업의 전문화는 많은 사람의 음식을 만들어내는 데 있어 경제적 · 능률적인 급식을 할 수 있게 한다. 작업의 전문화를 위하여 많은 기구가 생산되고 있다. 예를 들면 파이 팬(pie pan)의 크기를 일정하게 정하고 이것을 6인분으로 나누는 기구가 있어 누구든지 같은 모양의 파이를 먹을 수 있다. 또한 아이스크림 스쿠퍼(ice cream scooper)는 그 크기에 따라 번호가 있어 번호에 따라 일정한 양을 누구에게나 분배할 수 있다. 이 밖에 국수기계, 만두기계, 도넛기계 등 각종의 기기들은 일을 쉽게 그리고 항상 같은 작업으로써 동일한 음식이 만들어질 수 있게 한다.

MEMO

식단계획과 식단 작성

식단의 기본 및 계획

식단과 영양

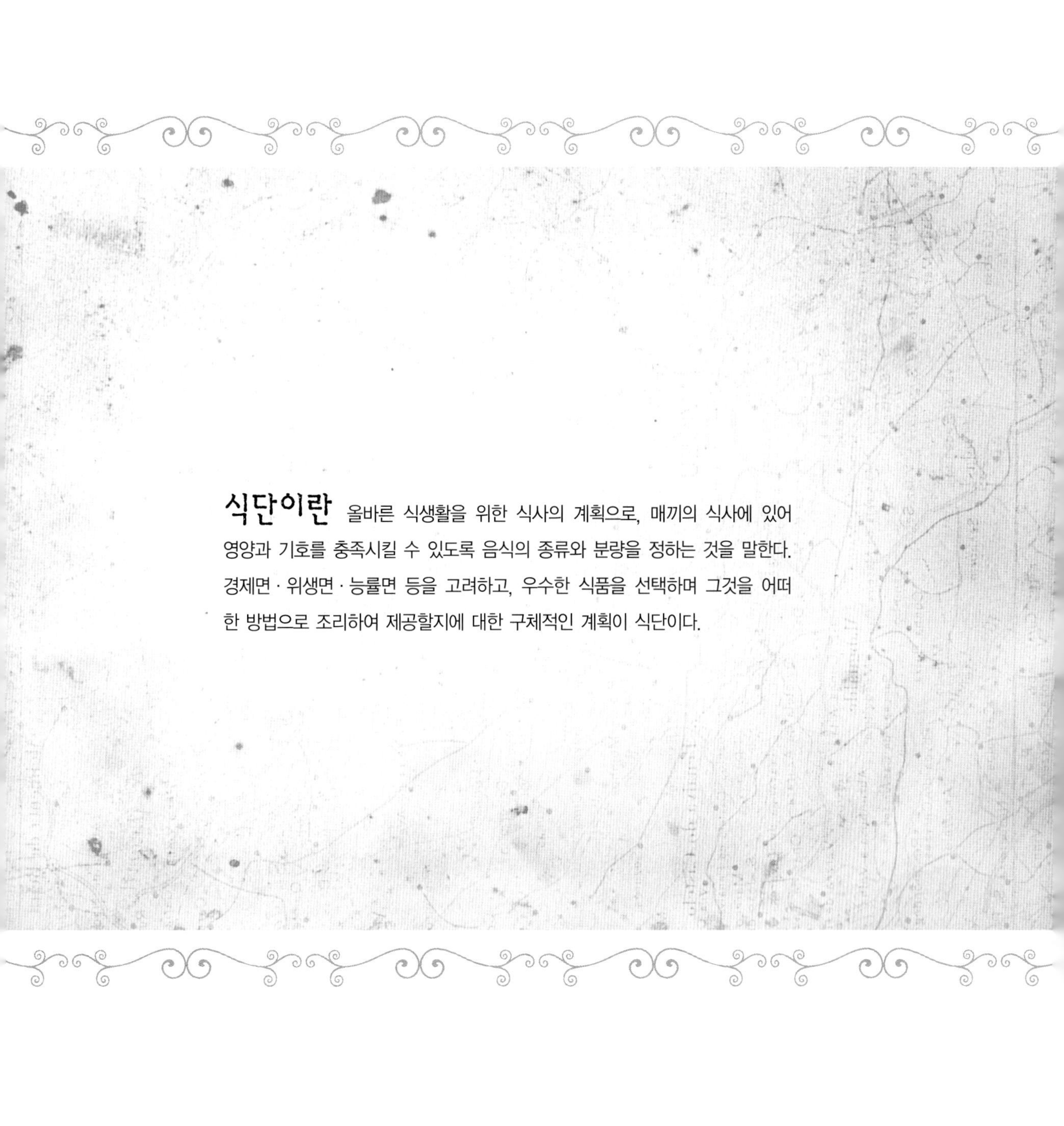

식단이란 올바른 식생활을 위한 식사의 계획으로, 매끼의 식사에 있어 영양과 기호를 충족시킬 수 있도록 음식의 종류와 분량을 정하는 것을 말한다. 경제면 · 위생면 · 능률면 등을 고려하고, 우수한 식품을 선택하며 그것을 어떠한 방법으로 조리하여 제공할지에 대한 구체적인 계획이 식단이다.

식단계획과 식단 작성

식단의 기본 및 계획

식단이란?

식단은 '메뉴'라는 용어와 같이 쓰이는데 'memu'는 '자세한 목록'이란 의미이며, 프랑스어로 'minutus(축소하다)'에서 유래된 말로 식생활의 중심적 역할을 한다.

식단이란 올바른 식생활을 위한 식사의 계획으로, 매끼의 식사에 있어 영양과 기호를 충족시킬 수 있도록 음식의 종류와 분량을 정하는 것을 말한다. 경제면 · 위생면 · 능률면 등을 고려하고, 우수한 식품을 선택하며 그것을 어떠한 방법으로 조리하여 제공할지에 대한 구체적인 계획이 식단이다. 식단을 작성하는 데는 계속적인 노력과 영양지식이 필요한데 올바른 식단 작성은 구성원의 건강을 향상시킬 뿐 아니라 합리적인 식습관을 형성시키며 나아가 많은 일을 할 수 있는 노동력을 제공해 줄 수 있다. 식사계획은 식품을 선정하는 것에서부터 사용량의 확정, 조리방법의 선정, 식품구입, 그리고 식사를 제공하기까지를 포함하게 된다. 즉, 식단이란 식사의 목표와 일치하는 식사를 제공하기 위한 일체의 계획과 실천을 위한 관리를 통틀어 가리키는 말이다.

식단의 중요성

올바른 식사는 건강한 신체유지를 위해 기초가 된다. 따라서 균형 잡힌 올바른 식사를 위해서는 계획적인 식단관리가 무엇보다 중요하다. 식단의 중요성은 다음과 같다.

첫째, 식단을 통해 구성원의 나이와 건강상태에 따른 영양소 필요량 제공이 가능하다.

둘째, 예산에 맞추어 합리적인 식생활관리를 할 수 있다.

셋째, 구성원의 기호에 맞는 식사제공으로 음식의 낭비를 줄일 수 있다.

넷째, 식사준비 시간과 노력을 효율적으로 관리할 수 있다.

다섯째, 다양한 식품선택을 통해 올바른 식습관 형성에도 기여하여 질병을 예방하는 예방의학적인 접근이 가능하다.

식사계획의 기본원칙

(1) 대상자 파악 및 영양량 결정

식사계획의 가장 중요한 조건은 급식대상자 파악과 개인의 영양공급이다. 연령과 신체상태에 따른 적합한 영양량을 파악하고, 식품을 선택하는 데에 있어서도 영양소와 그에 따르는 조리법도 고려해야 한다. 하루 세 끼의 식사배분도 활동량에 적합한 영양량을 공급하도록 한다. 영양적으로 고려된 식사는 식단사용을 다양하게 할 수 있을 뿐 아니라 식품선택을 자유롭게 할 수 있다. 식품선택은 가격과 영양을 비교하여 다양하게 조절해야 한다.

(2) 예산 및 식재료비

예산을 고려하여 지출 가능한 식재료비를 결정하고, 그 범위 내에서 식단을 계획한다. 예산 범위 내에서 최대의 효과를 내기 위해서는 식품단가 변화에 관심을 갖고 변화에 맞추어 식재료비에 대한 계획이 이루어져야 한다(그림 3-1).

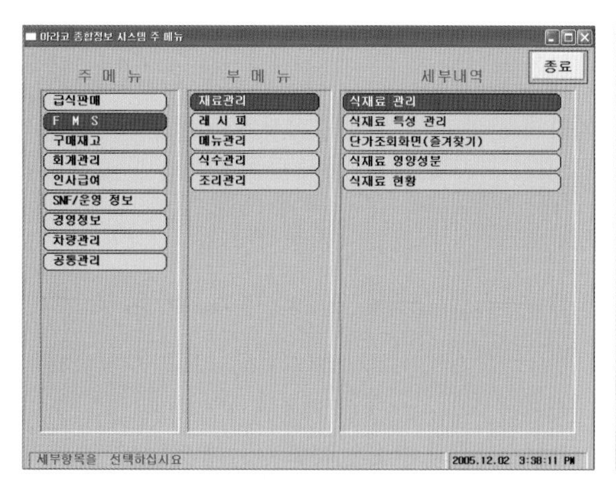

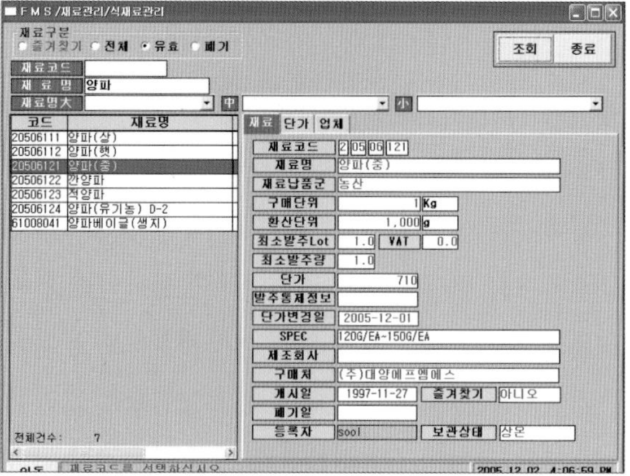

| 그림 3-1 | 식품산업통계정보시스템 FIS

자료 : (주) 아라코(2010).

(3) 합리적인 식품의 선택

일정한 비용으로 영양분을 섭취할 수 있도록 식품 선택을 하려면 식품이 함유하고 있는 영양소와 식품 물가변동, 계절에 맞는 제철식품 선택의 지식도 갖추어야 한다. 풍부한 영양이 들어

| 표 3-1 | 제철식품

구분	봄	여름	가을	겨울
채소류	미나리, 쑥갓, 봄배추, 죽순, 우엉, 고사리, 고비, 햇무, 시금치, 냉이, 오이, 쑥, 달래, 연근, 껍질콩, 두릅, 버들씀바귀, 질경이, 물쑥, 더덕	호박, 도라지, 아욱, 상추, 단호박, 근대, 햇감자, 열무, 완두콩, 풋고추, 고구마, 깻잎, 옥수수, 피망, 토마토, 청대콩, 버섯류, 가지, 오이	시금치, 미나리, 고사리, 당근, 감자, 토란, 무, 배추, 고구마줄기	무, 배추, 당근, 우엉, 고구마, 토란
젓갈류	꼴뚜기젓, 조기젓, 뱅어젓, 준치알젓, 대합젓, 황석어젓, 멸치젓, 전복젓, 굴젓	조기젓, 황석어젓, 조개젓, 새우젓, 준치젓, 뱅어젓, 오징어젓	게젓, 창란젓, 굴젓, 명란젓, 아가미젓, 고개미젓	어리굴젓, 명란젓, 갈치젓, 소라젓, 창란젓
생선류	병어, 멸치, 명태, 낙지, 오징어, 조기, 준치, 붕어, 도미, 고등어, 민어, 청어, 가자미, 꽁치, 숭어, 장어, 전어, 삼치, 망둥이, 꼴뚜기	참치, 숭어, 가물치, 전어, 가오리, 오징어, 정어리, 도미, 준치, 민어, 꽁치, 붕어, 조기, 복어, 황석어, 넙치, 홍어, 농어	동태, 대구, 양미리, 명란, 광어, 숭어	낙지, 동태, 정어리, 청어, 문어, 가자미, 대구, 주꾸미

있는 식품이면서 동시에 구하기 쉽고 기호에도 맞는 식품을 우수식품이라고 하는데, 계절에 따라 또는 지역에 따라 다를 수도 있다. 대체식품이란 단백질이 풍부한 육류를 구하는 대신 생선을 사용하거나, 또는 식물성 단백질이 풍부한 콩으로 만든 두부나 된장을 선택한 경우의 생선과 두부, 된장을 말한다. 대체식품은 영양소별로 생각하게 되며 우리나라는 4계절이 뚜렷해 식품생산의 종류가 계절별로 다르고 그 생산량에도 차이가 있으므로 대체식품표를 만들어 두고 식단 작성을 할 때 참고해야 한다. 계절을 고려한 합리적인 제철식품 선택하기 위해 표 3-1에 제철식품을 수록하였다.

(4) 대상자의 식습관과 기호도 고려

식사계획에 있어 기호에 맞는 식사를 하면서 아울러 영양도 충족시킬 수 있어야 함은 무엇보다 중요하면서도 복잡한 요인이다. 다양한 구성원들을 대상으로 식사계획을 할 때에는 더욱 복잡하다. 어른들은 짜고 매운 밑반찬을 좋아하는 반면, 어린이들은 달걀, 두부, 샐러드 등을 좋아하는 경향이 있다.

단체급식의 경우에는 대상자의 특성을 고려한 선호메뉴를 파악하여 매뉴얼화하는 것이 중요하며, 기호를 변경시켜야 할 필요성이 있을 때에는 서서히 변화할 수 있는 식단으로 주의 깊게 변경해 가도록 해야 한다.

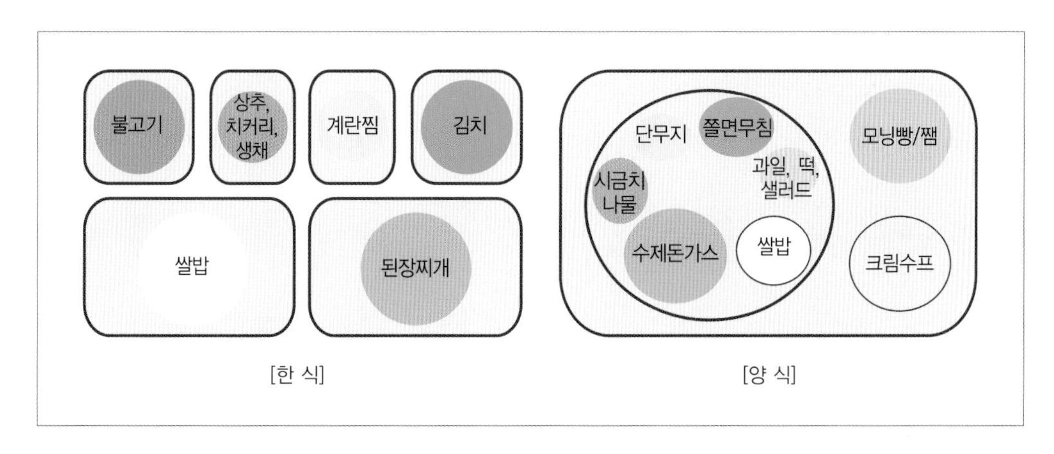

| 그림 3-2 | 식단의 변화

주 : 주 재료, 조리법, 색, 식재, 기기의 중복이 없도로 작성한다(일품요리 특정 식단 등은 식단 주기와 맞춰 횟수를 정해 놓는다).
자료 : (주) 아라코(2010).

(5) 제철식품을 이용한 식단의 변화

계획된 식단은 여러 종류의 식품을 사용할 수 있고 또한 조리법도 다양하게 변화시킬 수 있다. 주 재료, 색, 조리기기의 중복이 없도록 해야 한다. 일반적인 경우 주간단위, 3주 순환메뉴, 월간단위 등 다양한 변화를 주어 운영하지만, 계획 없이 하는 경우의 식단은 자칫 지나치게 기호에 치중된 식단이 될 수 있으므로 주의를 기울여야 한다. 그림 3-2는 여러 가지 요인을 고려한 식단변화의 사례이다.

(6) 조리담당자의 숙련도 및 시설 설비 조건

식단계획이 조리를 담당하는 사람의 기술(skill)과 시설 설비가 고려되지 않고 이루진다면 계획을 실행에 옮기는 것은 여러 어려움에 부딪히게 된다. 좋은 식단과 식재료가 주어져도 조리담당자의 조리능력이 부족하면 음식의 질은 저하될 수 있다. 따라서 조리담당자의 능력과 설비가 충분히 반영된 효율적인 식단계획을 해야 한다(그림 3-3).

| 그림 3-3 | 조리담당자 숙련도에 따른 메뉴계획

자료 : (주) 아라코(2010).

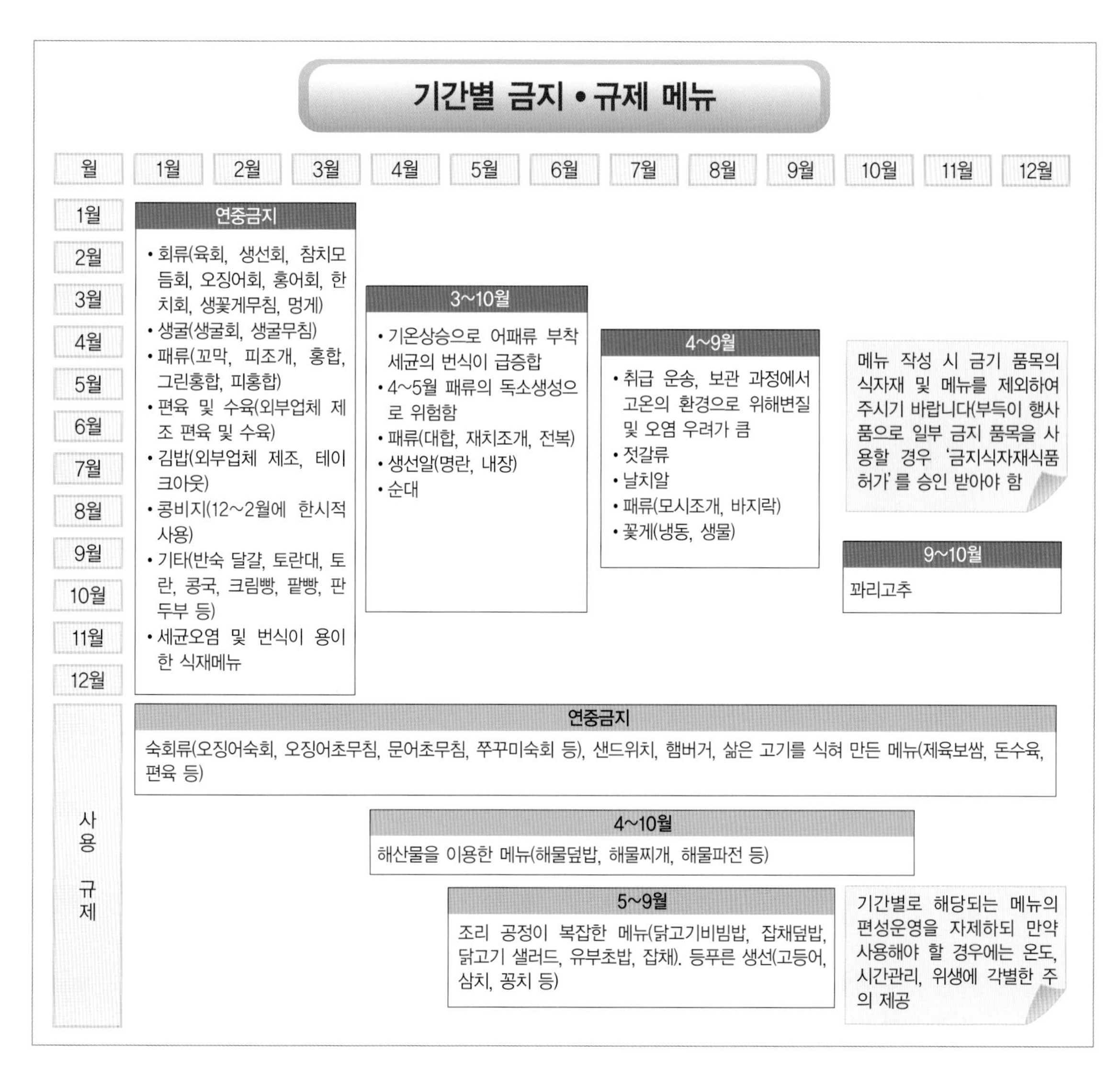

그림 3-4 기간별 규제, 금지 식품관리

자료 : (주) 아라코(2010).

(7) 식품의 안전성과 위생

안전한 식재료를 위생적인 관리를 통해 다루는 것은 식단계획의 전체 과정을 통해 매우 중요한 부분이다. 잠재적 위험성을 가진 식품을 미리 파악하여 조리과정에서 제외시키거나, 기간별 사용에 위험성이 있는 식재료를 선정하고 자료화하여 이용하면 위생관리에 큰 도움이 된다. 기간별 규제, 금지식품에 대한 관리 사례는 그림 3-4와 같다.

식단과 영양

식단 작성 시 영양지식을 기초로 하여 한국인 영양섭취기준을 파악하고 식단을 작성한 것이 무엇보다 중요하다. 또한 식품을 선택할 때에 식품의 특성과 영양과의 관계를 연관시켜서 영양소의 파괴가 최소화되어야 하며, 식품의 배합과 맛의 조화, 질감의 변화, 색의 조화, 음식이 되었을 때의 모양 등을 생각하고 조리방법을 개선하여 식단을 계획하여야 한다. 식사계획을 위한 영양섭취기준 사용방안은 표 3-2와 같다.

| **표 3-2** | 식사계획을 위한 영양섭취기준의 사용

구분	개인	집단
평균필요량	개인의 영양섭취 목표로 사용하지 않음	평소 섭취량이 평균필요량 미만인 사람의 비율을 최소화하는 것을 목표로 함
권장섭취량	평소 섭취량이 평균필요량 이하인 사람은 권장섭취량을 목표로 함	집단의 식사계획 목표로 사용하지 않음
충분섭취량	평소 섭취량을 충분섭취량에 가깝게 하는 것을 목표로 함	집단에서 섭취량의 중앙값이 충분섭취량이 되도록 하는 것을 목표로 함
상한섭취량	평소 섭취량을 상한섭취량 미만으로 함	평소 섭취량이 상한섭취량 이상인 사람의 비율을 최소화하도록 함

한국인 영양섭취기준의 설정 배경

한국인 영양섭취기준(Dietary Reference Intakes of Koreans)은 한국인의 건강을 최적의 상태로 유지할 수 있는 영양소섭취기준을 말하는 것으로 기존의 영양권장량에서는 각 영양소의 권장량을 단일 값으로 제시했으나, 2005년 8차 개정에서 새로운 영양섭취기준으로 만성 질환이나 영양소의 과다섭취예방 등을 고려하여 평균필요량(EAR : Estimated Average Requirement), 권장섭취량(RNI : Recommended Nutrient Intake), 충분섭취량(AI : Adequate Intake), 상한섭취량(UL : Tolerable Upper Intake Level) 등 여러 섭취 수준으로 영양섭취기준을 설정하였으며, 최근 2015년에 재개정되었다.

(1) 평균필요량(EAR : Estimated Average Requirement)

평균필요량은 건강한 사람들의 일일 영양필요량의 중앙값으로, 인구집단 절반이 필요량을 충족시키는 값이며, 대상 필요량 분포치 중앙값으로 산출한 수치이다. 필요량을 측정하기 위해서는 영양소 섭취상태를 민감하게 반영하는 기능적 지표가 존재해야 하며, 영양상태에 대한 평가기준이 확립되어야 한다.

(2) 권장섭취량(RNI : Recommended Nutrient Intake)

평균필요량에 표준편차의 2배를 더하여 정한 값으로, 평균필요량의 표준편차에 대한 충분한 자료가 없는 영양소(티아민, 리보플라빈, 비타민 B_6, 엽산)에 대해서는 변이계수 10%를 가정하고 섭취량을 산출하였다. 즉 권장섭취량은 성별 · 연령군별 거의 모든(97~98%) 건강한 인구집단의 영양소필요량을 충족시키는 섭취량 추정치로서 평균 필요량에 표준편차의 2배를 더하여 정한다.

(3) 충분섭취량(AI : Adequate Intake)

평균필요량에 대한 정보가 부족한 경우 건강인의 영양섭취량을 토대로 설정한 값으로, 건강한 인구집단의 영양섭취량을 추정하거나 관찰하여 정한다. 주로 역학조사에서 관찰된 건강한 사람들의 영양소 섭취량의 중앙값을 기준으로 정한다.

(4) 상한섭취량(UL : Tolerable Upper Intake Level)

인체 건강에 유해영향이 나타나지 않는 최대영양소 섭취수준으로, 과량섭취 시 독성을 나타낼 위험이 있는 영양소를 대상으로 선정되었다. 즉, 인체 건강에 유해한 영향을 나타내지 않을 최대 영양소 섭취수준을 말한다.

상한섭취량 = 최대무독성량 또는 최저독성량/불화실 계수

식품구성안 활용

식품구성안은 앞에서 설명한 한국인 영양섭취기준의 사용하기에 어려운 부분에 대한 도움을 제공하고자 제시된 안이다. 한국인 영양섭취기준은 건강한 영양상태를 유지하기 위해 적절한 영양소의 양을 정한 것으로서 일반인이 활용하기에는 매우 전문적이어서 이해가 쉽지 않다. 따라서 건강한 일반인들이 영양적으로 균형 잡힌 식사를 실천하는 데 쉽게 이용할 수 있도록 식사구성안이 제시되었다. 식사구성안은 구성원의 영양섭취기준을 파악하고(표 3-3~5) 권장 섭취횟수를 정하여 1일 섭취횟수를 배분하고 음식을 정하여 식단표를 작성한다(표 3-6~7).

식단 작성

대상 인원수와 구성형태를 파악한 후 그들의 영양량을 계산하고 예산에 맞게 식단을 작성해야 한다. 식단을 결정할 때에는 우선 재료의 선택에 있어서 계절식품, 단가, 색깔, 텍스처, 맛에 대한 배려와 함께 조리방법(구이 · 전 · 찜 · 볶음 · 튀김 · 무침 등)도 중복을 피하고 조리에 소요되는 시간이나 주방 기구를 고려하여 정해진 시간 내에 요리가 완성될 수 있도록 한다. 식단의 형태는 밥과 국 · 탕(또는 찌개), 김치를 기본으로 하고 반찬류(주찬과 부찬)로 구성하며, 초 · 장류는 따로 준비한다. 주 찬은 단백질 식품의 고기, 생선, 달걀, 콩제품 요리로 하며 부찬

| **표 3-3** | 다량영양소 분배 계획 및 영양소 우선순위 결정

에너지 · 영양소	영양소(예)	비고
에너지	필요추정량	체중 및 BMI 고려(정상범위의 체중)
탄수화물	전체 에너지의 55~65%	
단백질	전체 에너지의 7~20%	
지질	전체 에너지의 15~30%	
비타민 A, 티아민, 리보플라빈, 비타민 C, 칼슘, 철분, 섬유소	RNI/AI를 충족하고 UL미만 섭취	결핍되기 쉬운 영양소를 충분히 섭취
포화지방산, 나트륨	되도록 적게 섭취	생활 습관병의 1차 예방의 관점에서 중요. 비교적 장기간의 섭취량에 유의

자료 : 한국영양학회, 2015 한국인 영양소 섭취기준

| **표 3-4** | 식품군별 대표식품의 1인 1회 분량

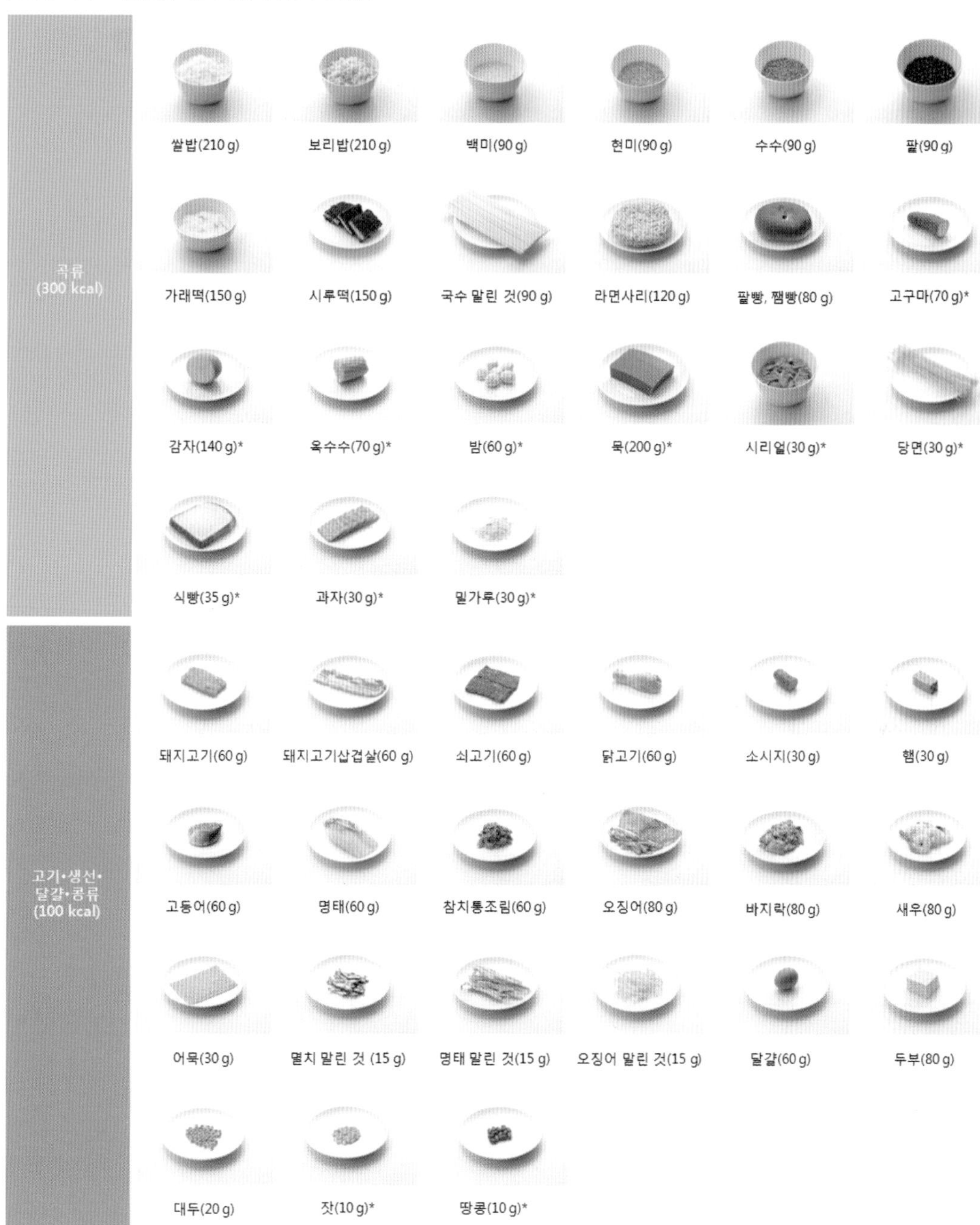

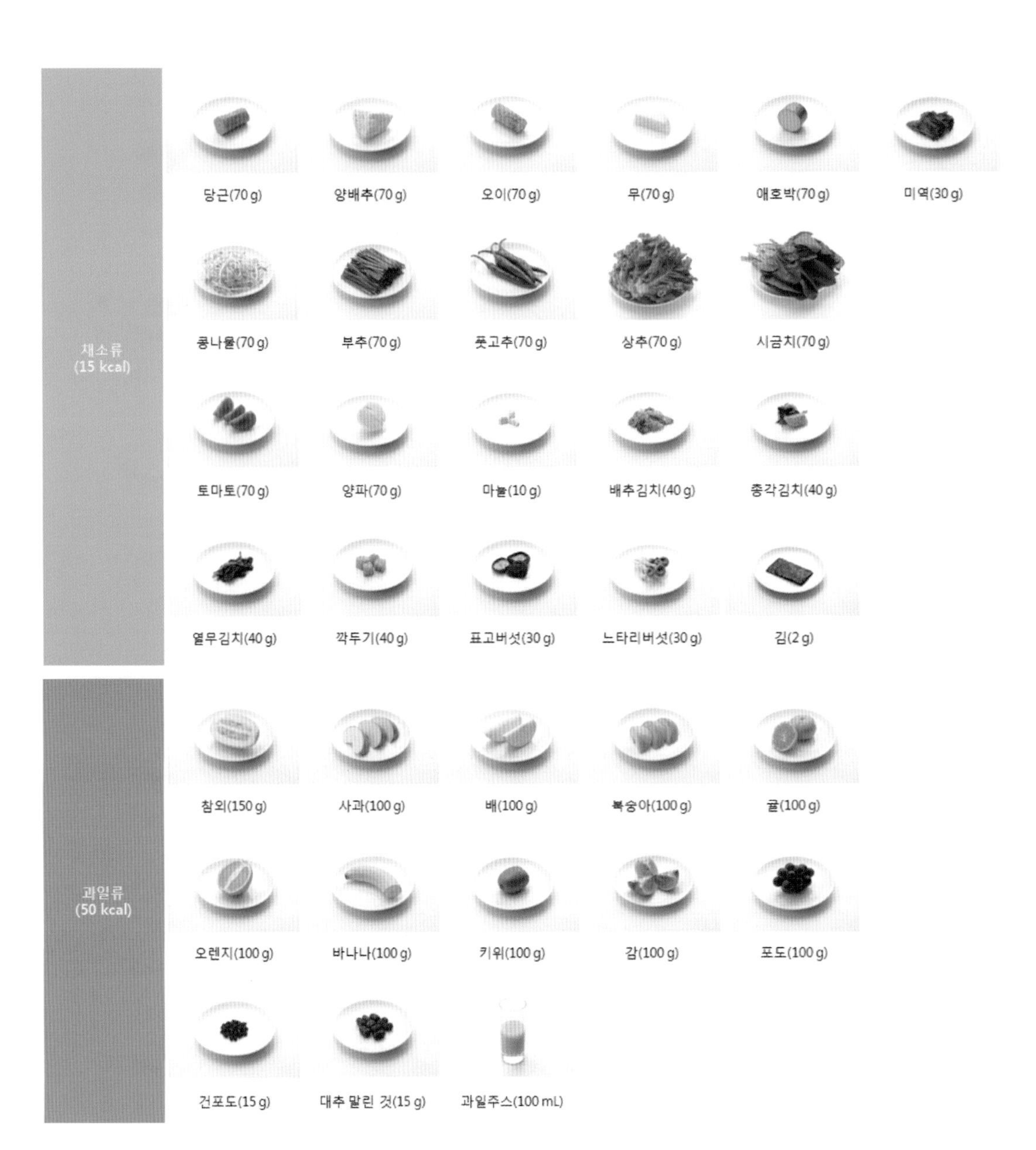
채소류
(15 kcal)
당근(70 g)
양배추(70 g)
오이(70 g)
무(70 g)
애호박(70 g)
미역(30 g)
콩나물(70 g)
부추(70 g)
풋고추(70 g)
상추(70 g)
시금치(70 g)
토마토(70 g)
양파(70 g)
마늘(10 g)
배추김치(40 g)
총각김치(40 g)
열무김치(40 g)
깍두기(40 g)
표고버섯(30 g)
느타리버섯(30 g)
김(2 g)
과일류
(50 kcal)
참외(150 g)
사과(100 g)
배(100 g)
복숭아(100 g)
귤(100 g)
오렌지(100 g)
바나나(100 g)
키위(100 g)
감(100 g)
포도(100 g)
건포도(15 g)
대추 말린 것(15 g)
과일주스(100 mL)

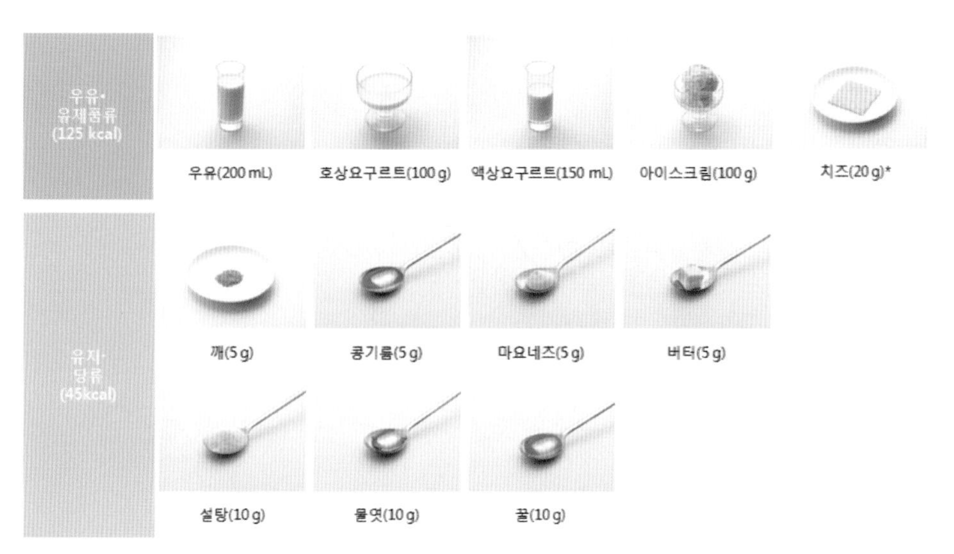

사료 : 한국영양학회, 2015 한국인 영양소 섭취기준
* 표시는 0.3회

| 표 3-5 | 식단 작성과정

가족 구성원의 영양 섭취량을 파악한다	1일 권장 섭취 횟수를 정한다	세 끼 식사와 간식에 1일 섭취 횟수를 배분한다	음식을 정한다	식단표를 작성하고 식단을 평가한다
[영양] • 가족의 나이, 성, 신체활동 수준을 조사한다. • 가족의 특성을 고려한다.	[권장 섭취 횟수] • 생애 주기에 따른 1일 권장섭취 횟수를 정한다.	[재료, 분량] • 배분한 섭취 횟수에 맞게 식품의 종류와 분량을 결정한다.	[주식과 부식의 배분] • 필요한 식품과 영양소가 골고루 함유하도록 조합한다. • 제철식품을 이용하도록 한다.	[식단 평가] • 세 끼의 양과 균형, 영양 등을 평가해서 식품 재료, 분량을 수정하여 식단을 완성한다.
[식품] • 식품군별 영양 섭취량에 따른 식품 필요량을 파악한다.	[1회 분량] • 식품군별 대표 식품의 1인 1회 분량을 확인한다.	[재료, 분량] • 권장 횟수에 따른 세 끼 식사와 간식을 배분한다.	[가족의 기호] • 맛과 기호, 색깔과 질감 등을 고려한다.	

주 : 열량에 맞는 권장식사패턴을 선택하고 식품군별 섭취횟수를 확인한다.

은 채소, 버섯, 해조류 요리로 배정한다. 끼니별 특성은 아침은 맑은 국, 달걀 요리, 점심은 일품 요리, 저녁은 찌개, 생선이나 육류 요리가 자주 이용된다. 식단은 미리 계획된 것이지만 계절적으로 싼 재료가 나올 때 재료를 바꾸거나, 준비된 음식이 많이 남을 때 그 처리를 위해 식

Tip | 식단 작성 시의 유의점

- 식단은 보통 1주일 단위로 하여 작성한다. 3일, 5일, 10일 주기로도 사용할 수 있다.
- 식단 작성 시 한 끼의 식사를 눈앞에 그려보고 결정해야 한다.
- 음식의 질과 맛의 배합을 잘 생각해야 한다.
- 동일한 식품 및 조리법의 중복을 피하도록 한다.
- 조리시간을 고려하여 조리방법을 택하도록 한다.
- 주방의 시설, 설비, 구조적인 특징을 참작하여 식단을 결정한다.
- 예산에 맞게 식생활비 범위 내에서 식단을 작성한다.
- 새로운 식품과 조리법을 활용한 새로운 메뉴 개발로 다양한 음식을 경험하도록 한다.
- 식단을 작성할 때에는 전 주(前週), 전 월(前月), 전 년(前年)의 식단을 참고로 한다.
- 조리기기를 충분히 이용하여 시간을 절약할 수 있도록 한다.

단을 변화시킬 수도 있다. 식단 작성 시에는 계획, 식품구입, 조리, 서빙, 뒷처리 등을 모두 고려해야 한다.

(1) 영양필요량 파악

필요한 영양소는 당질, 단백질, 지방, 무기질, 비타민과 물 등으로 그 필요량은 연령 · 성별 · 활동량에 따라 다르다. 어떠한 식품을 얼마만큼 섭취해야 하는가를 알기 위해서는 영양필요량을 알아야 한다. 우리들의 생활 중 가장 중요한 식생활면에 있어 섭취해야 할 식품의 종류와 양이 과학적으로 표시되어 있음에도 불구하고 대부분의 사람들은 자기가 먹고 있는 음식의 표준량을 알지 못하고 있으며, 그로 인하여 각자가 섭취하는 식사에 대하여 평가하고 개선하지 못하고 있다. 우리가 먹고 있는 식품의 역할은 세 가지로 나누어 볼 수 있다.

- 에너지 급원이 되는 열량식품 : 누구에게나 매일의 활동을 위하여 에너지가 필요하다. 그러므로 영양 섭취 또한 매일 이루어져야 하며, 그 양은 매일 동일하지 않다(표 3-6).
- 체조직(體組織)을 만들고 유지하는 구성식품 : 성장하는 어린이와 임신부는 많은 양의 체조직 구성 영양소가 필요하다. 그러므로 체조직 구성 영양소에 중점을 두고 식단을 작성해야 하며, 특히 어린이나 임신부들에게는 특별한 배려가 필요하다.
- 생명유지와 생리작용에 관여하는 조절식품 : 조절영양소는 누구에게나 필요한 것이며 특히 회복기 환자나 일반 환자에 있어서는 정상적인 건강 유지를 위하여 더 많은 양이 필요하

| 표 3-6 | 성별 · 연령별 기준 에너지

연 령	에너지필요추정량				기준 에너지			
	2010 한국인 영양섭취기준		2015 한국인 영양소 섭취기준		2010 한국인 영양섭취기준		2015 한국인 영양소 섭취기준	
	남자	여자	남자	여자	남자	여자	남자	여자
1-2세	1,000	1,000	1,000	1,000	1,000A	1,000A	1,000A	1,000A
3-5세	1,400	1,400	1,400	1,400	1,400A	1,400A	1,400A	1,400A
6-8세	1,600	1,500	1,700	1,500	1,800A	1,600A	1,900A	1,700A
9-11세	1,900	1,700	2,100	1,800				
12-14세	2,400	2,000	2,500	2,000	2,600A	2,000A	2,600A	2,000A
15-18세	2,700	2,000	2,700	2,000				
19-29세	2,600	2,100	2,600	2,100	2,400B	1,900B	2,400B	1,900B
30-49세	2,400	1,900	2,400	1,900				
50-64세	2,200	1,800	2,200	1,800				
65세 이상	2,000	1,600	2,000	1,600	2,000B	1,600B	2,000B	1,600B
	2,000	1,600	2,000	1,600				

자료 : 한국영양학회, 한국인 영양소 섭취기준 2015

Tip | 한국인을 위한 식생활 목표

- 에너지와 단백질은 권장량에 알맞게 섭취한다.
- 칼슘, 철, 비타민 A, 리보플라빈의 섭취를 늘린다.
- 지방의 섭취는 총 에너지의 20%를 넘지 않도록 한다.
- 소금은 1일 5g 이하로 섭취한다.
- 알코올의 섭취를 줄인다.
- 건강체중(18.5≤BMI<23)을 유지한다.
- 바른 식사습관을 유지한다.
- 전통 식생활을 발전시킨다.
- 식품을 위생적으로 관리한다.
- 음식의 낭비를 줄인다.

다. 그러므로 가족 중에 환자나 허약자가 있을 경우에는 조절영양소를 충분히 공급할 수 있도록 해야 한다. 또한 영양소를 골고루 섭취할 수 있는 식단을 작성하기에 앞서 영양소의 기능과 적당한 영양섭취에 부과되는 표준을 알아야 한다.

① 열 량

칼로리는 식품의 열량가를 표시하는 데 사용하는 단위이며, 에너지는 식품이 체내에서 산화될 때 발생하는 열량을 의미한다. 에너지는 인간이 활동할 수 있는 힘을 주는 동시에 체내의 생리 작용인 호흡과 혈액순환을 정상적으로 하여 생명유지와 모든 내장기관의 정상적인 작용을 가능하게 해준다. 생명유지와 내장활동을 정상적으로 하기 위하여 사용된 에너지는 기초대사(basal metabolism)라 하여 매일 일정량이 요구된다. 그러나 근육활동을 위한 에너지는 매일의 활동량에 따라 조금씩 다르다. 따라서 우리가 사용하는 에너지는 휴식대사량(REE : Resting Energy Expenditure), 활동에 의한 에너지소모량(TEE : Thermic Effect of Exercise), 식품이용을 위한 에너지소모량(TEF : Thermic Effect of Food), 적응대사량(AT : Adaptive Thermogene sis)으로 구별해 볼 수 있다. 다섯 가지 영양소 중에서 당질, 지방, 단백질의 세 가지 영양소가 에너지를 발생하며 당질과 단백질은 1g당 약 4kcal를 발생하나 지방은 1g당 약 9kcal를 발생한다.

② 단백질

필수영양소의 하나인 아미노산(amino acid)은 식품 속에 함유되어 있는 단백질로부터 생성되는 것이다. 아미노산은 20여 종이 있으며, 단백질의 종류는 이들의 아미노산의 종류와 양에 따라 달라진다. 사람과 동물들은 단백질을 함유하고 있는 식품을 섭취함으로써 아미노산을 얻을 수 있으나, 식물과 일부 미생물만이 아미노산을 구성하고 있는 탄소(C), 수소(H), 산소(O), 질소(N)로부터 아미노산을 합성할 수 있다. 특히 필수아미노산은 반드시 식품을 통하여 얻어야 하므로 식단 작성 시 필수아미노산을 많이 함유하고 있는 동물성 단백질은 1일 필요량 중 1/3 이상을 취하도록 계획해야 한다. 사람은 생명유지와 성장을 위해 8~10가지 필수아미노산을 반드시 섭취해야 하는데 이것은 체내에서 합성할 수 없으므로 반드시 식이를 통해 공급되어야 한다. 아미노산은 신체조직을 형성하고, 호르몬(hormone)의 합성, 소화효소, 점액물

Tip | 2015 한국인의 1일 당류 섭취기준

총당류 섭취량을 총 에너지섭취량의 10-20%로 제한하고, 특히 식품의 조리 및 가공 시 첨가되는 첨가당은 총 에너지섭취량의 10% 이내로 섭취하도록 한다. 첨가당의 주요 급원으로는 설탕, 액상과당, 물엿, 당밀, 꿀, 시럽, 농축과일주스 등이 있다.

자료 : 보건복지부, 2015

| 표 3-7 | 2015 한국인 영양소 섭취기준 – 에너지적정비율

영양소		에너지적정비율			
		1~2세	3~18세	19세 이상	비고
탄수화물		55~65%	55~65%	55~65%	
단백질		7~20%	7~20%	7~20%	
지질	총지방	20~35%	15~30%	15~30%	
	n-6계 지방산	4~10%	4~10%	4~10%	
	n-3계 지방산	1% 내외	1% 내외	1% 내외	
	포화지방산	–	8% 미만	7% 미만	
	트랜스지방산	–	1% 미만	1% 미만	
	콜레스테롤	–	–	300 mg/일 미만	목표섭취량

자료 : 보건복지부, 2015

질, 기타 생리적 물질을 형성하는 데 이용되며 성장기, 임신부, 수유부, 회복기 환자에게는 특히 중요하다. 일반적으로 여러 종류의 필수아미노산을 비교적 다량 공급해 주는 단백질식품을 고영양가 식품(high nutritive value food)이라 할 수 있으며, 육 · 어류, 우유, 달걀, 대두 등이 여기에 속한다. 가장 부족한 아미노산(most limiting amino acids)의 종류가 한 가지 이상인 식품은 저영양가 식품(less nutritive value food)으로 간주된다. 곡류의 단백질은 리신(lysine)이란 필수아미노산이 부족한 반면, 콩류에는 리신은 풍부하나 다른 아미노산이 부족하다. 그러므로 곡류와 콩류, 곡류와 육 · 어류, 곡류와 채소류를 함께 먹음으로써 단백질의 상호보완작용에 의해서 개개로 섭취했을 때보다 더 효과적으로 아미노산을 섭취할 수 있다. 식단을 작성할 때 가장 고려해야 할 점은 단백질식품의 종류와 양이다. 반드시 식사는 다양한 식품으로 구성되어야 하며 필요한 아미노산을 충분히 제공해야 한다. 단백질식품을 선택할 때 주의해야 할 점은 하루에 필요한 단백질량을 세 끼 식사에 골고루 분배하도록 식단을 작성해야 한다는 것이다. 간단히 단백질량을 알아보면 육류, 치즈, 콩류, 땅콩 등은 식품 중량의 20% 정도의 단백질을 함유하고 있고, 곡류는 8~12%, 과일과 채소는 1~4%의 단백질을 함유하고 있다. 식단 작성 시 단백질의 양과 질을 충분히 고려한 적정 섭취 비율을 따라야 한다(표 3-7).

③ 무기질

무기질에는 여러 종류가 있으나 그 중 인간의 건강 유지에 필수적이며 식단 작성 시, 특히 주의를 요하는 것은 칼슘, 인, 철, 아연, 요오드 등이다. 필요량은 적으나 만약 그 중 한 가지라도 결핍된다면 건강장해를 일으키게 되므로 무기질에 대한 지식습득이 중요하다. 특이 근육이 활발하게 형성되는 청소년기와 여성 대상 식단 작성 시에는 철분 공급이 무엇보다 중요하다.

■ 칼슘 : 체내에 있는 99%의 칼슘은 골격과 치아를 형성하고 있다. 나머지 1%는 혈액응고, 근육수축, 신경흥분과 같은 생명유지의 기능을 하고 있다. 칼슘의 흡수는 인과의 비율이 1 : 1일 때 가장 이상적이다. 우유와 유제품 그리고 뼈째 먹는 생선은 칼슘의 좋은 급원이며, 특히 성장기 어린이는 우유와 유제품 없이는 그들에게 필요한 칼슘의 양을 채우기가 매우 어렵다. 그러므로 반드시 하루 2잔 이상의 우유를 마시는 것이 좋다. 보통 성장기 아동에게는 1일 평균 4잔의 우유를 권장하고 있으며, 성인에 있어서는 1잔 이상을 권하고 있다. 임신부나 수유부에 있어서는 성장기 아동과 같이 4잔의 우유를 권장하고 있으며, 뼈째 먹는 생선, 정어리, 치즈, 브로콜리 등이 좋은 급원이다(그림 3-5).

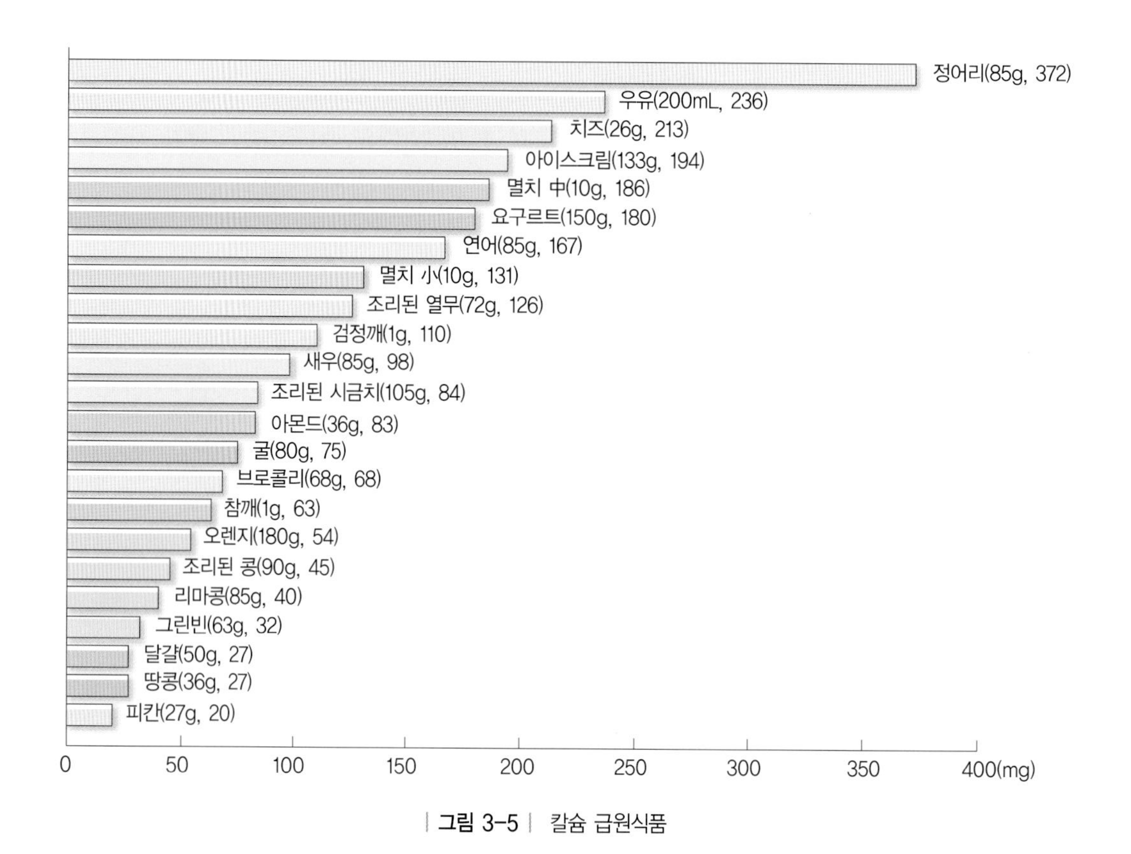

| 그림 3-5 | 칼슘 급원식품

■ 철 : 철은 체내의 모든 조직 속에 여러 형태의 화합물로 존재하는데 주로 적혈구의 헤모글로빈(hemoglobin)에 있으며, 폐에서 조직으로 산소를 운반하고 조직으로부터 폐까지 탄산가스를 운반하는 역할을 한다. 철은 다른 영양소와는 달리 아주 적은 양을 제외하고는 체외로 배설되지 않는다. 성장기에 있어 신체가 발육함에 따라서 혈액량도 증가하여 철의 필요량도 점차 증가된다. 성년이 된 여자는 월경 시 다량의 철이 손실되기 때문에 이를 보충하기 위하여 철 공급의 증가가 필요하다. 특히 임신 중에는 태아가 저장해야 될 철을 보충하기 위하여 공급량을 증가시켜야 한다. 철은 비헴철 형태인 식물성 식품보다 헴철인 동물성 식품을 섭취하는 것이 좋으며 간, 살코기, 달걀 등이 철의 좋은 급원이다(그림 3-6).

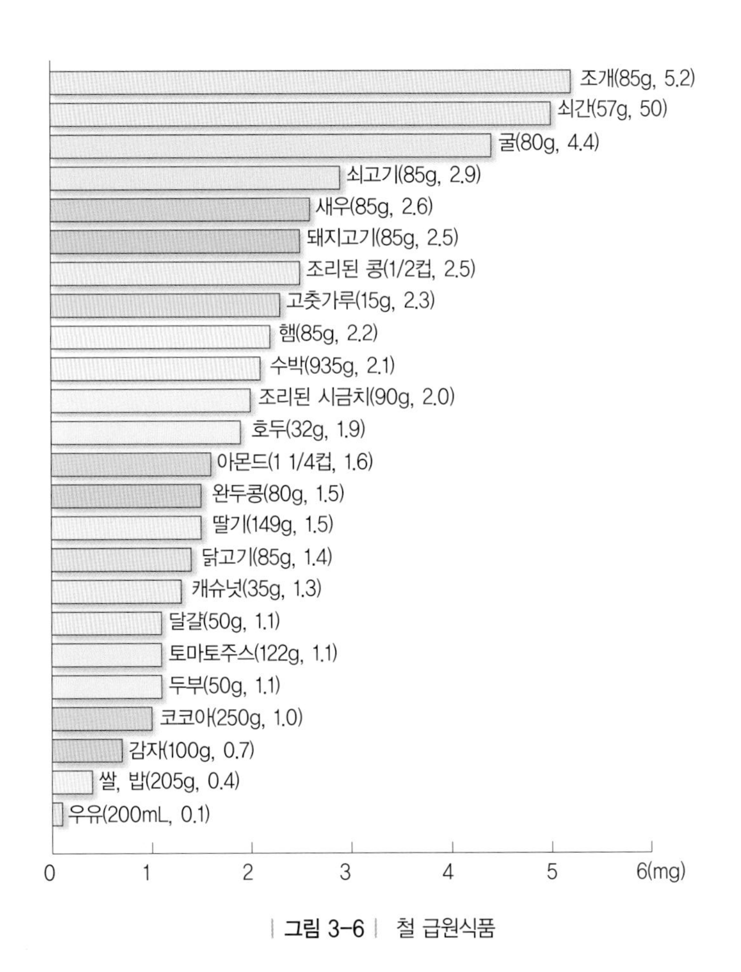

그림 3-6 철 급원식품

④ 비타민

비타민은 건강 유지에 필수적인 유기화합물로 필요한 양은 소량이나 여러 가지 생화학적인 작용을 하여 체내 여러 대사의 작용을 원활하게 해주는 역할을 한다. 비타민은 용해도에 따라 수용성과 지용성으로 나눌 수 있으며, 이러한 특성이 조리 시에 고려되지 않으면 손실될 우려가 많다. 그러므로 식단 작성에 어떠한 조리법을 택할 것인가를 신중히 고려하여야 한다. 비타민은 일부 비타민을 제외하고는 체내에 저장되지 못하므로 매일의 식사에서 공급받아야 한다.

■ 지용성 비타민

- 비타민 A : 비타민 A는 지용성으로 동물성 식품에 함유되어 있으며, 녹황색의 식물성 식품에 카로티노이드(carotenoids)라고 하는 색소가 들어 있다. 프로비타민 A(provitamin A)는 식물 내에 함유되어 있는 카로틴(carotene)으로 인간이 섭취하였을 때 비타민 A로 전환될 수 있는 것을 의미하며, 인간이나 동물은 이것을 활성 비타민으로 전환시킬 수 있다. 프로비타민 A는 적황색 색소로 당근, 황도, 단호박 같은 과일이나 채소에 함유되어 있다. 또한 엽채와 같은 푸른 채소에도 함유되어 있으나 그 양은 적황색 채소보다 적다. 비타민 A는 정상적인 성장, 피부와 점막의 정상적인 구조와 기능, 희미한 빛에서 정상적인 시력을 갖는 데 필요하다. 만일 비타민 A가 부족하면 성장이 부진하고 피부

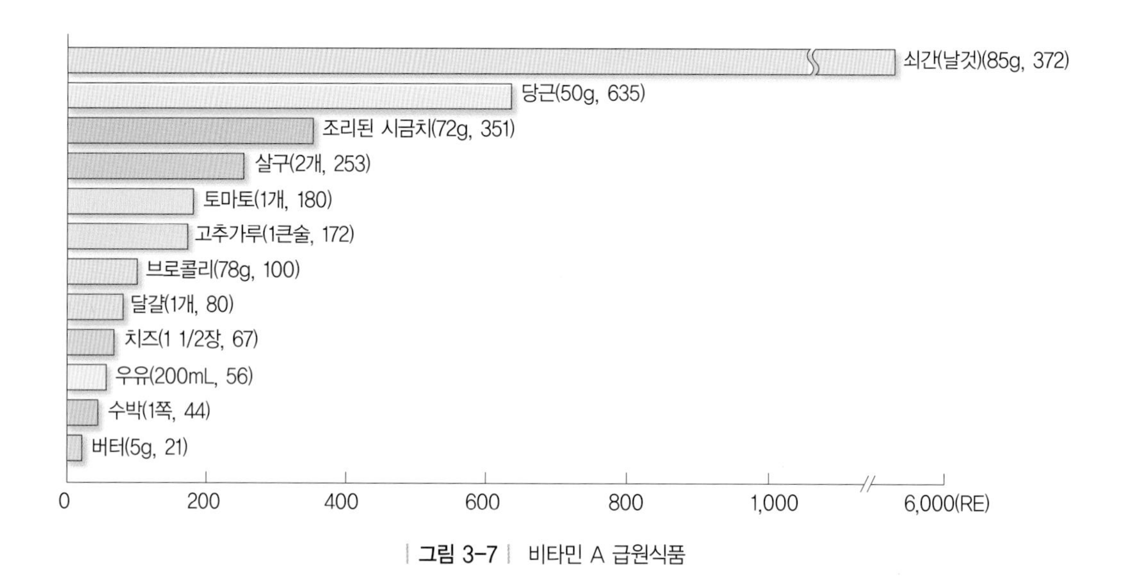

| 그림 3-7 | 비타민 A 급원식품

가 건조해지며 야맹증 등의 증상이 발생한다. 또한 이는 지용성이므로 조리방법에 있어 여러 가지 식물성 기름 등을 사용함으로써 비타민의 흡수를 도울 수 있다. 이러한 점을 고려하여 프로비타민 A가 함유되어 있는 식물성 식품의 조리법을 잘 생각하여 결정해야 한다. 비타민 A가 다량 함유되어 있는 식품은 그림 3-7과 같다.

- 비타민 D : 비타민 D는 지용성이며, 골격의 석회화가 정상적으로 이루어지기 위한 필수물질로서 칼슘과 인의 이용과 보유를 증가시킨다. 오늘날 여러 종류의 유제품에는 비타민 D의 섭취를 충분하게 하기 위하여 우유 1 쿼터(quart)당 400USP의 비타민 D를 강화하여 비타민 D 우유라고 시판하고 있다. 사람은 자외선을 쪼임으로써 피부에서 비타민 D_3 전구체인 7-디히드로콜레스테롤(7-dehydrocholesterol)을 비타민 D3로 전환시킬 수 있다. 비타민 D는 생후부터 19세까지 특히 중요하며 임신부와 수유부에게도 필요한 영양소이다. 햇볕을 직접 쪼일 수 없는 영아에게는 간유로 비타민 D를 공급할 것이며 성장기 아동, 임신부, 수유부는 비타민 D가 함유되어 있는 식품을 충분히 섭취하는 동시에 자외선을 쪼일 수 있는 기회를 많이 갖도록 한다.

■ 수용성 비타민

- 비타민 C : 비타민 C(ascorbic acid)는 신선한 채소와 과일 속에 많이 들어 있으며 이것은 쉽게 산화되므로 신선한 식품을 선택하는 것이 중요하다. 특히 오렌지, 풋고추, 딸기, 시금치, 쑥갓, 양배추, 토마토 등이 비타민 C의 주 급원식품이다(그림 3-8). 우리나라에서는 배추나 무를 주 재료로 한 김치류가 비타민 C의 주요 급원식품이다. 보통 신선한 채소나 과일 속에 함유되어 있는 비타민 C는 실내온도에서 그대로 방치하여 두면 상당한 양이 감소된다. 그러므로 신선한 채소나 과일을 구매하여 저온에서 보관하도록 할 뿐만 아니라 조리 시 작게 썰면 세포의 단면적이 넓어져 비타민 손실량이 많아지게 되므로 잘게 썰어서 음식을 만드는 조리법은 좋은 방법이라고 할 수 없다. 또한 구리(Cu)나 철(Fe)로 만든 조리기구는 일체 피해야 하며, 조리시간은 되도록 짧게 하고, 사용하는 물의 양도 적어야 한다. 사용하는 물의 양과 조리시간에 따라 비타민 C의 손실량은 달라지기 때문이다. 우리는 식생활에서 채소를 많이 섭취하고 있으나 생으로 먹는 것보다는 익혀서 먹는 경우가 많으므로 열에 불안정한 비타민 C의 손실을 적게 하는 조리법을 이용해야 한다. 비타민 C는 세균성 질환에 대한 저항력을 가지고 있으며,

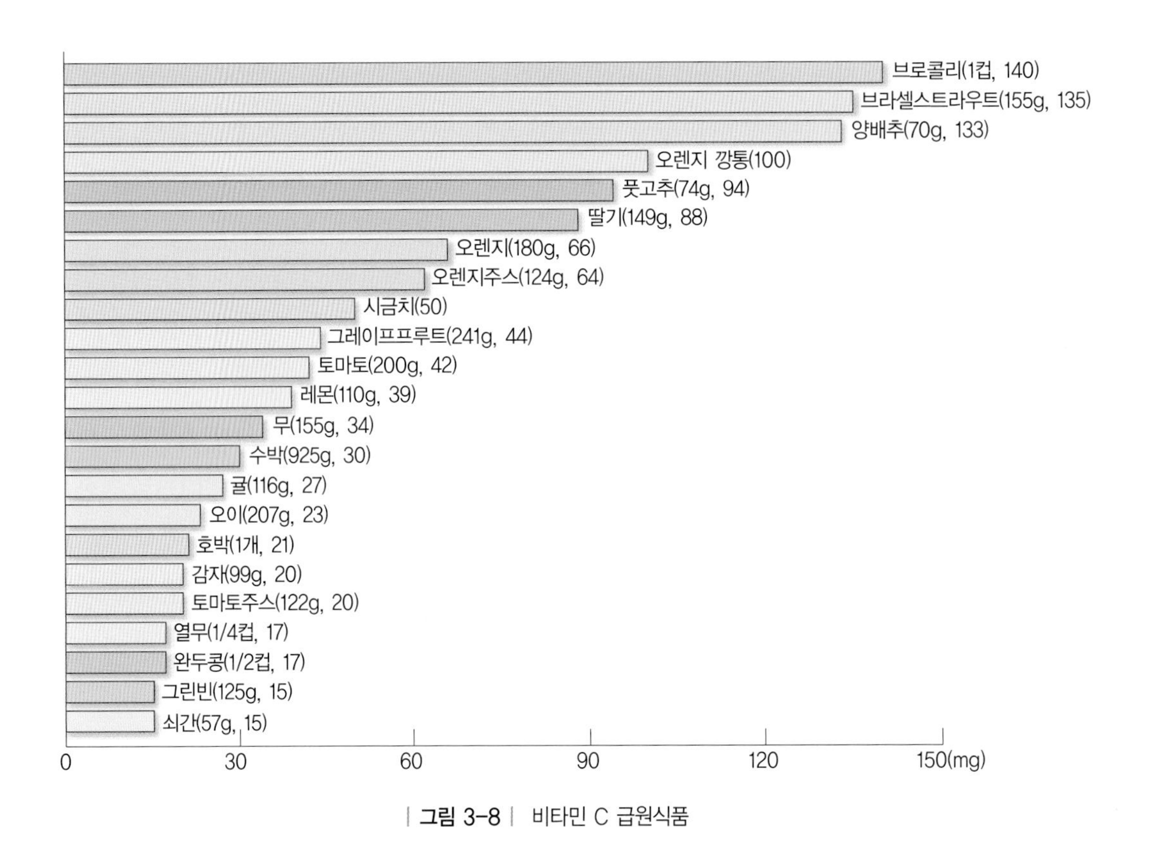

| **그림 3-8** | 비타민 C 급원식품

외상환자 또는 수술환자의 콜라겐 합성에 필수적이므로 풍부한 양을 공급해야 한다.

- 티아민(비타민 B_1) : 티아민(thiamin)은 수용성 비타민으로 우리들의 식욕을 증진시켜 주고 정상적인 건강상태를 유지하는 데 필요하다. 특히 신경계통의 건강과 관계가 있으며, 당질대사에 필수적인 기능을 가지고 있다. 티아민은 간 · 심장 · 신장 · 골격근 · 뇌에 분포되어 있으며 어느 조직에도 많은 양이 저장되지 못하므로 계속적으로 섭취해야 한다. 또한 체내에서 오랫동안 저장되지 못하고 단기간 내에 모두 소비되므로 반드시 식품에서 섭취해야 한다. 티아민은 당질대사(에너지 방출)와 관계가 있어 섭취하는 열량에 비례하므로 총 에너지섭취량에 근거하여 섭취를 조절해 주어야 한다. 주요 급원식품은 그림 3-9에 나타내었다.
- 리보플라빈(비타민 B_2) : 리보플라빈(riboflavin)은 수용성 비타민으로 간 · 신장 · 심장에 비교적 많은 양이 함유되어 있으나 체내 저장량은 매우 제한되어 있다. 리보플라빈은

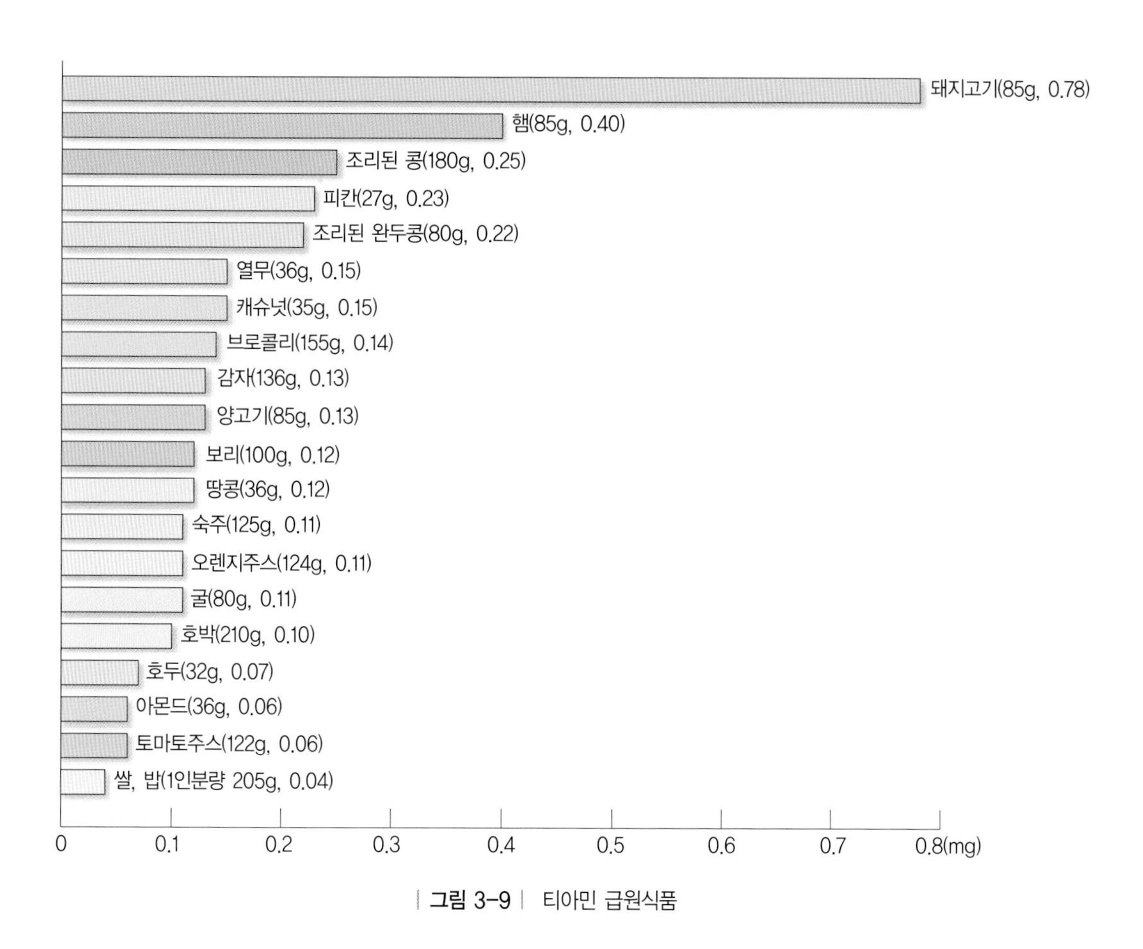

그림 3-9 티아민 급원식품

체내에서 FMN과 FAD로 전환되어 여러 단백질과 결합하여 생화학작용에 필수적인 여러 효소의 구성성분이 된다. 리보플라빈은 산화작용과 호흡작용에 관여하며 단백질과 에너지대사에 밀접한 관계가 있다. 단백질이 풍부한 식사는 충분한 양의 리보플라빈을 공급할 수 있으나 티아민과 같이 부족되기 쉬운 영양소의 하나이며 리보플라빈이 결핍되면 피부, 혀, 입 안의 점막과 신경 등 여러 조직에 영향을 미치게 된다. 리보플라빈은 열에는 강하고 자외선에는 약한 특징을 가지고 있으며, 단백질이 풍부한 식품인 우유, 달걀, 육류 등에 비교적 다량 함유되어 있다(그림 3-10).

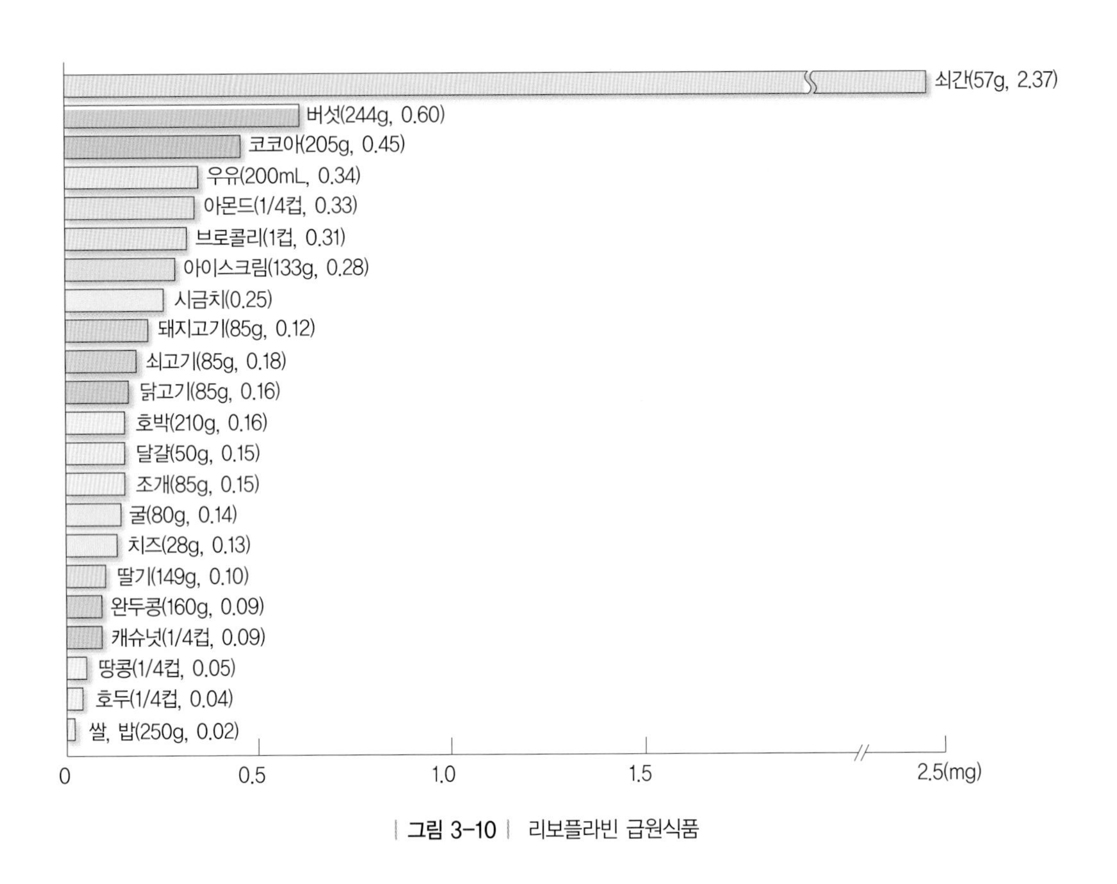

| **그림 3-10** | 리보플라빈 급원식품

(2) 식품군별 1일 권장 섭취횟수 정하기

식품군별 주요 식품과 1인 1회 분량을 고려하여 1일 섭취 횟수를 정한다(표 3-8~9). 구성원의 영양필요량에 따라 결정하여 산출한다. 우유, 유제품의 경우 권장섭취횟수에 따라 A, B 유형으로 구분되었다. 영 · 유아, 청소년기의 성장을 고려하여 하루에 우유를 2회 섭취하는 권장섭취패턴 A와, 1회 섭취하는 권장 섭취패턴 B를 제시하였는데 개개인의 기호도를 고려하여 식품군별 배분횟수를 조절할 수 있다. 한국인 영양소 섭취 기준에 따르면 과도한 단순당과 동물성지방은 지양하고 간식 제공 시 빵보다는 감자, 고구마, 과일 등을 추천하며, 단순당이 많은 가공우유보다 흰 우유 선택을 권장한다. 육류는 지방함량이 적은 살코기를 사용하고 고지방 육류 섭취 시에는 권장섭취패턴에서 유지 · 당류의 1일 횟수와 교환하여 배분하도록 한다. 채소류는 염분의 섭취기준(5g 이하)을 맞추기 위해 싱겁게 조리하도록 하며, 과일류는 식이섬유소의 섭취를 늘리기 위해 주스보다는 생과일 섭취를 권장한다.

| 표 3-8 | 생애주기별 권장식사패턴 A(우유 · 유제품 2회 권장)

A 타입						
열량(kcal)	곡류	고기 · 생선 · 달걀 · 콩류	채소류	과일류	우유 · 유제품	유지 · 당류
1,000	1	1.5	4	1	2	3
1,100	1.5	1.5	4	1	2	3
1,200	1.5	2	5	1	2	3
1,300	1.5	2	6	1	2	4
1,400	2	2	6	1	2	4
1,500	2	2.5	6	1	2	5
1,600	2.5	2.5	6	1	2	5
1,700	2.5	3	6	1	2	5
1,800	3	3	6	1	2	5
1,900	3	3.5	7	1	2	5
2,000	3	3.5	7	2	2	6
2,100	3	4	8	2	2	6
2,200	3.5	4	8	2	2	6
2,300	3.5	5	8	2	2	6
2,400	3.5	5	8	3	2	6
2,500	3.5	5.5	8	3	2	7
2,600	3.5	5.5	8	4	2	8
2,700	4	5.5	8	4	2	8
2,800	4	6	8	4	2	8

(3) 식품군별 권장섭취 횟수를 세 끼 식사와 간식으로 배분하기

일반적으로 사용하기 쉬운 식단의 주기를 1일, 3일, 5일, 7일, 10일 단위로 하여 식단을 작성한 다음 하루의 세 끼 식사 중 비중을 결정한다. 배분한 섭취 횟수에 맞게 식품의 종류와 분량을 결정하여 세끼 식사와 간식을 정한다. 권장섭취 횟수 배분 시는 각 개인의 식습관, 활동수준 등을 고려하여 아침 : 점심 : 저녁 = 1 : 1 : 1의 비율로 하는 것이 일반적이나 직업의 성격과 노동의 강도 등을 참고하여 점심이나 저녁의 비중을 조정 할 수 있다(표 3-10~13).

| 표 3-9 | 생애주기별 권장식사패턴 B(우유 · 유제품 1회 권장)

B 타입						
열량(kcal)	곡류	고기 · 생선 · 달걀 · 콩류	채소류	과일류	우유 · 유제품	유지 · 당류
1,000	1.5	1.5	5	1	1	2
1,100	1.5	2	5	1	1	3
1,200	2	2	5	1	1	3
1,300	2	2	6	1	1	4
1,400	2.5	2	6	1	1	4
1,500	2.5	2.5	6	1	1	4
1,600	3	2.5	6	1	1	4
1,700	3	3.5	6	1	1	4
1,800	3	3.5	7	2	1	4
1,900	3	4	8	2	1	4
2,000	3.5	4	8	2	1	4
2,100	3.5	4.5	8	2	1	5
2,200	3.5	5	8	2	1	6
2,300	4	5	8	2	1	6
2,400	4	5	8	3	1	6
2,500	4	5	8	4	1	7
2,600	4	6	9	4	1	7
2,700	4	6.5	9	4	1	8

(4) 음식과 식품재료량 정하기

구성원의 1인당 식품 재료 명을 정한 후 구성원 전체에 필요한 식품재료량을 계산한다.

① 주식 정하기

주식은 밥을 중심으로 하되 빵이나 국수류 등으로 대체할 수 있다. 밥은 흰쌀밥보다 콩이나 보리 등을 혼합한 잡곡밥이 건강에 좋으하며, 주중과 주말 등 환경적인 변화에 따라 종류를 달리하여 변화를 줄 수 있다.

| 표 3-10 | 식품군의 분류

2010 개정	2015 개정	비고
곡류	곡류	
고기 · 생선 · 계란 · 콩류	고기 · 생선 · 달걀 · 콩류	계란을 한글명인 달걀로 개정함
채소류	채소류	
과일류	과일류	
우유 · 유제품류	우유 · 유제품류	
유지 · 당류	유지 · 당류	

| 표 3-11 | 곡류의 주요 식품, 1인 1회 분량 및 1회 분량에 해당하는 횟수

	품목	식품명	1회 분량(g)[1]	횟수[2]
곡류 (300 kcal)	곡류	백미, 보리, 찹쌀, 현미, 조, 수수, 기장, 팥	90	1회
		옥수수	70	0.3회
		쌀밥	210	1회
	면류	국수(말린 것)	90	1회
		국수(생면)	210	1회
		당면	30	0.3회
		라면사리	120	1회
	떡류	가래떡/백설기	150	1회
		떡(팥소, 시루떡 등)	150	1회
	빵류	식빵	35	0.3회
		빵(잼빵, 팥빵 등)	80	1회
		빵(기타)	80	1회
	씨리얼류	시리얼	30	0.3회
	감자류	감자	140	0.3회
		고구마	70	0.3회
	기타	묵	200	0.3회
		밤	60	0.3회
		밀가루, 전분, 빵가루, 부침가루, 튀김가루, 믹스	30	0.3회
	과자류	과자(비스킷, 쿠키)	30	0.3회
		과자(스낵)	30	0.3회

자료 : 한국영양학회, 2015 한국인 영양소 섭취기준

삭제한 식품 : 혼합잡곡, 삶은 면, 냉면국수, 메밀국수

주 : 1) 1회 섭취하는 가식부 분량임

2) 곡류 300 kcal에 해당하는 분량을 1회라고 간주하였을 때, 해당 1회 분량에 해당하는 횟수

| 표 3-12 | 고기 · 생선 · 달걀 · 콩류의 주요 식품, 1인 1회 분량 및 1회 분량에 해당하는 횟수

	품목	식품명	1회 분량(g)[1]	횟수[2]
고기 · 생선 · 달걀 · 콩류 (100 kcal)	육류	쇠고기(한우,수입우)	60	1회
		돼지고기, 돼지고기(삼겹살)	60	1회
		닭고기	60	1회
		오리고기	60	1회
		햄, 소시지, 베이컨, 통조림햄	30	1회
	어패류	고등어, 명태/동태, 조기, 꽁치, 갈치, 다랑어(참치)	60	1회
		바지락, 게, 굴	80	1회
		오징어, 새우, 낙지	80	1회
		멸치자건품, 오징어(말린 것), 새우자건품, 뱅어포(말린 것), 명태(말린 것)	15	1회
		다랑어(참치통조림)	60	1회
		어묵, 게맛살	30	1회
		어류젓	40	1회
	난 류	달걀, 메추라기알	60	1회
	콩 류	대두, 완두콩, 강낭콩	20	1회
		두부	80	1회
		순두부	200	1회
		두유	200	1회
	견과류	땅콩, 아몬드, 호두, 잣, 해바라기씨, 호박씨	10	0.3회

자료 : 한국영양학회, 2015 한국인 영양소 섭취기준

삭제한 식품 : 미꾸라지, 민물장어, 넙치, 삼치, 깨(유지류로)

주 : 1) 1회 섭취하는 가식부 분량임

2) 고기 · 생선 · 달걀 · 콩류 100 kcal에 해당하는 분량을 1회라고 간주하였을 때, 해당 1회 분량에 해당하는 횟수

| 표 3-13 | 55세 여성의 하루 1,800 kcal 섭취를 위한 식품군별 섭취 횟수 및 세 끼 배분표

	섭취횟수	아침	점심	저녁	간식
곡류	3	1	1	1	
고기 · 생선 · 달걀 · 콩류	3.5	1	1	0.5	1
채소류	7	2	2.5	2.5	
과일류	2				2
우유 · 유제품류	1				1

자료 : 한국영양학회, 2015 한국인 영양소 섭취기준

② 부식 정하기

부식은 주식의 형태에 따라 달리 구성 될 수 있으며, 주 반찬은 단백질을 주요 급원으로 하여 육류와 생선 등을 구이, 찜, 튀김, 볶음, 전유 등과 같은 조리형태나 방법에 맞게 적절히 1~2가지 또는 2~3가지로 배분한다.

반찬은 채소나 가벼운 찬으로 구성되며 생채, 나물, 겉절이 젓갈 등을 식품배합, 색깔, 계절 식품, 기호 등에 맞추어 1~2 가지 또는 2~3가지로 부찬을 고려하여 조화롭게 구성한다.

③ 후식 정하기

후식은 주식이나 부식의 식재료와 중복되지 않도록 하는 것이 좋으며, 부족한 식품군에서 선택하는 것이 바람직하고, 계절에 맞는 식재료 선택이 영양과 비용 면에서 유익하다.

(5) 식단표 작성하기

식단을 표기하는 방법에 있어 주식을 먼저 쓰고 국이나 찌개, 다음은 주 반찬인 구이 · 조림 · 튀김 그리고 부찬인 나물 · 생채 · 겉절이 · 젓갈류 · 샐러드 등의 순으로 표기하며, 마지막으로 김치류와 후식을 쓰게 된다. 식단표기는 누구든지 알기 쉽게 해야 하며 그 재료도 구체적으로 표시하도록 한다. 식품선택은 다양하게 하고 음식명과 분량이 결정되면 주기에 따른 식단표를 작성한다.

식단 평가

식단의 일반적 평가

식단의 영양 평가 및 기타 평가

식단을 평가하는 것은 앞으로의 식생활계획을 합리적으로 이끌어가기 위한 것이므로 가장 중요한 과정이라고 할 수 있다. 즉, 구성원의 건강유지와 체위 향상을 위하여 영양적인 배려를 하고자 하는 것을 식단평가라고 한다. 자칫 매너리즘에 빠져 식단평가를 소홀히 하는 경향이 있으나 구성원의 건강한 생활을 위해서도 반드시 식단의 다양한 평가가 이루어져야 한다.

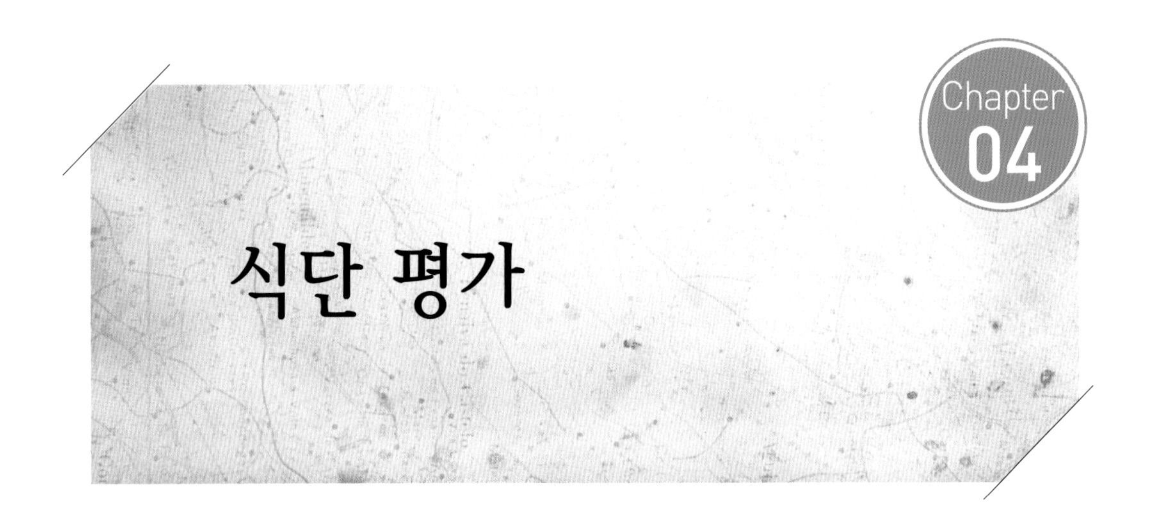

식단의 일반적 평가

식단을 평가하는 것은 앞으로의 식생활계획을 합리적으로 이끌어가기 위한 것이므로 가장 중요한 과정이라고 할 수 있다. 즉, 구성원의 건강유지와 체위 향상을 위하여 영양적인 배려를 하고자 하는 것을 식단평가라고 한다. 자칫 매너리즘에 빠져 식단평가를 소홀히 하는 경향이 있으나 구성원의 건강한 생활을 위해서도 반드시 식단의 다양한 평가가 이루어져야 한다.

식단구성의 단위

좋은 영양상태를 유지하려면 면밀히 계획된 식단에 의한 식생활 실천이 있어야 한다. 면밀히 계획된 식단은 먼저 식단의 구성단위가 적절해야 하며, 일반적으로 식단구성의 단위는 3일, 5일, 7일로 계획되어 있고, 단체급식의 경우에는 7일 또는 10일의 단위로 계획된다. 일주일 단위로 식단을 작성하면 한 달 동안에 같은 식단을 4회 정도 반복하게 되는 이점이 있을 뿐 아니라 식품구입 면에서도 여러 가지로 간편한 점이 있다. 그러나 자칫하면 1주 단위식 식단은 같은 식단의 반복임을 알 수 있게 되어 구성원들이 식단에 대한 기대와 관심이 적어지기 쉽다. 10일 주기로 되어 있는 식단은 한 달 동안에 3회를 중복하게 되므로 편리한 점은 있으나 역시 1주 단위식 단위와 같이 중복됨을 알았을 때는 싫증을 가져오기 쉽다. 식단구성의 단위는 여건에 따라 달리 정해져야 하며, 되도록 구성원이 식단의 중복을 느끼지 않도록 해야 한다. 식단은 지역적 조건과 예산, 생활양식 또는 급식형태에 따라 다르게 운영되므로 어떤 일정한 형식이 가장 좋다고 결론 내리기는 쉽지 않다.

식품배합

식품은 제각기 특징을 가지고 있고 영양소별로 그 함유량이 다르므로 식품을 배합할 때에는 그 식품이 가지고 있는 특성을 잘 살려서 해야 한다. 예를 들면 우유는 우수한 식품에 속하나 철의 함량이 적기 때문에 철이 다량 함유되어 있는 난황으로 보충시켜 조리하는 커스터드 푸딩(custard pudding) 또는 스크램블드 에그(scrambled egg) 등의 음식으로 만들어 먹도록 하는 것이 좋다. 쌀에는 리신과 트립토판 등의 아미노산이 부족하므로 이러한 아미노산이 많이 함유되어 있는 콩류를 섞어서 콩밥을 지어 먹도록 하는 것 등이 식품배합에 있어 중요한 사항이다. 각각의 식품은 영양량에 있어서나 맛, 텍스처가 각기 다르므로 식품배합 시 영양면뿐 아니라 맛과 텍스처, 색의 배합까지도 생각해야 한다. 식품배합에서 특히 고려해야 할 사항은 다음과 같다.

| **표 4-1** | 식사구성안 영양목표와 일반적 개념의 목표

섭취 허용		섭취 주의	
에너지	100% 에너지필요추정량	지방	1~2세 : 총 에너지의 20~35%
단백질	총 에너지의 약 7~20%		3세 이상 : 총 에너지의 15~30%
비타민 무기질	100% 권장섭취량 또는 충분섭취량 상한섭취량 미만	당류	설탕, 물엿 등의 첨가당 최소한으로 섭취
식이섬유	100% 충분섭취량		

일반적 개념의 목표
1. 건강인의 건강 증진을 위한 것이다. 2. 과학적인 근거를 기반으로 식사구성안을 개발해야 하며, 그러기 위해서는 최신 연구의 결과와 국민건강 영양조사의 최신 조사 결과를 반영해야 한다. 3. 식사구성안은 한국인의 식생활지침에도 부합되도록 전반적인 식생활을 포함하는 내용으로 권장한다. 4. 식사구성안은 일반인들이 사용하기 쉽고 간편해야 한다. 5. 식사구성안은 영양소 섭취기준의 목표가 실제 식생활에 적용이 가능해야 한다. 6. 식사구성안은 사용자의 개인 선호 식품에 따라 동일한 식품군 내에서는 식품의 변화를 주고자 할때 식품의 대체가 용이하며, 변경한 식품은 식품간의 영양소가 충족되어야 한다.

자료 : 한국영양학회 2015, 한국인 영양소 섭취기준

첫째, 식사구성에 따라 다섯 가지 식품군이 골고루 포함되어 있는가를 검토하는 것이다(표 4-1).

둘째, 하루 총 열량의 55~65% 정도를 당질식품에서 취하는 것이 좋다. 많은 양의 당질을 섭취하면 열량공급은 충분하나 다른 영양소의 섭취가 부족되기 쉽기 때문이다.

셋째, 국민건강영양조사 결과 부족된 영양소 섭취를 강조하도록 해야 한다는 점이다. 최근 국민건강영양조사 결과에서 보면 칼슘, 비타민 A, 리보플라빈이 영양권장량에 대한 섭취비율이 낮게 나타나 이들의 영양소 함유식품을 고려하여 식단에 적극 활용해야 한다(표 4-2~5).

| **표 4-2** | 식사구성안의 식품군에 따른 식단평가법(영양면) : 봄

구분	때	음식명	식품명	곡류	고기·생선 달걀·콩류	채소류	과일류	우유·유제품	유지·당류	비고
봄철음식	아침	보리밥	쌀	○						
			보리	○						
		냉이토장국	냉이			○				
			쇠고기		○					
			된장		○					
		멸치조림	멸치		○					
			기름						○	
		파래무침	파래			○				
			기름						○	
		김치	김치			○				
	점심	육개장국밥	쌀	○						
			쇠고기		○					
			파			○				
			달걀		○					
		김치	김치			○				
	저녁	보리밥	쌀	○						
			보리	○						
		달래찌개	달래			○				
			맛조개		○					
			무			○				
			고추장		○					
		생선묵조림	생선묵		○					
			간장		○					
		시금치나물	시금치			○				
			기름						○	
		김치	김치			○				
	총평			○	○	○		×	○	

식단을 작성할 때에는 위의 세 가지 사항에 대해 주의해야 하며 나아가 구성원들의 특수한 식습관과 가족의 기호에 따라 식품선택이나 조리법에 있어 다양하게 구성한다. 식단을 작성한 다음에는 음식명과 식품명을 쓰고 반드시 이것을 식품구성안에 의한 다섯 가지 식품군으로 나누어 평가하도록 해야 한다. 따라서 식단을 작성할 때에는 기초식품군의 배합을 적절히 하여 균형 잡힌 음식을 제공하는 것이 무엇보다 중요하다.

| **표 4-3** | 식사구성안의 식품군에 따른 식단평가법(영양면) : 여름

구분	때	음식명	식품명	곡류	고기 · 생선 달걀 · 콩류	채소류	과일류	우유 · 유제품	유지 · 당류	비고
여름철 음식	아침	콩밥	쌀	○						
			콩							
		아욱국	아욱		○	○				
			된장		○					
			마른 새우		○					
		달걀찜	달걀		○					
		오이생채	오이			○				
			당근			○				
			기름						○	
		김치	김치			○				
	점심	냉면	국수	○						
			달걀		○					
			쇠고기		○					
			오이			○				
			냉면김치			○				
		풋고추	풋고추			○				
		멸치조림	멸치		○					
			기름						○	
	저녁	보리밥	쌀	○						
			보리	○						
		감자찌개	감자	○						
			양파			○				
			된장		○					
		닭구이	닭		○					
			기름						○	
		부추숙주나물	부추			○				
			숙주			○				
			기름						○	
		김치	김치			○				
	총평			○	○	○		×	○	

| 표 4-4 | 식사구성안의 식품군에 따른 식단평가법(영양면) : 가을

구분	때	음식명	식품명	곡류	고기 · 생선 달걀 · 콩류	채소류	과일류	우유 · 유제품	유지 · 당류	비고
가을철 음식	아침	조밥	쌀	○						
			조	○						
		토란국	토란			○				
			쇠고기		○					
		생선구이	삼치		○					
			기름							
		도라지생채	도라지			○			○	
			당근			○				
		김치	김치			○				
	점심	비빔국수	국수	○						
			쇠고기		○					
			시금치			○				
			무			○				
			기름							
		김치	김치			○			○	
		우유	우유					○		
		사과	사과				○			
	저녁	보리밥	쌀	○						
			보리	○		○				
		미역국	미역							
			멸치		○	○				
		버섯볶음	싸리버섯							
			쇠고기		○	○				
		미나리나물	미나리							
			참기름			○			○	
		김치	김치							
	총평			○	○	○			○	

| 표 4-5 | 식사구성안의 식품군에 따른 식단평가법(영양면) : 겨울

	때	음식명	식품명	곡류	고기 · 생선 달걀 · 콩류	채소류	과일류	우유 및 유제품	유지 · 당류	비고
겨울철 음식	아침	팥밥	쌀	○						
			팥	○						
		시금치국	시금치			○				
			된장		○					
			멸치		○					
		감자조림	감자	○						
			양파			○				
			기름						○	
		김구이	김			○				
			기름						○	
		김치	김치			○				
	점심	자장면	국수	○						
			돼지고기		○					
			양파			○				
			당근			○				
			기름						○	
		무맑은장국	무			○				
			다시마			○				
			멸치		○					
		김치	김치			○				
	저녁	보리밥	쌀	○						
			보리	○						
		두부된장찌개	두부		○					
			된장		○					
			멸치		○					
		생선구이	꽁치		○					
		도라지생채	도라지			○				
			당근			○				
			기름						○	
		김치	김치			○				
	총평			○	○	○			○	

구성원과 식단

구성원에 따라 각 개인의 연령, 노동량 또는 근육활동량에 따라 영양필요량에 차이가 많으므로 식단을 작성할 때에는 구성원들의 상황을 미리 검토하여 알맞게 작성하도록 한다. 아이들과 어른, 청년 노인의 식성, 식욕, 소화력, 기호가 제각기 다르므로 식단내용에 있어 적합하게 적용하는 것을 원칙으로 한다. 노인들의 경우 식욕이 적고 많은 양의 식사를 한꺼번에 취하기 어려우므로 식이섬유가 많은 채소나 질긴 고기 등은 되도록 삼가고 포만감을 주지 않으며 영양가 높은 식품을 택하도록 하는 것이 좋다. 흔히 노인들은 식욕을 돋우기 위하여 자극성이 많은 조미료를 사용한 음식이나 짜고 매운 젓갈류를 섭취하고 있으나 이러한 음식은 여러 가지 병을 유발하는 원인이 되므로 삼가도록 한다. 이에 반해 어린이는 식욕은 왕성하나 소화능력이 완전하지 못하므로 소화되기 쉽고 위에 부담을 주지 않는 음식을 정하도록 한다. 성장기 어린이는 성장에 필요한 단백질과 열량을 충분히 공급하도록 하고, 생리작용을 조절하는 데 필요한 무기질과 비타민 등을 충분히 섭취해야 한다. 임신부나 수유부의 경우에는 특별히 권장해야 할 영양소가 무엇인지를 인지하고 양적 · 질적인 면에서 우수한 식품을 선택하도록 한다. 가족 중 건강에 장애가 있는 환자는 의사의 지시에 따라 그에게 필요한 식단을 작성해야 한다.

식생활비와 식단

식생활비는 예산에 따라 달라지나, 주로 구성원의 건강을 위한 식생활에 얼마만큼의 비중을 두느냐에 따라 결정된다. 그러나 구성원의 건강을 위해서는 예산에 무리가 되지 않는 한도 내에서 적정한 영양량을 공급할 수 있도록 식생활비를 결정해야 한다. 가격이 싼 식품 중에도 영양가가 높은 것이 많으며, 비싼 식품이 반드시 영양면에서도 높게 평가를 받는 것은 아니다. 식단 기획자의 영양지식과 아울러 물가에 대한 관심이 클수록 가족의 영양식을 위하여 양적 · 질적으로 우수한 식단을 계획할 수 있다. 일반적으로 예산이 증가하면 당질식품의 구입이 감소되고 동물성 식품의 섭취가 증가된다. 고소득층은 비교적 영양 위주보다는 기호식품에 치우치기 쉬우며 육 · 어류를 과잉섭취하는 경향이 크다. 그러므로 물가수준에 따라 식생활비를 최대한으로 활용하려면 식단기획자는 식품에 대한 지식과 아울러 항상 물가를 알아보고 수입에 맞는 영양량을 제공하도록 해야 한다.

계절식품과 향토식품의 이용

최근에는 하우스재배로 계절식품 또는 제철식품의 개념이 많이 달라지긴 하였으나, 제철에 나는 계절식품은 영양가도 높고 식품의 향기와 맛이 좋을 뿐 아니라 가격 면에서도 비교적 저렴하므로 계절식품을 많이 이용하는 식단이 좋다. 특히 환절기에는 누구나 새롭고 신선한 식품을 좋아하게 된다. 봄이 오면 봄의 향기를 풍기는 산나물, 여름이 되면 풍성한 과일(수박 · 복숭아 · 참외 등)과 채소(오이 · 호박 · 상추), 가을이 오면 구수한 맛을 내는 버섯찌개와 배춧국, 겨울이면 곰국과 김구이 등이 계절에 따라 제철식품을 사용하는 좋은 식단의 예이다. 특히 생선에 있어서 봄에는 조기, 여름에는 민어, 가을과 겨울에는 대구 · 동태 등 계절에 따라 새로이 나오는 생선을 택하는 것이 좋으며 나아가 계절에 따라 생산되는 식품을 가정에서 여러 형태로 정하였다가 적절하게 식단에 활용하는 것도 좋다. 즉, 봄에 생산되는 조기로 조기젓을 담그는 것, 여름에 흔한 오이로 오이지를 담그는 것, 가을에 나는 늙은 호박을 말려 호박고지를 만들어 두는 것 등은 계절식품을 적절히 활용하는 하나의 방법이다. 우리는 어려서부터 먹어온 향토식품을 그리워한다. 언제, 어느 곳에서나 향토식품을 보면 반갑고 먹고 싶은 충동을 느낀다. 향토식품은 그 고장에서 생산되는 식품으로 조리방법에서도 지역에 따라 다양한 음식이 발달되어 있다. 감자를 많이 생산하는 강원도에서는 감자로 떡을 만들고, 녹말가루를 만들어 국수도 만들며, 고추장을 담그는 등 이용도가 높다. 귤은 제주도에서 많이 생산되며 비타민 C의 급원으로 제철에 무엇보다도 가장 우수한 비타민 C의 급원이 된다. 본 고장에서 생산되는 식품과 오랜 전통을 가지고 내려온 조리법은 그 지방 사람들의 식욕을 돋울 수 있으며, 저렴한 가격으로 식사의 질을 높일 수 있다. 계절식품과 향토식품을 이용하는 것은 경제적인 면에서나 식품의 영양적인 측면에서나 유익하다. 특히 연중행사의 음식준비를 위해 향토음식을 많이 이용하게 된다.

(1) 봄

- 3월 : 소라 · 대합 · 조개 · 시금치 · 쑥갓 · 미나리 · 냉이 · 물쑥 등이 나며 초장을 곁들여 상큼한 맛을 연출한다.
- 4월 : 달래 · 산나물 · 두릅 등 봄 냄새가 가득한 채소로 무침 또는 국으로 요리하고, 상추 · 풋고추 등의 새로운 채소로 산뜻한 음식을 만들어 가족의 입맛을 돋워준다.

■ 5월 : 죽순 · 우엉 · 고사리 · 고비 · 취 · 도라지 · 오이 · 호박 등이 나는 5월에는 여러 가지 묵은 음식보다는 햇채소를 이용한다. 생선으로는 조기 · 병어 · 숭어 등이 제철이므로 조깃국 · 병어회 · 조림 등이 좋은 반찬으로 활용될 수 있다.

(2) 여 름

■ 6월 : 햇감자 · 양파 · 완두 · 양배추 · 호박 · 오이가 흔한 계절이며, 완두콩밥 · 감자국 · 양파전 등이 좋은 음식이다. 상추쌈도 좋은 반찬이 되며, 딸기 · 앵두 · 토마토 등을 흔하게 볼 수 있다. 준치 · 민어가 선을 보이고 점차 쇠고기보다는 생선을 많이 사용하게 된다.

■ 7월 : 더위로 인하여 입맛이 없어지므로 변화 있는 부식을 준비하도록 한다. 고추조림 · 마늘종장아찌 · 깻잎찜 · 열무김치 · 민어지지미 · 영계백숙 등을 즐기며, 돼지고기나 쇠고기보다는 닭이나 생선을 이용하는 것이 좋다. 또한 수박 · 참외 · 복숭아 등의 과일이 풍성하다.

■ 8월 : 복 중의 더위로 식욕이 없고 모든 음식이 잘 쉬는 때이므로 식중독에 주의하며 식품관리를 잘 해야 한다. 가지 · 호박 · 오이 · 감자 · 더덕 · 부추 등의 채소가 흔하며, 낙지 · 오징어 · 민어 등의 생선을 이용하는 것이 좋다. 오이냉국 · 미역냉국 · 냉면 등 찬 음식을 좋아하고 땀을 많이 흘려 부족 되기 쉬운 염분을 보충하기 위해 짭짤한 반찬을 요구하게 된다. 과일로는 포도, 채소로는 햇고구마와 버섯류가 선을 보이므로 이것을 음식에 이용하면 좋다.

(3) 가 을

■ 9월 : 선선한 바람과 함께 입맛이 돌게 된다. 전어 · 고등어 · 정어리 등의 기름진 생선이 나오게 되며, 밤 · 대추 · 배 · 사과 등의 과일이 흔하게 된다. 채소도 여름철과 다름 없이 많은 종류가 나고, 특히 무 · 배추의 맛이 어느 계절보다 좋은 때이다. 또한 토란 · 연근 등이 나오며, 고구마줄기를 이용한 나물요리도 좋은 반찬이 된다.

■ 10월 : 1년 중 가장 좋은 수확의 계절로, 모든 식품이 풍부한 때이다. 토란 · 송이 · 당근 · 무 · 배추 등이 풍부하고, 풋고추 · 호박 · 오이 · 등도 많이 나온다. 가지 · 호박을 말려 두고 무로도 장아찌를 준비할 시기이다. 밤 · 감 · 대추 · 사과 · 배 · 귤 등의 햇과일이 풍성하며, 갈치 · 오징어 · 청어 · 연어 등이 많이 잡히는 때이므로 이러한 상차림에 이용한다.

- 11월 : 국 · 꽁치 · 동태가 한창이며, 김장 준비를 해야 할 시기이다. 햇김구이, 미역국, 내장을 넣고 끓인 배춧국, 왁저지(굵게 썬 무와 고기, 다시마 등을 넣고 고명을 하여 삶거나 볶은 음식) 등이 좋은 반찬이다. 밑반찬으로는 명란젓, 오징어젓, 굴젓 등을 준비한다. 곶감, 황밤, 낙화생 등 건과가 흔한 때이다. 귤과 유자가 한창이므로 비타민 C 섭취하도록 설탕이나 꿀에 절여서 차로 만든다. 특히 구수하고 뜨거운 음식을 좋아하게 되므로 조리법에 주의해야 한다.

(4) 겨 울

- 12월 : 날씨가 추우므로 뜨거운 국이나 찌개가 있어야 하고, 나물도 생채보다는 숙채가 좋다. 된장국 · 고추장찌개 등을 좋아하고 많은 열량을 낼 수 있는 조리법을 사용한 튀김음식과 전류를 좋아하게 된다. 사과와 귤이 흔한 때이며 낮보다는 밤이 긴 때이므로 밤참을 준비하는 것이 좋다. 곰국 · 북어국 · 육개장 · 만두국 등이 좋으며, 동태 · 굴 · 대구 등의 생선이 많이 출하된다.
- 1월 : 날씨가 추우므로 찜 · 전골 등을 많이 먹는데, 지방이 풍부한 식품을 택하고, 기름을 많이 사용하는 조리법을 사용하는 것이 좋다. 떡국, 수정과, 식혜 등 정월음식을 만들어 먹게 된다. 두부전골 · 김치 전골 · 굴 전골 · 낙지전골 등이 좋은 반찬으로 활용된다.
- 2월 : 김장김치의 재고량도 줄어들면서 봄동으로 햇김치를 담아 먹게 된다. 당근 · 시금치 · 오이 등이 출하되고, 정어리 · 대구 · 조기 등으로 찌개나 조림을 만들어 먹는 것도 좋다.

식량정책 반영 식단

구성원의 식습관이나 기호만을 존중하는 식단을 작성하는 것보다 국가 전체의 정책에 차질이 오지 않도록 국가식량정책에 협조하여, 국가적 식량사정에 따라 많이 이용해야 될 식품과 소비량을 감소해야 하는 식품 등을 구분하도록 해야 한다. 특정 식품의 과잉 생산이나 천재지변으로 인한 기후의 변동에 따른 식품 공급의 균형이 깨졌을 때 특히 식단을 계획하는 식생활관리자의 역할이 중요하다.

새로운 식단 평가

시대에 따라 식품생산에 있어 종류와 양적인 면에서 변화가 오고 있다. 특히 농업기술의 발달에 따라 식품의 종류와 생산시기가 빠르게 달라지고 있다. 새로운 식품의 개발과 아울러 그 식품을 소비하는 식단기획자의 올바른 판단은 좋은 식품의 생산을 촉진시킬 수 있으며, 다양한 신 메뉴개발을 통한 식단의 변화는 구성원들의 삶에 활력소가 될 것이다.

| **표 4-6** | 새로운 식단 개발 평가기준표

구 분	주요 평가항목	가중치 (비중)	평가내용	점 수				
				매우 그렇다 (5)	그렇다 (4)	보통이다 (3)	그렇지 않다 (2)	매우 그렇지 않다 (1)
품 질	맛	20%	맛은 적절한가?					
	외 관	10%	색의 조화는 잘 이루어져 있는가?					
	조 화	10%	식재료는 적절한 조화를 이루고 있는가?					
재료비	적정단가	20%	단체급식 제공 메뉴로 단가는 적절한가?					
	분배량	10%	양념 및 재료별 분배량은 적절한가?					
조 리	기술(난이도)	10%	조리 난이도가 적정한가?(찬모 조리 가능 여부)					
	시 간	5%	조리시간은 적절한가?					
	조리기구	5%	조리기구 사용은 한정적인가?(예 : 오븐)					
창의성	건강, 영양	5%	현시대에 맞는 '웰빙' 개념의 메뉴인가?					
	마켓 트렌드	5%	마켓 트렌드가 반영되어 있는가?					
		100%	@ 점수개요 : 가중치 × 점수 × 20 = 100점					
소 계								
합 계								

식단의 영양 평가 및 기타 평가

식단의 영양적 평가 시에는 섭취식품의 영양가를 알아야 한다. 열량의 과부족과 단백질의 질적 · 양적인 면을 검토하고, 그 밖에 부족 되기 쉬운 무기질 · 비타민의 영양가를 평가한다. 또한 식단의 영양소 총량과 영양섭취 기준을 비교하여 영양적 평가를 한다. 영양섭취기준을 활용한 개인과 집단의 식사평가에 대한 예시를 표 4-7에 나타내었다.

| **표 4-7** | 영양소 섭취기준을 활용한 식사평가

구 분		개인의 식사평가	집단의 식사평가
일상 섭취량	< 평균필요량	섭취부족 위험도↑	섭취부족 위험도↑
	≥ 권장섭취량	충분섭취량 섭취부족 위험도↓	섭취부족 위험도↓
	> 상한섭취량	과잉섭취 위험도↑	과잉섭취 위험도↑

* 집단의 식사평가 시 권장섭취량은 사용하지 않음

자료 : 한국영양학회, 2016 한국영양학회 학술대회

(1) 당 질

열량을 검토할 때에는 다음 사항에 유의한다.

첫째, 각 식품량에 따르는 열량을 계산하고 아침 · 점심 · 저녁으로 나누어 매끼의 소계를 산출한 후 1일의 총계를 산출하여 권장량과 비교해야 한다. 이때 하루 총 열량이 충분하더라도 아침 · 점심 · 저녁으로 나누어 예정했던 식사배분이 적절한지도 확인해야 한다. 너무 많은 열량의 차이는 좋은 것이라고 생각할 수 없다. 열량이 부족할 때에는 위에 부담을 주지 않을 정도의 많은 열량을 낼 수 있는 설탕이나 기름 등을 첨가하여 사용하도록 하는 반면, 열량에 있어 많은 초과가 있을 때에는 주로 주식인 당질식품의 감량과 아울러 지방의 사용을 줄이도록 한다.

둘째, 주식인 당질식품에서 1일 필요열량의 비율이 적절한지를 살펴야 한다. 당질식품에서 90% 이상의 열량을 취하게 되었다면 반드시 다른 영양소가 부족할 것이다. 우리나라에서 권장하는 당질은 1일 총 열량의 55~65% 내외이므로 많이 초과되지 않도록 한다.

(2) 단백질

인간이 건강을 유지하는 데에 있어서 가장 필요한 영양소가 단백질이며, 급원식품은 비교적 값이 비싸고 양적으로 보았을 때 다른 영양소 함유식품에 비하여 소량이므로 자칫하면 단백질 섭취가 부족 되기 쉽다. 우리는 식품의 단백질을 통해 필요한 필수아미노산을 얻을 수 있으며, 이러한 아미노산을 함유하고 있는 양질의 단백질은 주로 동물성 식품에 많이 함유되어 있으므로 단백질의 양적인 우열을 고려하여 취하도록 해야 한다. 그러므로 식사 때마다 동물성 단백질이 들어 있지 않으면 그에 대신할 수 있는 콩이나 콩 제품을 사용해야 하므로 이 점을 주의하여 평가해야 한다. 특히 성장기 어린이, 임신부, 수유부에 있어서는 필요량의 2/3 이상을 양질의 단백질로 취하는 것이 이상적이라는 점을 참작하여 검토하여야 한다.

(3) 지 방

과량의 지방 사용은 건강에 장애를 일으킬 우려가 있으므로 주의하여야 하며, 특히 중년 이후의 사람들에게는 동물성 지방을 사용하는 것보다는 식물성 유를 사용하는 것이 좋다. 지방 섭취에 있어서는 양적 · 질적인 면을 고려한 식품선택과 조리법을 검토해야 한다. 그리하여 육체노동을 많이 하는 사람에게는 다량의 지방을 취할 수 있는 방법을 연구하여 식단에 반영시키도록 한다.

| 표 4-8 | 2015 한국인 영양소 섭취기준 – 에너지적정비율

영양소		에너지적정비율			
		1~2세	3~18세	19세 이상	비고
탄수화물		55~65%	55~65%	55~65%	
단백질		7~20%	7~20%	7~20%	
지질	총지방	20~35%	15~30%	15~30%	
	n-6계 지방산	4~10%	4~10%	4~10%	
	n-3계 지방산	1% 내외	1% 내외	1% 내외	
	포화지방산	–	8% 미만	7% 미만	
	트랜스지방산	–	1% 미만	1% 미만	
	콜레스테롤	–	–	300 mg/일 미만	목표섭취량

자료 : 보건복지부, 2015

(4) 무기질

무기질 중에서 특히 중요한 것은 철과 칼슘이다. 우유를 상용하지 않고 채식 위주의 식습관을 가진 경우 특히 철과 칼슘이 결핍되기 쉽다. 철을 섭취하기 위해서는 살코기와 쇠 간을 많이 이용하는 것이 좋으며, 녹색 채소를 하루 한 번 이상 취하도록 해야 한다. 칼슘 급원으로는 우유가 가장 우수한 식품이나 우유를 상용하지 못할 때에는 칼슘 섭취를 위하여 뼈째 먹는 생선인 멸치 · 뱅어 · 잔 새우 등을 이용하도록 하고, 사골을 이용한 국을 식단에 넣도록 한다. 우리나라의 식습관에서 가장 강조해야 할 점은 칼슘 함유식품을 식사 때마다 넣도록 해야 한다는 것이다.

(5) 비타민

우리나라에서는 봄과 겨울철에 비타민 A와 C가 부족해지기 쉬우므로 특히 식단을 작성할 때 유의하여야 하며 식단을 평가할 때 검토해 보아야 한다. 또한 혼식을 함으로써 티아민의 결핍을 사전에 예방하도록 하며, 잡곡빵은 일반적인 흰 빵보다 티아민과 리보플라빈이 함량이 많으므로 빵도 잡곡빵의 이용을 높이는 것도 유익하다.

경제면

식사계획 시에는 예산을 고려하여 식비를 계획하고, 주식과 부식 등으로 나누어 계획에 맞게 지출을 해야 하며, 식비가 초과 되었을 때는 그 원인을 찾아 방안을 마련한다. 또한 식품의 가격, 저장방법의 잘못에 의한 폐기로 인한 낭비, 잘못된 선택, 식품의 질 등을 검토해 보고 대체식품과 제철식품에 대한 활용방안을 모색한다.

기호면

구성원들의 기호나 건강상태를 반영하여 식품의 선택이나 조리법을 다양하게 적용되었는지 음식의 맛, 질감, 온도 등을 검토해 보고 음식에 어울리는 식기선택등도 함께 평가하여 다음 식사계획에 반영한다.

| 표 4-9 | 위생관리 평가표의 예

평가항목	매우 그렇다	보통이다	그렇지 않다
1. 식품 구입 시 유통기한 및 식품재료의 신선도를 꼭 확인한다.			
2. 식품 구입 시 냉장 · 냉동식품은 항상 가장 나중에 고른다.			
3. 각 식재료별 보관방법을 확인한 후 냉장 · 냉동 · 실온 저장한다.			
4. 조리된 식품은 냉장고 내 위 선반에, 조리 안 된 식품은 아래 선반에 보관하여 뚜껑을 덮어 놓는다.			
5. 남은 음식은 다시 끓여서 식힌 후 냉장고에 넣는다.			
6. 조리된 음식은 2시간 이상 실온에 방치하지 않는다.			
7. 행주와 수세미는 매일 삶아서 사용한다.			
8. 칼, 도마는 가능한 구분하여 사용하고 철저히 소독한다.			
9. 조리 전에는 꼭 비누를 이용하여 손을 깨끗이 씻는다.			

위생면

위생관리는 건강과 직결된 매우 중요한 부분으로 특히 강조되어야 하는 평가부분 중 하나이다. 신선한 식품구입과 유통기한 확인, 조리과정 중의 단계별 위생 포인트를 철저히 검토해야 한다. 또한 저장 및 보관방법, 조리 후의 취급도 지침을 정하여 준수하는 것이 중요하다. 그리고 표 4-9에 위생관리 평가표 사례를 참고한다.

능률면

식단평가 시 조리담당자의 숙련도, 조리기구, 주방의 형태 및 설비를 고려하여 식사 준비를 효율적으로 할 수 있는 식단인지를 평가한다. 또 조리작업의 동선도 함께 검토하여 에너지와 시간적인 낭비가 없는지도 확인해 본다.

따라서 식단을 평가할 때 영양면, 기호면, 경제면, 위생면 및 능률면의 각 항목을 평가하여 다음 식단 계획 시 피드백하여 참고한다.

| 표 4-10 | 종합적인 식단평가의 예

평가항목		그렇다	보통이다	그렇지 않다
영양면 평가	• 6가지 식품군을 골고루 사용하였는가? • 영양필요량에 부족하지 않은가?			
기호면 평가	• 각 음식이 색, 질감, 향, 농도, 모양, 준비된 형태, 온도의 대비를 이루었는가? • 전체적으로 식사대상자에게 만족을 주었는가?			
경제면 평가	• 계절음식, 혹은 가격, 식품구입면에서 효율적인 식품을 선택했는가?			
위생면 평가	• 위생적으로 안전한 식단이었는가? • 조리자의 개인위생은 지켜졌는가?			
능률면 평가	• 조리자의 작업부담을 고려하였는가?			

Chapter 05

식품의 유통

농산물

축산물

수산물

최근 환경변화 속도가 매우 빠르게 진행됨에 따라 이에 따른 예측 불가능성과 영향이 극심하여 산업사회에서 정보화사회로 진행하면서 농산물시장에서도 판매가 단순히 '출하' 개념에서 '마케팅'의 개념으로 변화되고 있으며, 도매시장의 변화와 대형 유통업체를 중심으로 산지 직구매가 확대되면서 수급조정 및 상품화 기능이 산지로 이전되고 있다. 또한 지역 브랜드를 도입하여 판촉활동이 촉진되고 있다. 농산물의 유통은 고부가가치 유통경로를 통하면서 국내산과 수입산 간의 경쟁, 주 산간지 간 경쟁, 대체 농산물 품목 간의 경쟁이 치열해지고 있다.

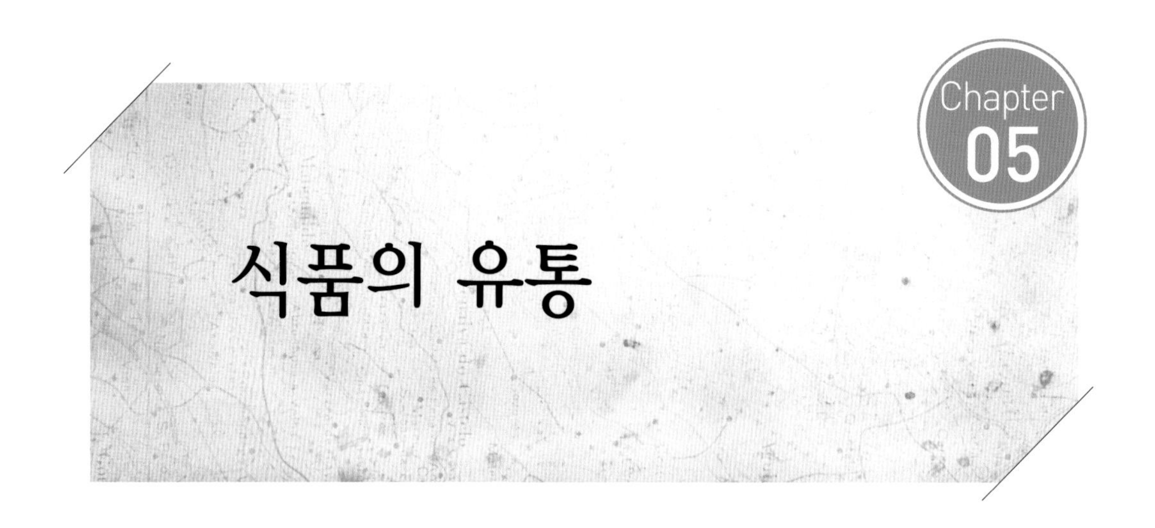

최근 환경변화 속도가 매우 빠르게 진행됨에 따라 이에 따른 예측 불가능성과 영향이 극심하다. 산업사회에서 정보화사회로 진행하면서 최근 농산물 시장의 변화는 판매를 단순히 '출하' 개념에서 '마케팅'의 개념으로 변화하고 있다. 도매시장의 변화와 대형 유통업체를 중심으로 산지 직구매가 확대되면서 수급조정 및 상품화 기능이 산지로 이전되고 있다. 또한 지역브랜드를 도입하여 판촉활동을 촉진하고 있다. 농산물의 유통은 고부가가치 유통경로를 통하면서 국내산과 수입산 간의 경쟁, 주 산산시 간 경쟁, 대체 농산물 품목 긴의 경쟁이 치열하다.

식품의 유통은 식품생산지로부터 소비자에 이르기까지의 경로이다. 식품은 지역에 따라 생산되는 종류, 품종과 그 양이 다르다. 식품의 양을 적당하게 생산하여 원하는 사람들이 먹을 수 있도록 하는 것을 식품의 수급계획이라 하며, 식품생산지에서 되도록 빠른 속도로 사람들이 구입할 수 있는 지역에까지 운반해 주는 과정을 유통과정이라 한다. 식품의 수급과 유통은 국가의 식량정책과 밀접한 관계가 있으며 식품소비는 국가의 식량정책에 적합해야 한다. 국가의 식량정책이 식생활에 반영되어 실시되도록 하려면 식단을 작성할 때 식품의 수급과 유통을 잘 알아야 한다. 식품은 부패성을 지니고 있으므로 종류에 따라 유통과정을 잘 알아두어 항상 신선한 식품을 가족에게 제공할 수 있도록 해야 한다.

농산물은 시장이 개방됨에 따라 생산자 중심의 생산 · 유통에서 소비자를 만족시킬 수 있는 상품을 생산 제품화하여 마케팅 전략에 의한 유통이 요구된다. 이러한 변화는 농산물 무역의 국제화에 따른 수입농산물의 급증, 외국의 선진유통 업체들의 대거 국내 진출로 인한 소비지 유통 환경이 급변하고 있다. 농산물 시장이 개방되면서 고품질 차별화된 상품의 공급이 중요한 과제로 대두하였으나, 산지에서 상품화에 필요한 제반기술 및 기술경영 노하우가 매우 부족한 실정이다. 국내 · 외적으로 농산물 경쟁력 강화를 위하여 생산비의 절감과 고품질, 안전한 농산물의 공급이 필요하다.

농림축산식품부는 식품 관련 통계정보를 종합적으로 제공하는 '식품산업통계정보시스템 FIS(http://www.atfis.or.kr)' 를 개설하고 국내 농수산물 가격과 식품통계에 대한 전반적인 자료를 수록하여 일반소비자에게 제공하고 있다. 따라서 식생활관리자는 최신의 정보를 참고하여 식생활 적용에 활용하도록 한다.

| 그림 5-1 | 식품산업통계정보시스템

자료 : www.atfis.or.kr

농산물

농산물의 유통특성

(1) 농산물의 생산(공급)구조적 특성

농산물의 생산구조적 특성은 다음과 같다.

첫째, 농산물의 생산단위가 영세적이며 시간적 · 공간적 · 지역적으로 분산되어 있거나 일부분에 편재되어 생산된다. 그래서 소수의 대량생산자에 의해서 생산되는 공산품과 비교하여 농산물은 유통단계가 많고 복잡하다. 원활한 유통을 위하여 수집단계와 분산단계가 필요하기 때문에 농산물을 집하할 대규모의 도매시장이 성행하는 이유이기도 하다.

둘째, 기상조건과 생산기간의 제약으로 계절성에 따른 생산주기가 있다. 또한 외부변동에 의한 생산량 · 공급량의 변동도 심하다. 분산된 생산자가 많기 때문에 생산자 자율에 의한 생산량의 조절이 어렵다. 이런 공급량의 변동이 가격변동의 원인이 되며 수요는 가격에 관계없이 비교적 일정하기 때문에 가격변동의 폭을 더욱 크게 한다.

셋째, 농산물을 생산하는 데 일정한 기간과 계절이 있기에 연중 생산이 한정되어 있다. 최근 농산물 생산이 연중 공급되는 경향이 있지만, 아직도 대부분의 농산물은 일정기간에만 생산되고 소비는 연중 계속되므로 계절적인 가격변동의 원인이 되며, 안정된 공급을 위해서는 재고 · 물류 창고에 저장하게 되어 유통비용을 증가시키게 된다.

(2) 농산물의 물리적 특성

농산물의 물리적 특성은 다음과 같다.

첫째, 농산물은 부패변질성이 강하고 유통과정 중 품질손상의 위험이 높으며, 수확 후 장기간 보존이 어렵고 신선도 유지가 곤란하다. 소득증가에 따라 소비자의 식품기호가 고급화되면서 신선식품에 대한 요구가 증대되고 유통비용이 더욱 증가하는 경향을 보인다.

둘째, 품종과 품질이 다양하고 재배지역에 따라 같은 품종이라도 맛 · 모양 · 중량 · 성숙도 등 품질의 균일성을 보유하기 어려우며, 재배 여건에 따라 품질과 가격에 상당한 차이가 있다. 이러한 품질 차이로 인하여 통명거래가 어렵고 주관적 평가에 따른 현물거래를 원칙으로 하기

| 그림 5-2 | 농수산물 사이버 거래소

자료 : http://www.eat.co.kr

때문에 유통에 물류비용과 거래비용이 커지게 된다.

셋째, 상품의 표준화 · 규격화가 어렵기 때문에 유통정보의 정확성이 떨어지며, 유통과정에서 품질마진과 물량마진에 의한 불공정 거래의 가능성이 생기게 된다. 또한 실중량과 용적에 비해 매매가격이 상대적으로 낮아 원거리 수송에 따라 경제성이 떨어지게 되며, 장기저장에 따른 경제성에도 문제가 생기게 된다.

넷째, 공산물에 비해 수요가 공급이 단기적으로 비탄력적이다. 농산물의 수급량은 장기적으로는 수요와 가격 변화에 따라 변하지만, 단기적으로는 거의 변하지 않는다. 대부분의 농산물은 일정한 생산기간이 소요되고 생산주기가 있기 때문에 단기적인 수요가 늘어나고 가격이 상승하더라도 공급량 증가에 한계가 있으며, 수요와 공급이 비탄력적이기 때문에 약간의 생산량 변동에 따라 가격변동을 심화시키게 된다. 이와 같은 생산구조와 상품 자체의 물리적인 특성 때문에 농산물의 유통은 유통단계가 길며 복잡하고, 유통비용도 많이 소요되며, 가격이 불안정하게 된다.

이런 문제점을 개선하기 위하여 최근에 생산자와 소비자를 직접 만날 수 있도록 복잡한 농축수산물의 유통구조를 줄이고 '농장에서 식탁까지(farm to table)'와 같은 일관된 유통경로를 구축하여 상품성은 높이고 유통비용을 절감한 정책으로 전국 직거래 장터를 개장하고 있다.

또한 농수산물의 유통개선 대책의 일환으로 농수산물유통공사는 친환경 인증 농산물을 판매하는 '농수산물 사이버거래소 B2C 쇼핑몰(http://www.eat.co.kr)', '농수산물 기업 간 전자상거래(B2B)'를 운영하고 있다.

곡류의 유통경로

농가가 출하한 벼는 정부수매, 산지농협, 민간 도정공장, 산지수집상 등을 통해 쌀로 도정되어 유통된다. 미곡의 유통경로는 일반상인조직, 농협조직, 정부관리 양곡체제 등의 세 가지로 나눌 수 있다. 소비지에서 유통되는 물량의 25.6%가 농협을 통하여 유통되고, 나머지는 민간상인에 의하여 유통되며, 정부는 수확기 정부가 수매한 벼를 공매를 통해 시장에 방출한다. 상인 유통경로는 우리나라 전통적인 유통경로로 산지수집상이나 도정업자를 통하여 소비지로 반입되는 경로인데, 현재 교통 · 통신의 발달과 더불어 산지수집상을 통한 유통비중은 과거에 비해 급격히 감소되었다. 반면, 최근에는 도매시장을 통한 거래보다는 산지와 소비지 양곡상간 직거래 비중이 점차 높아지고 있다. 지역별 · 품질별로 차별화되어 있고 소포장 양곡의 거래 비중이 점차 증가하고 있다. 소비지 위탁도매상이나 소매상이 직접 산지도정업자로부터 구입하는 경향이며, 쌀 유통 효율화를 위해 미곡종합처리장(RPC) 설치가 확대되고 이를 통한 산지 유통이 증가하고 있다. 농협에 의한 유통경로는 생산농가(농업인) → 산지농협 → 공판장 → 농협지정 양곡판매점 → 소비자의 과정으로 유통된다. 정부미는 농협공판장 양곡상 지구조합 또는 대량수요자 → 소매상 → 소비자의 경로의 상인경로와 농협공판장 → 농협지정 양곡판매점 → 소비자의 농협경로가 있다. 다른 농수산물과 비교해 보면 미곡유통은 도매시장으로 발전되지 못하고 있다.

현재 전국적으로 서울 양재동에 양곡도매시장이 있으나 쌀 거래량이 매년 감소하면서 도매시장법인의 운영은 수입 잡곡의 공매에 따른 수수료 수입에 의존하고 있다. 미곡의 도매 거래가 부진한 것은 비교적 품질이 균질화되어 있으며 저장성이 높고 거래량이 많아 전화와 같은 통명거래가 가능하며 산지와 소비자 간의 직거래가 용이하기 때문이다. 그 외의 콩 · 팥 · 녹두 · 참깨 · 땅콩 등 「양곡관리법」에 의해 수입제한을 받는 품목은 한국농수산물유통공사에서 수입하여 공매 · 직배를 통하여 시중에 공급하고 있으며, 수수 · 조 · 기장 등은 수입자유화 품목으로 수입업체가 수입하여 도매상 → 소매상 또는 소분 · 포장업체 → 소비자에게 유통되며, 국산은 생산자로부터 산지수집상, 농협, 전통시장으로 출하하여 도매상 · 직판장 · 소매상 등을 거쳐 소비자에게 판매된다.

현재 산지 유통은 RPC가 주도하고, 소비지 유통은 대형할인점 등 유통업체가 주도하고 있다. 산지 소비지간 직거래가 확대되면서 양곡 도 · 소매상 기능은 위축되고 쌀의 유통 단계가 더욱 축소되고 있다. 양곡 도매시장이 위축되고, 새로운 도매 조직인 산지 물류센터가 급부상하고 있으며 쌀 유통의 주도권이 점차 소비지 유통업체로 바뀌고 있다. 쌀 소비 감소에 따라 소포장, 경량화 추세가 가속화 되어 5~10kg 이하 소포장품의 판매가 증가하고 있다.

청과물의 유통경로

청과물과 같은 신선식품의 유통은 품목에 따라 차이가 많다. 일반적으로 청과물은 생산자 → 생산자단체, 산지유통인 → 도매상 → 소매상 → 소비자 유통경로를 통하여 거래된다. 생산자는 직접 또는 산지농협 등 생산자 출하단체를 통하여 도매시장에 출하하거나 산지유통인에게 판매한다. 산지유통인은 구입한 채소나 과일의 대부분을 도매시장에 출하하여 판매한다. 생산자가 직접 재래시장에 출하하여 소비자에게 판매하기도 한다.

산지에서는 파렛트 단위의 농산물 출하를 유도하여 하역기계화를 촉진하고 물류비용 절감하고 있다. 정부는 도매시장에 농수산물을 출하하는 생산자(생산자단체) 등을 신고하게 하여 거래질서 확립과 농수산물의 수급안정을 도모하고 있다. 도매법인이 경매결과를 신속하게 도매시장 통합 홈페이지(http://market.affis.net)를 통해 정보를 제공하여 거래의 투명성 제고 및 전자경매를 조기 정착하도록 유도한다.

또한 정부는 고품질농산물 거래 활성화를 위해 우수농산물인증품(GAP), 친환경 농산물 거래비중을 높이려고 노력하고 있다.

청과물의 유통이 도매시장을 중심으로 이루어지는 것은 청과물의 품목이나 품질이 다양하고 부패성이 강한 데 원인이 있다. 따라서 최근의 계약재배, 직거래, 우편판매 등을 통한 유통의 차별화가 추진되고 있으며 일부품목은 품질인증제를 추진하고 있다. 우리나라에서는 농산물의 표준규격 출하 및 농협 · 작목반 등 생산자단체 및 조직의 포장판매를 유도하여 불법유통을 차단하도록 하고 있다. 도매시장으로 출하된 청과물은 법정도매시장과 공판장에서 경매를 통하여 중간도매상에게 판매되고, 유사 도매시장에서는 출하자로부터 수탁 받아 중간도매상에게 판매한다. 중간도매상에 판매된 청과물은 소매상과 대형 유통업체를 거쳐 소비자로 유통되고 소매상을 통하여 소비자에게 판매된다. 외국으로부터 수입된 채소류(마늘 · 양파 · 고추 · 고사리 등)는 한국농수산물 유통공사가 수입하여 직배 또는 공매를 하여 시중에 공급하는데, 국내산과 유통형태의 차별화를 유도하여 불법유통 사전차단 및 홍보를 한다. 1993년부터 원산지표시제를 본격 실시하여 소비자에게 원산지에 대한 정확한 정보를 알려주며, 국산농산물과 구별하는 방법 등을 책자로 만들어 홍보하고 있다. 국립농산물 품질관리원(http://www.nags.go.kr)에서 원산지 식별정보와 농산물 표준규격 정보를 제공하고 있다.

도매시장에는 전국농산물 도매시장이 전체로 48개소(2014.12)로 그 중에 공영도매시장이 33개소, 일반 법정도매시장(청과, 수산, 축산, 양곡, 약용) 12개소, 민영시장 3개소이다(부록 참조).

| 그림 5-3 | 도매시장 통합 홈페이지

| 그림 5-4 | 도매시장 거래 체계도

축산물

축산물을 대표할 수 있는 소는 사육자의 손을 떠나 가축시장을 거쳐 농협을 통해 반입된 후 도살, 해체되어 경매된다. 육류의 유통경로는 소를 구입하는 과정이 중요한 것이 아니라 도살장에서 도살된 후의 해체방법과 식육상까지 도달하는 과정이 중요하다. 또한 식육점에서 소비자가 육류를 구입할 때까지 어떠한 보관법으로 저장하는지도 중요한 과정중 하나이다. 육류는 식품 중에서 가장 값이 비싼 것으로 많은 비용을 들여 구입하는 것이므로 식육점의 위생시설을 잘 알아보고 육류를 구입할 상점을 결정하도록 한다. 최근에는 냉동차가 개발되고 또 거의 모든 식육점이 냉동 · 냉장시설을 갖추고 있어 육류가 소비자에게 도달할 때까지 부패되는 일은 드물다. 소비자는 식육점을 결정하는 동시에 육류의 부위와 가족 수에 따르는 양을 알맞게 정하도록 해야 한다. 육류의 유통경로는 사육농가가 축협을 통하거나 가축시장에서 가축을 구입하여 도축장에서 일정한 수수료를 지불하고 도축하며, 대도시에 입지한 도매시장이나 농협공판장에서 출하된 생체를 도축한 후 지육으로 만들어 경매로 거래한 후 농협직매장이나 일반정육점 및 대량수요 등을 통하여 소비자에게 정육으로 유통하게 된다. 쇠고기의 주요 수입국은 호주 · 미국 · 뉴질랜드 및 캐나다이며, 수입산 쇠고기(지육 · 정육)는 축산물 유통사업단 → 농협중앙회 유통부 → 농협공판장 → 매매참가인 또는 중매인 → 가공업체, 수입쇠고기 전문판매점 → 소비자 순으로 유통된다.

수산물

수산물의 유통은 생산물이나 기타 식품에 비하여 차이가 있으며 시간적, 수량적 제한을 받게 된다. 수산물의 유통은 산지유통과 소비자유통으로 나눌 수 있는데, 생산지에 230개 이상의 산지 위판장이 있고, 소비자는 공영도매시장, 전통시장 및 대형 할인점 등으로 구성되어 있다.

수산물은 부패성이 강하여 상품가치에 변화가 크다. 같은 오징어라도 살아있는 활어와 죽은 선어의 가격 차이가 매우 크다. 수산물의 생산은 자연현상에 지배를 받고 있으며, 생산된 수산물도 생산자의 저장시설이 없는 경우에는 선어가 지닌 특징으로 인해 신속하게 판매해야 한다. 생선값의 결정은 수요에 의해서만 이루어지고 염가로 공급할 수밖에 없다. 이에 수산업협동조합을 조직하여 적정가격 거래를 가능하게 되고 수산물의 원활환 공급이 가능하게 되었다.

수산물은 생산자로부터 소비자에 이르는 과정에서 반드시 어시장을 통해야 하며, 생산지에서는 생산지 어시장을 통한 뒤 소비지에 도착한 후 소비지 어시장을 통하여 소매시장으로 넘어가게 된다. 대부분의 수산물 유통은 수산업협동조합 공판장을 거치게 되어 있으나 이곳을 거치지 않고 직접 소비자에게 도달하는 경우도 있다. 수산물은 가장 부패하기 쉬운 것이므로 산지로부터 소비자에게 단시간에 공급해야 하는 특징이 있다. 오늘날 점차로 발달하고 있는 냉동법에 의하여 원양에서 획득된 생선을 소비지까지 운반하고 있다. 근래에는 저온유통체계(低溫流通體系, cold chain system)에 의하여 냉장·냉동차를 이용하여 수산물을 운반하고 있다.

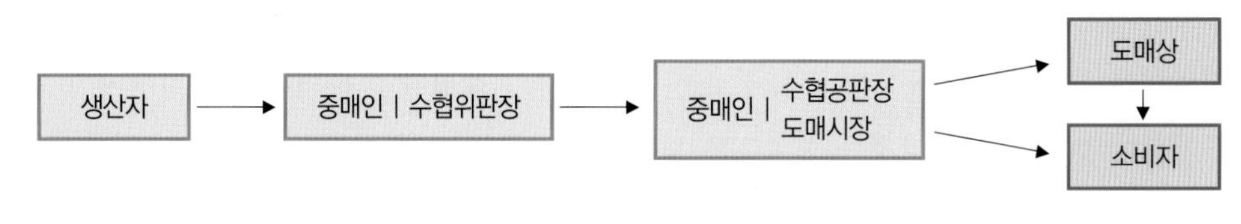

| 그림 5-5 | 수산물 유통체계

MEMO

식품구입 및 관리

식품구입 계획

식품구입 방법

식품인증제도

식품감별법

합리적인 식품구입

식품보관

조리방법의 합리화

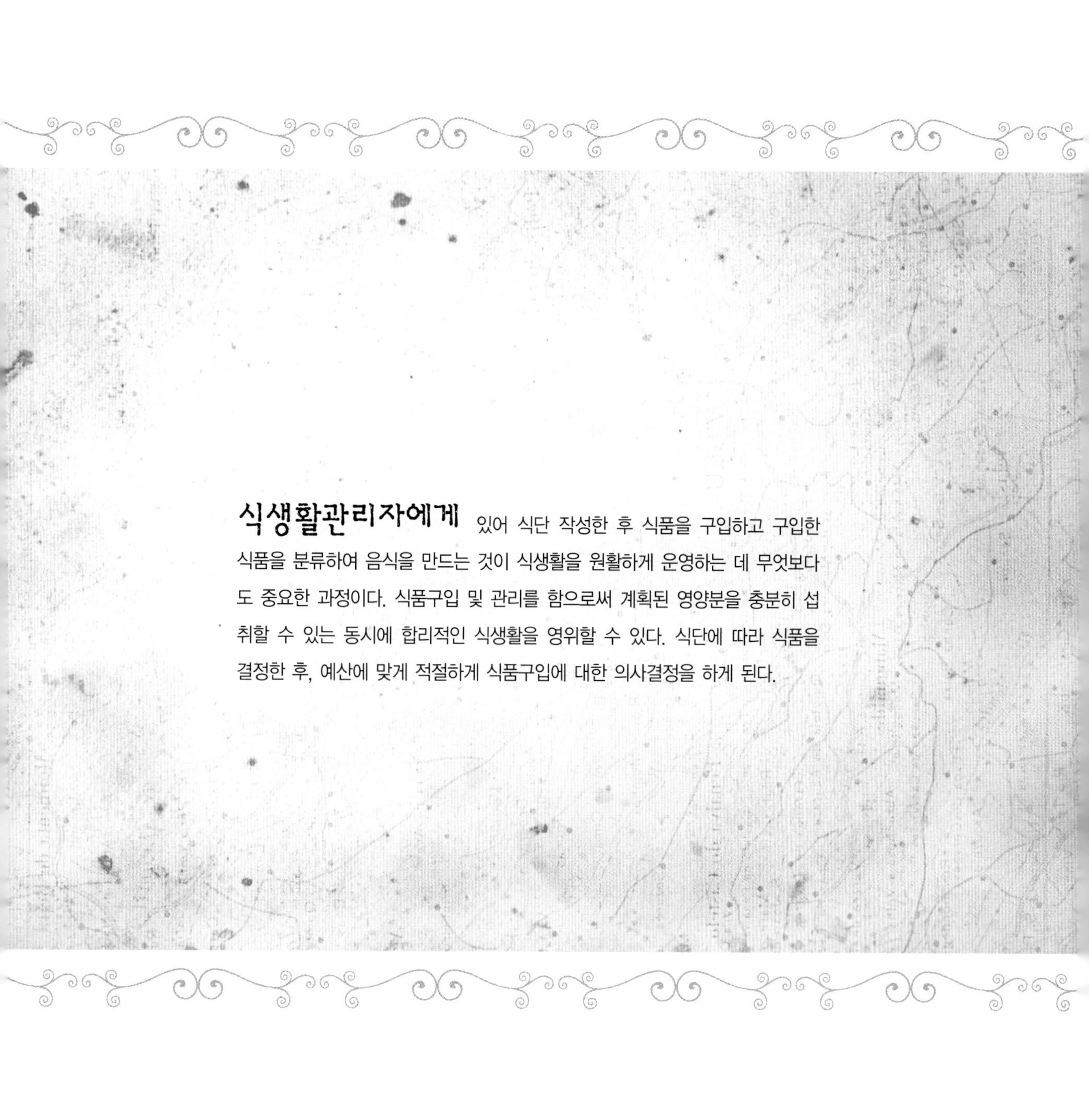

식생활관리자에게 있어 식단 작성한 후 식품을 구입하고 구입한 식품을 분류하여 음식을 만드는 것이 식생활을 원활하게 운영하는 데 무엇보다도 중요한 과정이다. 식품구입 및 관리를 함으로써 계획된 영양분을 충분히 섭취할 수 있는 동시에 합리적인 식생활을 영위할 수 있다. 식단에 따라 식품을 결정한 후, 예산에 맞게 적절하게 식품구입에 대한 의사결정을 하게 된다.

Chapter 06

식품구입 및 관리

식생활관리자는 식단을 작성한 다음에는 식단에 필요한 식품을 구입하고 구입한 식품으로 음식을 만드는 것이 식생활을 원활하게 운영하는 데 무엇보다도 중요한 과정이다. 식품구입 및 관리를 함으로써 계획된 영양량을 섭취할 수 있는 동시에 합리적인 식생활을 영위할 수 있다. 식단에 따라 필요한 식품을 결정한 후에 예산에 맞게 식품구입에 대한 의사결정을 하게 된다. 식생활 관리자는 필요한 식품을 구입하기 위하여 식단에 따라 구입하려는 식품을 언제, 얼마만큼, 어느 마켓에서, 어떤 방법으로 구입할지를 결정하고 어떤 식품이 품질이 좋으며 저렴한 식품인지를 알아서 구입품목을 작성해야 한다. 식품구입은 식단 작성만큼 중요한 것이며 음식의 품질에 영향을 미친다.

또한 식품구입 품목을 작성하는 요령을 아는 동시에 알맞은 식품을 구입하려면 올바른 식품 지식과 정보를 가지고 형태 · 색 · 크기 · 점도 · 신선도 등의 식품감별법에 대한 경험을 바탕으로 식품의 품질을 판단할 수 있는 능력을 갖추어야 한다.

신선하고 좋은 식품을 구입하여 식사를 준비하면 조리과정에서 버리게 되는 부분이 적을 뿐 아니라 음식의 맛과 영양면에서도 우수하게 된다.

양적으로나 질적으로나 가족에게 필요한 식품을 구입하도록 해야 한다.

식품구입 계획

식단 작성이 끝나면 음식별로 필요한 재료와 양을 결정한다. 그 후 소비단위계수를 곱하여 한 끼에 필요한 식품의 종류와 양을 적는다. 식품구입 품목을 작성할 때에도 식품군별로 나누어 일주일의 총 필요량을 산출한다. 구입해야 할 식품을 단기저장식품 · 신선식품 · 냉동식품들을 분류하여 매일 구입해야 될 품목과 여러 날에 걸쳐 섭취할 식품 중 한꺼번에 구입해야 될 것을 크게 나누어 식품구입품목을 작성하도록 한다.

식품의 종류와 양이 산출되면 식품구입 계획을 세워야 한다. 식품 품질에 따라 가격비교, 포장단위에 따른 가격 차이, 브랜드에 따른 가격차, 시기에 따른 가격차, 구입 장소에 따른 가격 등을 비교해야 한다.

우선 식품별로 구입하는 규격과 단위를 알아야 한다. 예를 들면 쌀은 1kg, 2kg, 4kg, 10kg, 20kg, 80kg 단위로 판매하고 있으므로 쌀의 필요량은 그램(g) 또는 킬로그램(kg)을 사용한다. 육류는 과거에 한 근(600g)을 기본단위로 하여 판매되었으나 현재는 미터법에 의거하여 그램 · 킬로그램 단위로 판매 한다. 달걀은 꾸러미를 사용하고 있으며 한 꾸러미는 10개로 대 · 중 · 소에 따라 무게에 차이가 있다. 사과와 배 등은 낱개를 기준으로 구입하거나 상자(2kg, 5kg, 10kg, 15kg)로 구입하기도 한다. 한 상자에 표기로 수량, 크기(특 · 대 · 중 · 소)와 품질(특, 보통 등)을 알 수 있다. 배추, 시금치, 미나리, 파 등은 다발로 구입하므로 구입의 형태와 단위를 반드시 알아두어야 한다.

식품구입 계획에서는 전통시장, 백화점, 슈퍼마켓이나 대형 할인점에서 식품량을 정확하게 알고 구입할 수 있도록 해야 한다. 쇠고기, 돼지고기, 설탕, 밀가루 등은 폐기량이 없으나 채소, 과일, 생선 등은 크기에 따라 또는 식품의 종류에 따라 폐기량에 차이가 있으므로 식품을 구입할 때는 반드시 폐기량을 가산하여 구입 계획을 세워야 한다.

식품구입 방법

식품을 구입하는 데 있어서는 제철에 나는 식품의 시기를 항상 알아두어야 하며, 신용 있는 점포를 정하여 구입하거나, 도매시장 · 대형할인점 및 슈퍼마켓, 인터넷 및 홈쇼핑을 이용하여 구매한다. 많은 양의 식품을 구입할 때에는 신선하고 질이 좋은 것을 구하기 위하여 시장에서 구입할 때도 있고 때로는 가까운 슈퍼마켓이나 백화점 등에서 구입하기도 한다. 또한 식품의 품질을 감별하는 동시에 식품가격에 대하여 자세히 알아보고 중량이나 수량을 정확하게 구입하여야 한다. 식품을 한 번에 다량 구입하면 식품 단가는 더 저렴할 수 있으나 보관 시 품질저하 등으로 식품낭비가 많고 영양 손실을 초래할 수도 있으므로 식품 구입량을 정할 때 적정량이 되도록 계획을 세워야 한다. 대부분의 식품구입은 중량을 기본으로 하므로 저울의 정확성과 구입하는 식품의 표준거래단위를 잘 알아서 구입할 장소와 구입하는 방법을 결정해야 한다. 구입한 식품은 반드시 가정에서 그 수량과 품목에 대해 확인하도록 한다. 이때 여러 식품의 감별법을 알아두어 참고로 하는 것이 좋다.

구입 장소

식품을 구입 위한 장소는 다양한데 집근처의 마트를 비롯하여 전통시장, 슈퍼마켓, 할인마트, 도매시장, 온라인쇼핑몰, 홈쇼핑 등이 있다. 전체적으로 대형할인마트를 이용하는 비율이 높게 나타나고 가공식품은 대형마트나 동네 슈퍼마켓에서 구입하는 비율이 높다(그림 6-2).

■ **전통시장** : 과거부터 존재하던 재래시장을 백화점, 마트 등의 물건 판매 장소와 상대적인

| 표 6-1 | 주요 구입 장소별 이용 이유(1순위 기준)

주 구입장소	사례수	이용 이유		
대형마트	(793)	거리가 가깝고 교통이 편해서	가격이 저렴해서	식료품 이외의 다른 상품도 같이 구입할 수 있어서
		26.3	20.8	20.6
체인형 슈퍼마켓/SSM	(432)	거리가 가깝고 교통이 편해서	품질이 좋아서	가격이 저렴해서
		53.3	14.8	13.4
중소형 슈퍼/동네 슈퍼	(658)	거리가 가깝고 교통이 편해서	가격이 저렴해서	품질이 좋아서
		69.6	11.3	9.8
편의점	(57)	거리가 가깝고 교통이 편해서	가격이 저렴해서	품질이 좋아서
		75.0	8.5	4.8

자료 : 2015년 가공식품소비량 및 소비행태 조사, 농림축산식품부

개념을 부여해 이르는 말로 오래되고 낡아 개수, 보수 또는 정비가 필요하거나 유통기능이 취약하여 경영개선 및 상거래의 현대화 촉진이 필요한 시장이다.

■ 슈퍼마켓(supermarket) : 세분화된 셀프서비스 가게이며, 넓은 범위의 음식과 가정 물품을 제공한다. 한국어로는 실내시장(室內市場)이라고도 한다. 크기가 큰 편으로, 일반 식품점보다 선택 범위가 넓으며, 하이퍼마켓보다는 작다. 슈퍼마켓은 보통 고기, 농산물, 낙농업 제품, 구운 음식을 캔이나 포장 형태로 선반 위에 두고 취급한다. 대부분의 허가된 슈퍼마켓은 술, 청소도구, 옷과 같은 일상적으로 소비되는 물품을 많이 판다.

전통슈퍼마켓은 1층의 넓은 공간을 차지하며 소비자의 편리를 위해 주거지역 근처에 위치한다. 구매 물품의 선택권을 넓히고 상대적으로 낮은 가격으로 판매한다. 이점은 주차하기가 쉽고, 장을 보는 시간이 저녁까지 길어진다. 또한 체인점의 일부가 되거나 프렌차이즈 형식처럼 같은 지역의 다른 슈퍼마켓을 관할하기도 한다.

■ 기업형 슈퍼마켓(super supermarkets ssm) : 매장 면적 990(300평)~3,000㎡(900평) 규모의 슈퍼마켓을 말하며, 대형 슈퍼마켓, 슈퍼 슈퍼마켓이라고 부른다. 대형마트와 동네 슈퍼마켓의 중간 크기의 식료품 중심 유통매장으로, 할인점이 수요를 흡수하지 못하는 소규모 틈새시장을 공략 대상으로 삼는다. 할인점에 비해 부지 소요 면적이 작고 출점 비용이 적게 들며, 소규모 상권에도 입지가 가능해 차세대 유통 업태로 각광받고 있다.

기존 동네 슈퍼마켓과는 달리 정육점 · 빵집 · 수산물 코너 · 즉석식품 코너가 있다.

| 그림 6-1 | 전통시장의 모습

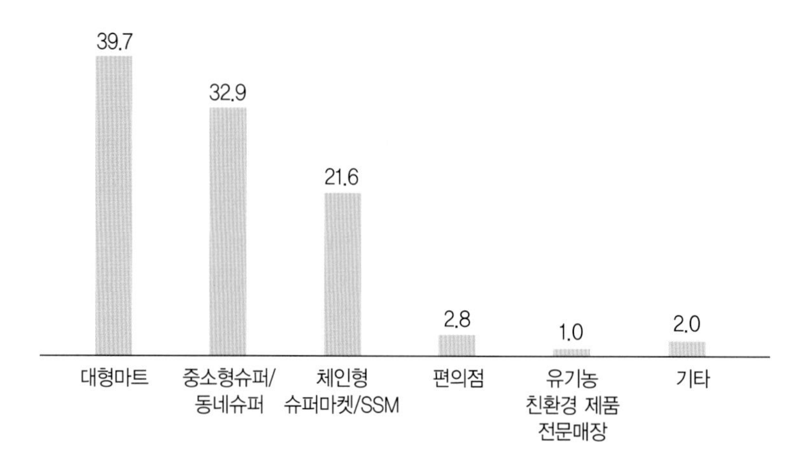

그림 6-2 가공식품 주 구입장소

자료 : 2015년 가공식품소비량 및 소비행태 조사, 농림축산식품부

- **할인점(割引店, discount store)** : 생산자로부터 물품을 대량으로 구매해 판매하는 방식으로 시중가격보다 최소 10%에서 최대 30%까지 낮은 가격으로 판매하는 유통업체이다. 외국의 경우, 창고형 방식 및 회원제를 도입하여 운영하고 있는데 우리나라에서는 할인점이라기보단 대형마트(super store)방식으로 운영하고 있으며, 할인점의 형태에 따라 소형·중형·대형으로 나뉜다(예 : 이마트, 홈플러스, 롯데마트).
- **백화점(department store)** : 다양한 상품을 한 장소에 모아 놓고 판매하는 소매상점의 한 형태이다.
- **편의점(CVS : Convenience Store)** : 연중무휴로 장시간(24시간)의 영업을 실시하고 소규모의 점포에 있어 주로 식료품, 잡화 등 다수의 품종을 취급하는 형태의 소매점이다. 식품 종류가 많지 않으나 포장단위가 적은 식품과 신선식품보다는 즉석식품이 많다. 대표적으로 세븐 일레븐, C&U, GS25, 바이더웨이, 미니스톱 등이 잘 알려져 있다.
- **온라인쇼핑몰 및 인터넷 주문** : 통신판매의 하나로 가정에서 컴퓨터나 전화 등으로 백화점이나 슈퍼마켓·온라인쇼핑몰 등의 상품 정보를 보고 식품을 살 수 있다. 유선방송과 인터넷이 활성화되면서 온라인쇼핑 또는 사이버쇼핑라고도 한다. 시장에 직접 가지 않으므로 시간이 절약되며, 비용을 비교할 수 있어 효율적인 가격에 물건을 구입할 수 있다는 장점을 지니고 있지만 제품을 직접 보거나 만질 수 없으므로 신뢰도가 떨어질 수 있으며,

| 그림 6-3 | 대형 할인점의 모습

배달과 사후 처리에 문제점이 나타날 수도 있다. 충동구매를 일으키거나 허위광고 · 과대광고 등의 우려도 있다.

구입 시기

식품을 구입하기 위해서는 식품의 종류에 따라 구매 시기 및 빈도(횟수) 등을 결정해야 한다. 구매빈도는 포장단위, 저장공간, 저장기간 등에 따라 달라진다. 품질의 변화가 적은 가공식품이나 조미료는 저장공간에 따라 자주 구매하지 않아도 되지만 신선식품인 고기, 생선, 채소나 과일은 식생활관리자의 사정에 따라 구매 계획을 면밀히 살펴서 구입한다.

일반적인 가정에서는 대부분 식품은 1주일에 1~2회 정도 장보기를 하지만 쌀이나 간장과 같은 가공식품(통조림, 병조림 등)은 한 달 정도 먹을 수 있는 양을 한꺼번에 구입한다. 식생활관리자의 장보는 횟수와 시간은 가정의 여건에 따라 다르다. 즉, 식품구입량, 구입 시기와 종류는 식생활관리자의 시간과 노력에 따라 달라진다. 소비자의 1회 평균 장보기 시간은 백화점 식품코너(83분 정도), 대형할인마트(80분 정도), 전통시장(45분 정도), 집 근처 슈퍼마켓 및 상점(20분 정도) 등의 순이었다.

식품구입 장소별 월평균 장보기 횟수는 집근처 대형할인마트의 경우 월평균 3.76회, 전통시장은 6.05회, 백화점 식품코너는 2.60회, 집근처 슈퍼마켓이나 상점은 8.16회 방문하여 장을 보는 것으로 나타났다(한국갤럽조사, 2010).

식품 정보

식생활관리자가 식품을 필요에 적합하게 사려면 구매에 관련된 다양한 정보를 정확하게 알고 있어야 한다. 식품 구입에 필요한 정보는 식품표시기준(유통기한 · 제조일 · 영양성분표시), 원산지 표시, 농수축산물 이력추적관리, 식품인증제도 등이 있다.

(1) 식품표시기준

소비자에게 올바른 정보를 제공함에 따라 소비자가 알고 선택할 수 있는 권리보장, 적정 보관방법 및 유통기한 등을 표시하여 식품의 위생적인 취급 및 안정성 확보, 허위과대광고 등 소비자를 기만하는 행위를 방지하여 건전한 상거래 유통질서를 확립하는 것이 표시목적이다.

① 유통기한

유통기한은 업체가 제품을 만든 후에 소비자에게 판매할 수 있는 시기로 기간 내에 식품을 잘 보관하고 관리하면 안심하고 믿고 마시거나 먹을 수 있기 때문에 식생활관리자가 식품을 선택할 때 우선적으로 유통기한을 살펴야 한다. 유통기한은 거의 모든 식품에 표시할 의무사항이지만 설탕, 소금, 아이스크림류, 빙과류 등은 생략 가능한 식품이다. 표시방법의 예는 알아보기 6-1과 같다.

② 제조연월일(제조일)

제조연월일은 포장을 제외한 더 이상의 제조나 가공이 필요하지 않은 시점으로 반드시 표시해야 하는 제품은 도시락류, 설탕, 재제 · 가공 · 정제 소금, 빙과류 및 주류이며 즉석식품 중에서도 도시락 · 김밥 · 햄버거 · 샌드위치는 제조연월일과 제조시간까지 표시한다. 제조일의 표시방법은 알아보기 6-2와 같다.

③ 영양성분표시

식품의 영양성분표시란 식품에 어떠한 영양소가 들어 있는지, 들어 있다면 얼마나 들어 있는지를 식품의 포장에 표시하는 것으로 제품 뒤에 '영양성분' 이라고 표시한다. 국민 보건상의

유통기한

1. 정의

제품의 제조일로부터 소비자에게 판매가 허용되는 기한

2. 표시 대상

거의 모든 제품

3. 생략 가능 대상

유통기한은 업체가 제품을 만든 후에 소비자에게 판매할 수 있는 시기를 말한다. 이 기간 내에 잘 보관·관리하면 식품을 안심하고 믿고 마시거나 먹을 수 있다는 의미이며, 식품을 만든 업체가 제품의 품질이나 안전성 등에 대해 소비자에게 책임지고 보증한다는 상징이다. 유통기한은 거의 모든 식품이 표시할 의무사항이지만 설탕, 소금, 빙과류, 식용얼음, 낱개 포장하는 껌류, 주류(탁주 및 약주는 제외)는 유통기한 표시를 생략할 수 있다.

4. 표시방법

유통기한은 보통 제품의 뒷면이나 옆면의 유통기한이라는 글자 옆에 숫자로 표시되어 있다. 유통기한 날짜가 적혀 있기도 하지만, '용기 상단에 표기', '용기 하단에 표기' 등 유통기한이 적힌 곳의 위치를 표시하여 놓기도 한다. 김밥, 샌드위치와 같이 상하기 쉬운 제품은 시간까지 표시하여 보다 안전하게 관리하도록 하고 있다.

- 유통기한 표시방법
  - OO년 OO월 OO일까지 - OOOO년 OO월 OO일까지
  - OO.OO.OO까지 - OOOO.OO.OO까지
- 제조일을 표시하는 경우 유통기한 표시방법
  - 제조일로부터 OO까지
  - 제조일로부터 OO년까지
  - 제조일로부터 OO월까지
- 즉석섭취식품 중 도시락, 김밥, 햄버거, 샌드위치의 유통기한 표시방법
  - OO월 OO일 OO시까지
  - OO.OO.OO OO : OO까지
  - OO일 OO시까지

알아 보기 6-2

제조연월일

1. 제조연월일이란?

포장을 제외한 더 이상의 제조나 가공이 필요하지 아니한 시점을 의미한다. 제조연월일은 몇몇 제품에 대해서는 반드시 표시를 하도록 한다. 제조연월일을 표시하는 제품은 거의 유통기한을 표시하지 않아도 되는 제품들로, 네 가지의 방법으로 표시된다.

- 표시대상 : 즉석섭취식품 중 도시락, 김밥, 햄버거, 샌드위치, 설탕, 식염, 빙과류, 주류(단, 도시락, 김밥, 햄버거, 샌드위치는 제조시간까지 표시한다)
- 생략 가능한 대상 : 주류의 경우 유통기한 표시대상인 맥주, 탁주 및 약주는 제외한다.

2. 표시방법

- OO년 OO월 OO일
- OO. OO. OO
- OOOO년 OO월 OO일
- OOOO. OO. OO
- OO월 OO일 OO시(즉석섭취식품 중 도시락, 김밥, 햄버거, 샌드위치가 해당됨)

3. 수입품에 표시되는 약어

- 제조일을 나타내는 약자
- PRO(P), PROD, PRD : 제품(Product)
  - MFG, M, : 제조(Manufacture)
  - MANUFACTURING DATE : 제조일
- 유통기한을 나타내는 약자
  - EXP(E) : 만기일(Expire)
  - BE, BBE : Best Before ××(××일 이전에 섭취하는 것이 좋음)
  - CONSUME BEFORE ×× : ××일 이전에 섭취하시오

영양성분표시

1. 영양성분표시 구성

가공식품이 가진 영양성분의 양과 비율을 정해진 기준에 따라 표시하는 것으로 1회 섭취참고량 당 100g(ml)당 또는 포장 함유된 값으로 표시한다(2016. 2.).

1) 총 내용량(1 포장)당

영양정보	총 내용량 00g 000kcal
총 내용량당	1일 영양성분 기준치에 대한 비율
나트륨 00mg	**00**%
탄수화물 00g	**00**%
당류 00g	
지방 00g	**00**%
트랜스지방 00g	
포화지방 00g	**00**%
콜레스테롤 00mg	**00**%
단백질 00g	**00**%
1일 영양성분 기준치에 대한 비율(%)은 2,000kcal 기준이므로 개인의 필요 열량에 따라 다를 수 있습니다.	

2) 100g(ml)당

영양정보	총 내용량 00g 100g당 000kcal
100g당	1일 영양성분 기준치에 대한 비율
나트륨 00mg	**00**%
탄수화물 00g	**00**%
당류 00g	
지방 00g	**00**%
트랜스지방 00g	
포화지방 00g	**00**%
콜레스테롤 00mg	**00**%
단백질 00g	**00**%
1일 영양성분 기준치에 대한 비율(%)은 2,000kcal 기준이므로 개인의 필요 열량에 따라 다를 수 있습니다.	

3) 단위 내용량당

영양정보	총 내용량 00g(00×0 1조각(00g)당 000k
1조각당	1일 영잉 기준치에 대한
나트륨 00mg	
탄수화물 00g	
당류 00g	
지방 00g	
트랜스지방 00g	
포화지방 00g	
콜레스테롤 00mg	
단백질 00g	
1일 영양성분 기준치에 대한 비율(%)은 2,000kcal 기준 개인의 필요 열량에 따라 다를 수 있습니다.	

2. 영양강조표시

"무지방", "저칼로리", "비타민C 첨가", "칼슘강화" 등과 같이 영양성분표를 읽지 않고도 제품에 함유된 영양소의 수준을 특정한 용어를 사용하는 표시로 제품의 영양적 가치를 "저", "무", "고(또는 풍부)", "함유(또는 급원)" 등의 용어를 사용한다.

중요성과 소비자에게 익숙한 순서로 열량, 나트륨, 탄수화물, 당류, 지방, 트랜스지방, 포화지방, 콜레스테롤, 단백질로 표시하고 그 밖에 강조표시를 하고자 하는 영양성분에 대하여 그 명칭, 함량 및 영양소 기준치에 대한 비율(%)을 표시한다. 식품구입자가 자신이나 가족구성원의 건강에 맞는 영양섭취를 위하여 식품을 선택하거나 건강에 문제가 있을 때, 어떤 성분을 선택하거나 피하고자 할 때 영양성분표시는 중요한 정보가 된다.

(2) 원산지 표시

원산지는 농산물이 생산 또는 채취된 국가 또는 지역을 말한다(농산물품질관리법 제2조 6). 수입개방화 추세에 따라 값싼 외국산 농산물이 무분별하게 수입되고, 이들 농산물이 국산으로 둔갑 판매되는 등 부정유통사례가 늘어나고 있어, 공정한 거래질서를 확립하고 생산농업인과 소비자를 보호하기 위하여 1991년 7월 1일 농산물 원산지표시 제도를 도입하였다.

농산물은 동일작물 · 동일품종이라도 재배지역, 기후, 토질, 재배방법, 시기 등에 따라 그 품질이 달라진다.

㉮ 이천쌀, 나주배, 청송사과, 인삼(중국산), 쇠고기(미국산)

또한 가공품은 원료의 산지 · 가공방법 등에 따라 품질의 차이가 있을 수 있다.

원산지 식별방법은 국립농산물품질관리원 홈페이지 품질관리정보 〈원산지식별정보〉란에 국산과 수입농산물 식별방법을 확인한다.

원산지표시방법

1. 농축산물

국산은 '국산', '국내산' 또는 '시 · 도명', '시 · 군 · 구명', 수입산은 '수입국가명'을 표시한다. 예를 들면 다음과 같다.

- 국산 : 쌀(국산), 곶감(국내산), 돼지고기(제주산), 쇠고기(횡성산 한우)
- 수입산 : 쌀(미국산), 곶감(중국산), 돼지고기(칠레산), 쇠고기(호주산)

2. 농축산물 가공품

원료로 사용한 농축산물의 원산지를 표시하되, 그 가공품에 사용된 원료의 배합비율에 따라 표시한다.

- 50% 이상인 원료가 있는 경우 그 원료 한 가지, 50% 이상인 원료가 없는 경우 배합비율이 높은 순으로 두 가지에 대한 원료를 표시한다(단, 농축산물 명칭을 제품명으로 사용하는 경우 해당원료를 추가 표시함).
  - 배추김치(중국산 배추 80%, 국산 고춧가루 10%, 중국산 마늘 5% 등) → 배추김치(중국산 배추)
  - 이유식(미국산 분유 40%, 국산 쌀가루 30%, 국산 콩가루 10% 등) → 이유식 미국산 분유, 국산 쌀)
- 원산지가 다른 동일원료를 혼합하여 사용하는 경우 그 혼합비율을 표시한다.
  - 고춧가루(중국산 70%, 국산 30% 혼합) → 고춧가루(중국산 70%, 국산 30%)
- 표시대상이 아닌 원료에 대해서도 원산지를 표시할 수 있으며, 모든 원료의 원산지가 '국산'인 경우 '국산'으로 일괄표시가 가능하다.

수산물이력제

수산물이력제란 어장에서 식탁에 이르기까지 수산물의 이력 정보를 기록 관리하여 소비자에게 공개함으로써 수산식품을 안심하고 선택할 수 있도록 도와주는 제도이다. 만약 식품안전사고가 발생하더라도 유통경로가 투명해져서 신속한 원인규명 및 상품회수가 가능하므로 수산식품을 믿고 먹을 수 있다.

간단한 인터넷 검색을 통하여 생산정보, 가공정보, 운송정보, 소매정보를 알 수 있다.

• **상품부착용 예**

• **판매점용 예**

• **꼬리표 예**

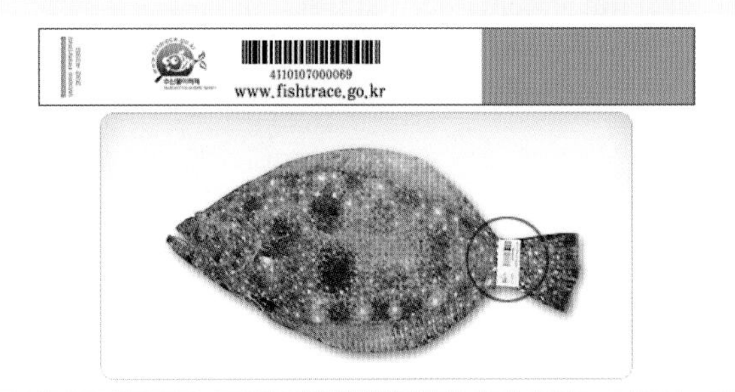

모바일 서비스 정보조회 방법

1. 모바일 주소(WINC)를 이용한 정보조회

제품의 제조일로부터 소비자에게 판매가 허용되는 기한

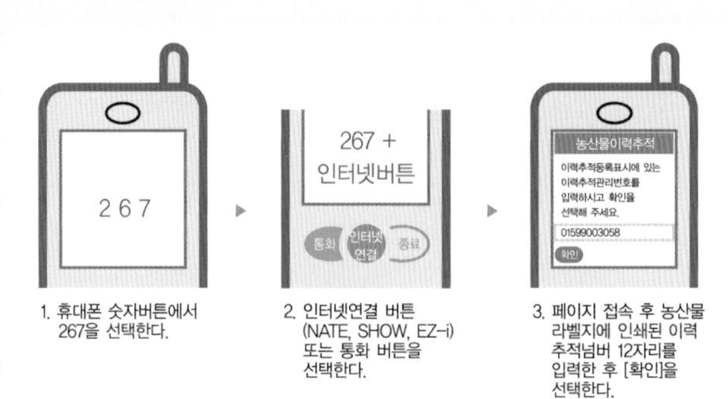

2. 모바일 코드를 이용한 정보조회

휴대폰 카메라로 모바일코드(2차원 바코드)를 인식하여 정보를 조회하는 방법이다. 휴대폰의 카메라 메뉴에서 '모바일코드' 기능을 선택한 후 코드를 인식한다(각 통신사별로 SKT는 네이트로, KTF는 핫코드, LGT는 이지코드라고 불리고 있음).

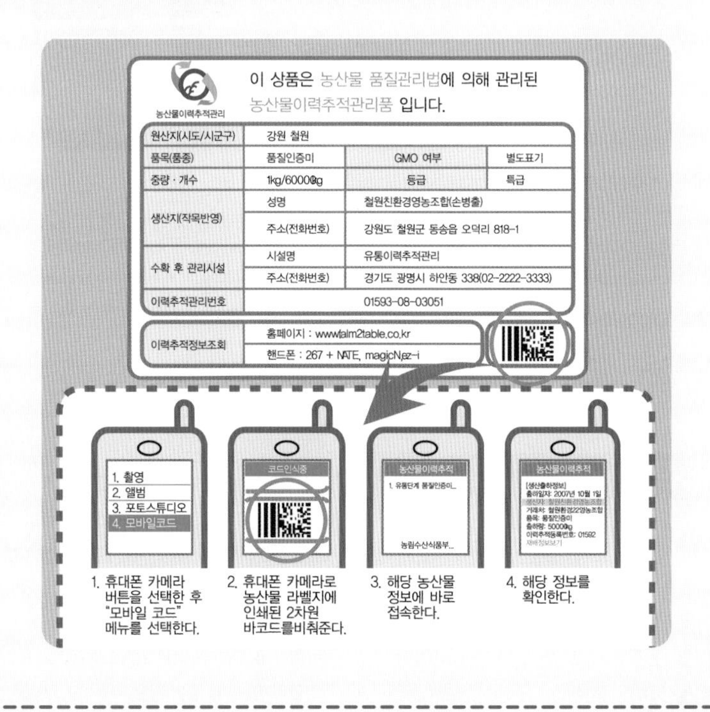

(3) 농수축산물 이력추적

농수축산물 이력추적관리는 농수축산물의 생산부터 판매까지의 이력정보를 기록 관리하여 소비자에게 공개하는 제도로 소비자가 농수축산물을 안심하고 선택할 수 있는 도와주는 제도이다. 식품안전사고가 발생하더라도 신속하게 원인규명 및 상품회수가 가능하여 피해범위를 최소화할 수 있다. 일반인은 팜투테이블 홈페이지를 통하여 농수축산물 이력정보를 통합조회할 수 있으며, 모바일을 통해 정보를 쉽게 획득할 수 있다.

표시사항은 산지(시 · 도, 시 · 군 · 구), 품목(품종), 중량 · 개수, 생산자(작목반명), 이력추적관리번호를 확인한다.

| 그림 6-4 | 농수축산물 이력추적

자료 : http://www.farm2table.kr

Tip | 농산물이력추적정보 조회 방법

이력추적관리품의 등록표시 또는 전자상거래 사이트의 상품정보에서 이력추적관리번호를 확인하고 다음과 같이 서비스를 이용할 수 있다.

01. 팜투테이블 웹사이트 : http://www.farm2table.kr
02. 팜투테이블 오픈 서비스: 전자상거래 사이트의 상품정보와 이력추적정보의 연계서비스
03. 팜투테이블 모바일 서비스: 모바일주소 (267+접속키) 또는 모바일 QR코드

식품인증제도

농식품 국가인증제도

농산물의 안전성을 확보하기 위하여 농식품의 생산단계부터 수확 후 포장단계까지 토양, 수질 등의 농업환경 및 농산물에 잔류할 수 있는 농약, 중금속 또는 유해생물 등의 위해요소를 관리하는 기준으로 그 관리사항을 소비자가 알 수 있게 하는 제도이다.

농산물우수관리인증제도란?
(GAP : Good Agricultural Practices)

농산물의 안전성을 확보하고 농업환경을 보전하기 위하여 농산물과 농업환경에 잔류할수 있는 각종 위해요소(농약, 중금속, 미생물 등)를 사전예방적으로 안전하게 관리하는 과학적인 위생안전관리 체계입니다.

| 그림 6-5 | 농산물우수관리인증제도

친환경농수축산물인증제도

친환경농산물이란 환경을 보전하고 소비자에게 보다 안전한 농산물을 공급하기 위해 농약과 화학비료 및 사료첨가제 등 화학자재를 전혀 사용하지 않거나, 최소량만을 사용하여 생산한 농산물을 말하며 친환경농산물인증제도란 친환경농산물을 전문인증기관이 엄격한 기준으로 선별, 검사하여 정부가 그 안전성을 인증해 주는 제도이다. 친환경농축산물의 종류와 기준은 다음과 같다.

- 유기 농산물 : 3년 이상 유기합성농약과 화학비료를 일체 사용하지 않고 재배한 농산물
- 무농약 농산물 : 유기합성농약을 일체 사용하지 않고 화학비료를 권장시비량의 1/3 이내 사용하여 재배한 농산물

또한 수산물과 축산물도 각각 친환경수산물 품질인증제도 및 친환경축산물인증제도가 마련되어 있다.

- 유기 축산물 : 유기 농산물의 재배 · 생산 기준에 맞게 생산된 [유기사료]를 급여하면서 인증기준을 지켜 생산 한 축산물
- 무항생제 축산물 : 항생제, 합성항균제, 호르몬제가 첨가되지 않은 [일반사료]를 급여하면서 인증기준을 지켜 생산한 축산물

■ 친환경 수산물 : 생산된 수산물이나 이를 원료로 하여 위생적으로 가공한 식품으로 인체에 유해한 화학적 합성물질 등을 사용하지 않거나 동물용 의약품 등의 사용을 최소화한 수산물

친환경농산물(유기농) 인증제도란?

합성농약과 화학비료를 사용하지 않고 재배한 농산물과 항생제와 항균제를 첨가하지 않은 유기사료를 먹여 사육한 축산물임을 보증하는 제도입니다.

친환경농산물(무농약)인증제도란?

합성농약은 사용하지 않고 화학비료는 최소화하여 생산한 농산물임을 보증하는 제도입니다.

친환경수산물인증이란?

친환경수산업을 영위하는 과정에서 생산된 수산물이나 이를 원료로 하여 위생적으로 가공한 식품임을 인증하는 제도 입니다.

친환경축산물(무항생제) 인증제도란?

항생제, 항균제 등이 첨가되지 않은 사료를 먹이고, 생산성 촉진을 위한 성장촉진제나 호르몬제를 사용하지 않으며, 축사와 사육 조건, 질병관리 등의 엄격한 인증기준을 지켜 생산한 축산물임을 보증하는 제도입니다.

동물복지 축산농장 인증제도란?

쾌적한 환경에서 동물의 고통과 스트레스를 최소화 하는 등 높은 수준의 동물복지 기준에 따라 인도적으로 동물을 사육하는 농장에 대해 인증하는 제도입니다.

저탄소 농축산물 인증제도란?

농축산물 생산 전과정에서 온실가스 배출량을 줄이는 '저탄소 농업기술'을 적용하여 생산한 농산물임을 인증하는 제도입니다.

| 그림 6-6 | 친환경농산물 종류별 표시방법

지리적 표시제도

지리적 표시제도(Geographical Indication)란 우수한 지리적 특성을 가진 농산물 및 가공품에 지역명 표시를 할 수 있도록 하여 지리적 특산품 생산자를 보호하고 소비자에게 충분한 제품구매정보를 제공하고자 하는 제도이다.

지리적표시제도란?

명성, 품질 등이 특정지역의 지리적 특성에 기인하였음을 등록하고 표시하는 제도로써 국내외적으로 농산물(축산물, 임산물 포함)과 수산물 및 그 가공품의 지적재산으로 인정되어 보호받습니다.

| 그림 6-7 | 지리적 표시제도

HACCP

HACCP(Hazard Analysis Critical Points, 식품안전관리인증기준)는 식품의 원재료로부터 제조, 가공, 보존, 유통, 조리단계를 거쳐 최종소비자가 섭취하기 전까지의 각 단계에서 발생할 우려가 있는 위해요소를 규명하고 이를 중점적으로 관리하기 위한 주요 관리점을 결정하여 자율적이며 체계적 · 효율적인 관리로 위해를 사전에 차단하는 예방체계로서 이 마크가 부착되어 있으면, 안전성을 보증받을 수 있다. 전 세계적으로 가장 효과적이고 효율적인 식품안전관리체계로 인정받고 있으며 미국, 일본, 유럽 연합, 호주, 뉴질랜드, 싱가포르 등에서는 일부식품군 혹은 농 · 축 · 수산품에 대하여 HACCP 적용을 의무화하고 있다. 적용대상범위도 점차 확대되고 있는 추세이다. 국내에서는 1998년에 HACCP를 도입하여 축산 식품 전 분야와 쇠고기, 돼지고기, 닭고기, 햄, 소시지, 우유, 치즈, 버터, 아이스크림 등 유가공품에서 알가공품까지 다양한 품목에 적용되고 있으며 2006년 의무적용 병행 체계로 확대하고 있다. 식약청은 2010년에 HACCP의 명칭을 기존의 '위해요소중점관리기준' 에서 '식품 안전관리 인증기준' 으로 바꾸는 내용의 관련 법을 개정하여 현재 사용중이다.

| 그림 6-8 | 식품안전관리인증 표시

유기가공식품인증제도

친환경농업육성법에 따라 인증을 받은 유기농산물을 원료 또는 재료로 하여 제조, 가공, 유통되는 유기가공식품에 대해 객관적인 보증을 하는 제도로 유기가공식품의 품질향상, 생산 장려 및 소비자를 보호하기 위한 제도이다. 유기가공식품은 3년 이상 농약과 화학비료를 사용하지 않은 토양에서 재배된 농산품을 주 원료로 가공한 식품으로 규정하고 있다.

| 그림 6-9 | 유기가공식품인증제도

가공식품 KS인증제도

가공식품 KS인증은 가공식품에 적용되는 국가 표준규격으로서 일정한 품질을 갖춘 식품인지를 판단하고 이를 소비자가 안심하고 구입할 수 있도록 하는 제도다.

| 그림 6-10 | KS인증 표시

유전자재조합(GMO)

생물체의 유용한 유전자를 취하여 그 유전자를 갖고 있지 않은 생물체에 삽입하여 유용한 성질이 나타나게끔 하는 기술이다. 우리말로 '유전자재조합생물체(genetically modified organism: GMO)'라고도 한다.

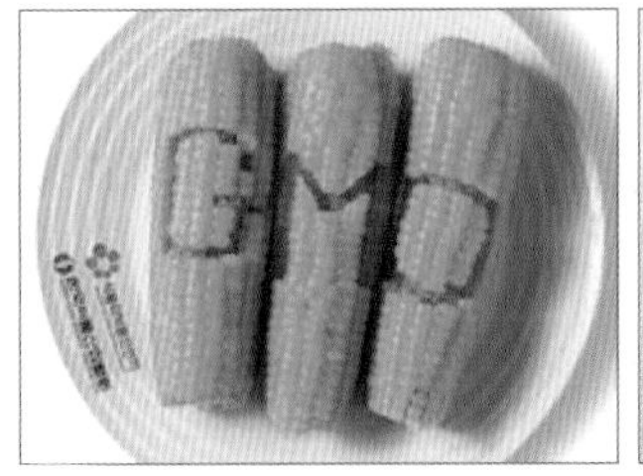

| 그림 6-11 | 유전자재조합

식품감별법

식단에 적합한 식품재료를 구입하려면 식품의 품종 및 품질을 감별할 수 있는 지식을 지니고 있어야 한다. 각 식품군별 구입요령은 표 6-2와 같다.

| 표 6-2 | 각 식품군별 구입 요령

구 분	구입 요령
곡류 · 전분류	곡류는 벌레가 먹지 않고 쭉정이가 없는 것, 감자류는 알이 고르며 상처가 없고 단단한 것을 선택한다.
채소류	상처나 눌린 홈이 없는 것을 선택하고 황색 채소류는 빛깔이 진한 것을 고른다. 벌레가 있을 경우에는 오히려 선도가 좋고 강한 농약을 사용하지 않은 채소라는 증거이다.
과일류	싱싱하고 특유의 향기가 있으며 빛깔이 선명한 것을 고른다. 알맞게 익고 상처가 나지 않는 제철 과일을 선택한다.
육 류	쇠고기는 색이 선명한 붉은색으로 흰색 지방이 적절히 섞인 것을 선택하며, 돼지고기는 연분홍색을 띠며 지방의 색이 희고 윤기가 있는 것을 선택한다. 또한 닭고기는 껍질이 투명하고 크림색을 띠며 울퉁불퉁한 것을 고른다. 고기류는 단백질과 수분이 많으므로 냉장 유통된 것을 선택해야 한다.
어패류	신선한 생선은 살이 단단하고 탄력이 있으며, 배 부분이 탄력 있고 팽팽해야 한다. 또한 아가미는 선홍색으로 불쾌한 냄새가 없어야 하고, 눈이 투명하고 튀어나와 있으며 껍질이나 비늘이 단단히 붙어 있어야 한다. 조개류의 경우 껍질이 얇고 매끈하며 단단하게 닫혀 있는 것이 신선하며, 갑각류와 연체류는 몸이 단단하고 빛깔이 선명하며 광택이 있는 것을 선택한다.
콩 류	알이 굵고 형태가 온전하며 빛깔이 좋고 잘 건조된 것을 선택한다.
알 류	달걀은 껍질이 거칠고 단단하며 흔들었을 때 내용물이 많이 흔들리지 않고 크기에 비해 무게가 있는 것이 좋다. 또한 불빛에 비추었을 때 맑고 투명한 것이 신선한 것이다.
우유 · 유제품	우유는 유통기한을 확인하고 팩이 부풀었거나 포장이 손상된 것은 구입하지 않는다. 치즈나 연유는 성분함량을 비교한 후 선택하고 분유는 밀봉 여부와 유통기한을 확인한다.
유지류 · 견과류	유지류 중 식물성 기름은 특유의 향이 있고 침전된 것이 없으며 밀봉되어 있는 것을 구입하고 버터나 마가린은 물기가 겉돌지 않으며 냉장된 것을 선택한다. 견과류는 오래되면 산패하므로 불쾌한 냄새가 나지 않으며 곰팡이가 없는 것을 선택한다.
가공식품	가공식품은 유통기한, 품질표시, 포장상태를 확인하여 구입한다. 훈제품은 냉장보관된 것을 구입해야 하며 통조림은 녹슬지 않고 찌그러지지 않으며 볼록하게 팽창되니 않은 것, 또 국가인증품질표시를 획득한 것을 구입한다.
수입식품	수입식품의 포장상태, 원산지, 수입원, 주재료를 확인해야 하며, 한글로 번역된 것이 없으면 불법유통된 것이므로 한글상표를 반드시 확인해야 한다. 그리고 반품이나 교환할 수 있는 연락처와 유통기한을 확인한다.

(1) 육 류

육류 특유의 색과 윤기를 가지고 있으며, 이상한 냄새가 없는 것이 좋다. 색으로 볼 때 쇠고기는 담적갈색이 좋으며 암적색은 노쇠이거나 영양불량으로 본다. 돼지고기는 엷은 선홍색을 띠면서 윤기가 나는 것이 좋으며, 닭고기는 담적백색이 좋다. 또한 양고기는 적색(벽돌색과 같은 색), 고래고기는 암적색이 좋다.

지방질의 색으로 쇠고기는 크림색이 나는 백색, 돼지고기는 흰색, 닭고기는 담황색, 양고기는 백색이 좋다. 일반적으로 신선한 육류에는 투명감이 있으나, 오래되면 불투명하게 되며, 고기의 색도 회색·황색·초록색으로 변한다. 손가락으로 눌렀을 때 자국이 생겼다가 곧 없어져야 신선한 고기이다.

고기의 품질, 특히 단단함과 연함은 지방이나 결체조직의 분포에 의하여 지배되며, 지방이 적고 결체조직이 많은 고기는 단단하므로 용도에 따라 적당한 것을 선택하여야 한다. 특히 돼지고기의 품질은 삼겹살의 상태, 고기의 색깔, 지방의 침착 정도 등에 따라 결정되며, 육질의 등급(1^+, 1, 2, 3등급)을 보고 선택한다. 검사에 합격한 육류에는 적색, 청색 또는 초록색 검인이 찍혀 있다.

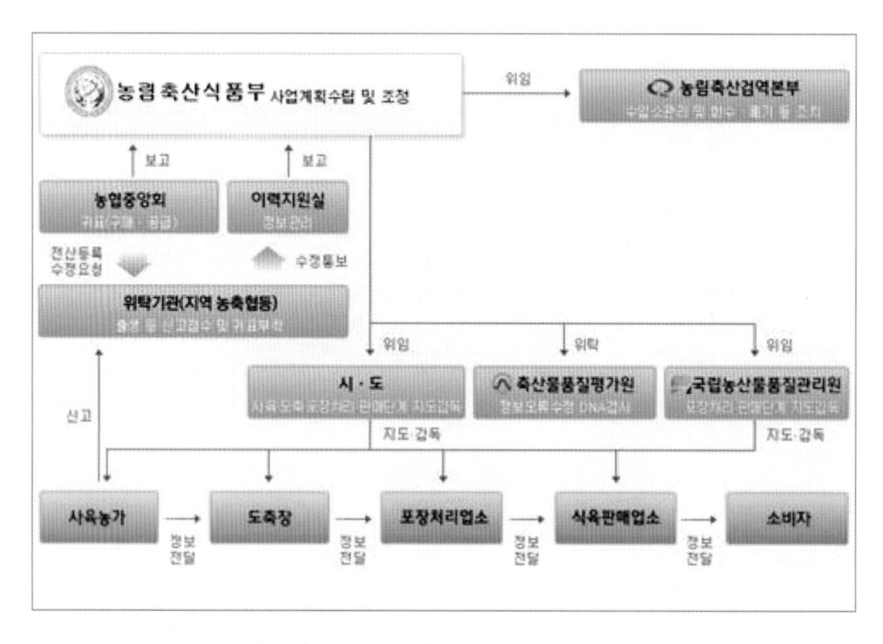

| 그림 6-12 | 축산물 유통 및 이력제 체계

Tip | 쇠고기 이력추적제

소의 출생에서부터 도축 · 가공 · 판매에 이르기까지의 정보를 기록, 관리하여 위생 · 안전에 문제가 발생할 경우 그 이력을 추적하여 신속하게 대처하기 위한 제도를 말한다. 쇠고기 유통의 투명성을 확보할 수 있으며, 원산지 허위표시나 둔갑판매 등이 방지되고, 판매되는 쇠고기에 대한 정보를 미리 알 수 있어 소비자가 안심하고 구매할 수 있다.

| 그림 6-13 | 축산물이력 정보 확인 방법

소비자의 여건과 기호에 따라 한우, 육우, 젖소, 수입육 등 쇠고기의 종류를 선택하여 구매할 수 있도록 모든 식육판매업소에서 의무적으로 쇠고기를 종류별로 구분 · 판매하고 있으며, 쇠고기의 육질은 근내지방도, 고기색 및 지방색, 고기의 결을 보고 판단하며 육질 등급(1+ · 1 · 2 · 3등급)을 고려한다.

Tip | 쇠고기의 종류

도축된 소에 대해 검사관은 검사합격 표시를 하며 쇠고기 종류에 따라 한우는 적색, 육우는 초록색, 젖소는 청색으로 색깔을 달리한다.

- **국내산 쇠고기**
  - 한우고기 : 순수한 한우에서 생산된 고기
  - 육우고기 : 육종용, 교잡용, 젖소수소 및 송아지를 낳은 경험이 없는 젖소암소에서 생산된 고기
  - 젖소고기 : 송아지를 낳은 경험이 있는 암젖소에서 생산된 고기

    * 국내에서 6개월 이상 사육된 수입생우에서 생산된 고기는 국내산 육우고기로 구분하여 수출국을 함께 표시한다.
- **수입쇠고기** : 외국에서 수입된 고기

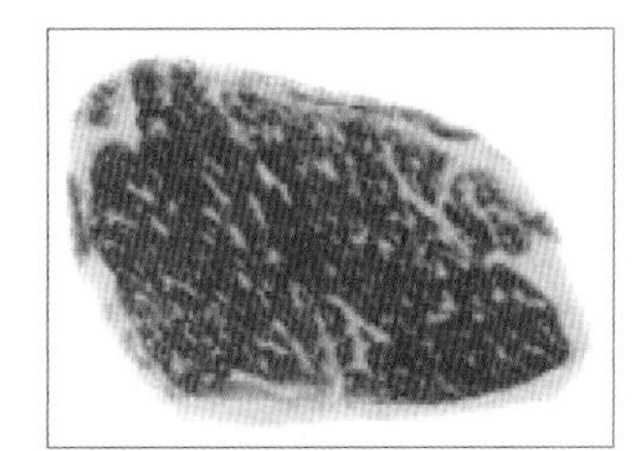
좋은 근내지방

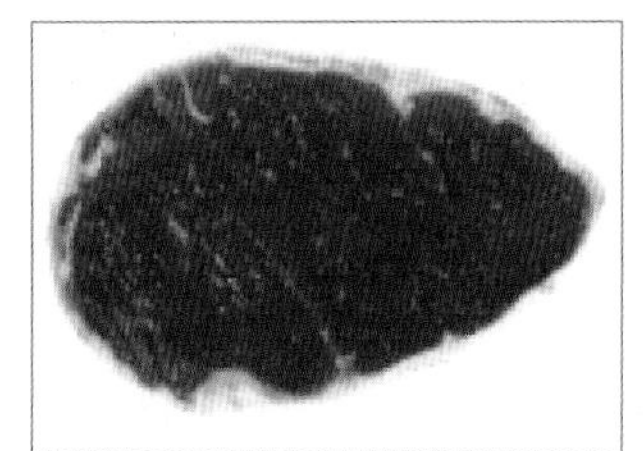
나쁜 근내지방

그림 6-14 쇠고기 품질 판정 예

좋은 쇠고기와 돼지고기를 고를 때에는 요리용도에 맞는 부위, 경제적 여건에 맞는 고기, 원산지와 등급 등 식육판매표시판에 표시된 사항을 확인하고 고기의 신선도 등을 눈으로 직접 확인하고 선택한다.

(2) 육류가공품(훈제품)

육류가공품에는 햄 · 소시지 · 베이컨 등이 있다. 가공품의 종류는 다양하며, 각각 특징을 가지고 있고 비교적 장기적(약 8개월~1년)으로 저장할 수 있도록 만든 것도 있다. 제조일 및 유통기한을 확인하고 포장상태의 손상 유무를 확인한 후 가능한 최근에 생산된 것을 선택한다. 햄은 자른(슬라이스) 면이 신선한 장미색으로 탄력 있고 살이 갈라진 곳이 없어야 하며 특유한 향기와 훈연한 냄새가 있다. 소시지는 자른 곳이 담홍색으로 향미료와 향기가 있거나 끈기가 있는데 이상한 냄새가 나는 것은 좋지 않다. 좋은 소시지는 변형되지 않은 것, 포장상태의

손상 없이 밀봉이 완전한 것, 손상되지 않은 것, 포장용기와 내용물이 유리되어 있지 않은 것, 손으로 눌러 탄력이 있는 것, 녹말함량이 9% 이하인 것 등이다. 베이컨은 살과 지방의 두께가 일정하고 특유한 훈연냄새가 나며 광택이 있고 건조하지 않은 것이 좋다. 잘랐을 때 색과 광택이 양호한 것이 좋으며, 내층과 외층의 응고상태가 다른 것은 좋지 않다. 손으로 눌러 보아서 탄력이 있는 것이 좋으며, 오래된 제품은 탄력이 없어진다. 훈제품은 그대로 사용해도 좋은 식품이지만 뜨거운 물에 잠깐 넣거나, 끓이거나 볶아서 사용하면 더욱 안전하다. 포장지나 캔에 쓰인 제조일 및 유통기한을 확인하며, 착색료도 유의한다.

(3) 어 류

① 생선류

생선류는 모양, 색, 냄새 등에 따라 관능적으로 감별할 수 있다. 외형은 선명·확실하고 손으로 눌렀을 때 탄력이 있어야 한다. 모든 생선은 공통적으로 껍질과 비늘이 단단히 밀착되어 있고 가지런하며, 선명하고 윤기가 있는 것이 좋다. 또한 눈알이 맑으며, 아가미는 선홍색이고, 내장이 나와 있지 않으며, 육질에 탄력이 있고 생선 특유의 냄새를 가진 것이 좋다. 생선은 신선할수록 맛이 좋기 때문에 생선을 구입할 때에는 주의하여 살이 단단하고 눈알이 싱싱한 것으로 선택해야 한다. 생선은 매우 부패하기 쉬운 음식물이므로 여름철엔 특히 주의해야 한다.

② 말린 생선

말린 생선은 그대로 말린 것, 소금에 절여 말린 것, 데쳐서 말린 것, 그을려서 말린 것 등으로 나누는데 생선 고유의 모양을 유지하며 손상된 부분이 없고, 건조 상태가 좋은 것으로 흙·모래·먼지가 붙어 있지 않으며, 냄새에 이상이 없는 것이 좋다. 건조도가 나쁜 것은 부패하기 쉬우므로 주의해야 한다.

③ 소금에 절인 생선

살이 단단하고 탄력이 있으며 바싹 마르지 않은 것이 좋다. 예를 들면, 소금에 절인 연어는 살이 충분히 수축해 있어 겉이 황금색을 띠는 것이 좋으며, 소금에 절인 가자미는 고기가 크고 배가 망가지지 않은 것이 좋다. 또한 자반고등어의 경우 너무 짜지 않게 간을 맞춘 것, 내장 등의 이물질이 남아 있지 않고 살이 눌렸거나 뼈에서 떨어지지 않은 것을 선택한다. 대부분의 수산물은 수산정보포털사이트(http://www.fips.go.kr)를 통해 정보를 확인할 수 있다.

(4) 패 류

껍질이 두꺼운 것은 늙은 조개로 속이 적으며, 껍질이 얇을수록 어린 조개이다. 물기가 있고 입이 열린 것이나 굳게 닫힌 것은 죽은 것이므로 주의한다 . 봄철은 산란기이므로 맛이 나쁘며, 겨울철의 패류가 맛이 더 좋다.

(5) 난 류

갓 낳은 달걀을 사용하는 것이 이상적이지만, 보통 양계장이나 농가에서 가져온 것을 판매하므로 다소 시일이 걸린다. 또 달걀은 봄철에 많고, 여름과 가을철에는 적으므로 어느 정도 저장하였다가 출하되기도 하는데, 상자에는 보통 출하연월일이 표시되어 있으며, 낱개로 표시하기도 한다. 또한 겉포장용기에 유통기한을 반드시 표기해서 유통시키고 있다.

달걀의 중량규격은 달걀 무게에 따라 표 6-3과 같이 구분한다.

달걀의 품질등급은 1^+등급, 1등급, 2등급, 3등급으로 구분하며, 표본달걀 검사방법에 따른 품질평가기준으로 A, B, C, D등급으로 나눈다.

좋은 달걀을 고르는 요령은 외견으로 볼 때 달걀껍질 전부의 결이 곱고 매끈하여 광택이 있으며 더럽지 않은 것을 고른다. 껍질에 싸여 있어 신선도를 확인하기 어려우므로 등급판정을

| 표 6-3 | 달걀의 규격

규 격	왕 란	특 란	대 란	중 란	소 란
중 량	68g 이상	68g 미만~60g 이상	60g 미만~52g 이상	52g 미만~44g 이상	44g 미만

품질이 좋은 계란
(good quality of the interior)

• 노른자위가 높이 솟아 있으며, 흰자위가 모아져 있습니다.

품질이 떨어지는 계란
(low quality of the interior)

• 노른자위와 흰자위가 넓게 퍼져 있습니다.

| 그림 6-15 | 달걀의 품질 판정

달걀 선택하기

1. 달걀 상식

- 색깔(갈색, 백색)과 크기는 영양가치나 맛에는 차이가 없다.
- 노른자위의 색깔은 영양성분 및 맛에는 차이가 없다.
- 높은 실온에서는 신선도가 빨리 떨어지므로 가능하면 냉장유통되는 달걀을 구입하고, 구입한 달걀은 냉장상태에서 보관한다.

2. 등급판정 순서

- 품질에 따라 등급을 구분한다.
- 중량별로 규격화한다.
- 위생적으로 세척하고 코팅한다.
- 등급판정일자를 표기한다.

3. 계란 등급판정

계란의 품질은 1+, 1, 2, 3등급으로 구분하고 세척한 계란에 대해 외관검사, 투광 및 할란판정을 거쳐 1+, 1, 2, 3등급으로 구분한다.

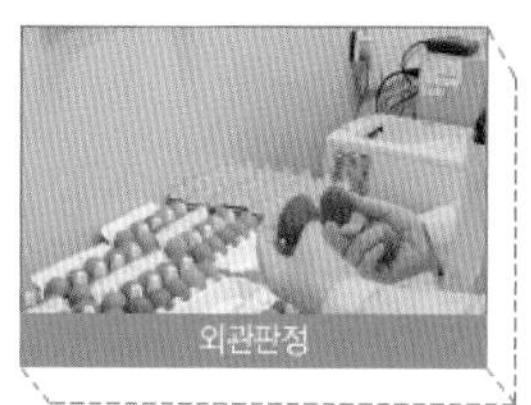
외관판정

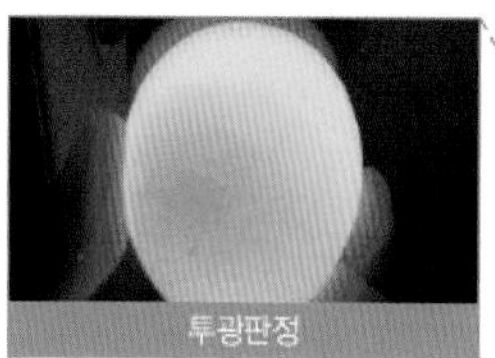
투광판정

할란판정

4. 등급표시

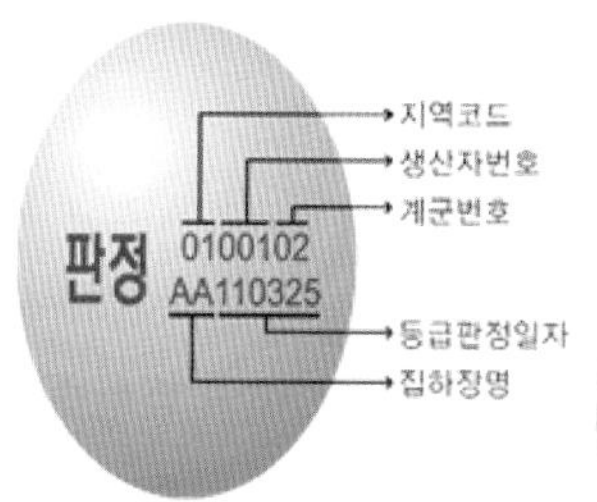

품질등급	중량규격
1+등급	특 란 (60g이상 68g미만)
등급판정일 : 0000.00.00 축산물품질평가원	

받은 달걀을 구입하면 등급을 통해 위생적이고 안전한 달걀을 선택할 수 있다.

알의 신선도는 외관검사, 투광, 할란으로 판정한다. 즉, 표면이 꺼칠꺼칠하고 광택이 없으며, 혀를 대보아서 둥근 부분은 따뜻하고, 뾰쭉하게 된 부분은 찬 것이 신선한 것이다. 또한 달걀 검사기, 햇빛, 전등에 비추어 보면 신선한 것은 전부 환하지만, 오래된 것은 어둡고 탁하다. 또 흔들어보면 신선한 것은 소리가 없으나 오래된 것은 소리가 나며, 부패된 것은 물과 같은 소리를 내기도 한다. 신선란의 비중은 1.08 정도이다. 달걀은 저장하면 기공에서 수분이 증발하여 무게가 감소하고 기공은 커져 비중이 줄어든다. 비중 1.027의 식염수로 달걀의 신선도를 추정하기도 하는데, 신선한 알은 가라앉고, 부패한 알은 위로 뜨게 된다. 실제로 알을 깨어보는 것이 가장 확실한 방법인데, 노른자위가 높이 솟아 있으며, 흰자위가 모아져 있는 달걀이 품질이 좋고, 노른자위나 흰자위가 퍼져 있는 것은 품질이 떨어지는 달걀이다(그림 6-15).

알을 깨어 평판(平板) 위에 놓았을 때 난황계수(난황 높이÷난황 지름)가 큰 것, 호우단위(Haugh Units, 달걀 무게와 농후난백 높이를 측정하여 산출)가 72 이상(A등급)이거나, 수양난백과 농후난백의 구별이 확실한 것이 신선한 것이다.

(6) 유 류

우유는 일반적으로 시유(시중에 판매되는 액상의 백색우유)와 가공유로 구분되나 제조방법이나 용도, 사용원료 등에 따라 여러 가지로 분류할 수 있다. 살균방법에 따라 살균유와 멸균류로 구분하며, 시방함량의 정도와 유무에 따라 강화우유, 라이트우유(저열량우유, 다이어트우유) 등으로 나뉜다. 또한 원료유의 품질이나 등급에 따라 1등급 우유, 후레쉬우유, 특정 성분

Tip | 신선한 우유 선택 요령

- 포장이 깨끗하고 각종 표시가 선명하며 확실해야 한다.
- 포장 접착 부위에 우유가 새어 나오거나 포장의 형태가 일그러져 있어서는 안 된다.
- 포장의 개봉이 용이하여야 하며 바닥에 침전물이나 이물이 없어야 한다.
- 개봉 후 포장 내부에 거품이 있어서는 안 되며, 적정 용량이 들어 있어야 한다.
- 개봉 후 우유의 색상이 유백색으로 미려하고 이미, 이취가 없어야 한다.
- 사용목적에 맞는 우유를 선택해야 한다.
- 적정 냉각 온도로 보관되어 있어야 한다.
- 멸균유는 포장의 균열, 파손이 없어야 하며, 공기의 흡입이나 가스의 생성이 없어야 한다.

의 첨가 여부나 조성에 따라 DHA우유, 비피더스우유, 고칼슘우유 등으로 나뉜다. 그 외에 유당분해우유, 환원우유, 버터밀크 등이 있다.

우선 눈으로 보아 변질되지 않은 것을 선택하고 용기나 뚜껑이 손상되지 않고, 보기에도 깨끗하며, 제조일이 확실한 것이어야 한다. 색은 유백색에서 약간 형광색을 띠는 것으로 뚜껑을 열었을 때 우유의 독특한 향기 이외에는 아무런 냄새도 없는 것이 좋고, 마셨을 때 우유의 맛이나 냄새의 변화를 감지하기 어려울 때는 우유를 입에 머금고 코를 통해 공기를 내보내면 냄새를 분별하기 쉽고 맛을 감별할 수 있다.

(7) 채소류

채소는 그 속에 포함된 미량성분이 불안정하고, 밭에서 수확한 후 시간이 경과함에 따라 영양소의 손실이 크므로 될 수 있는 한 신선한 것을 택해야 한다. 또한 시들거나 벌레가 먹지 않고 반점이 없는 것으로 특유한 색과 향기를 지녔으며, 천연으로 재배된 것이 좋다.

① 당 근

사계절을 통하여 생산되나 종류에 따라 생산되는 계절이 다르며 봄과 가을철에 많이 생산된다. 색은 붉은색이 나는 주홍색이 신선하고 카로틴(carotene)의 함량도 많다. 모양은 품종에 따라 다르나 긴 것보다 둥글고 살찐 것, 짧고 마디가 없는 것이 좋다. 잘랐을 때 단단한 가운데 심이 없고 전체가 같은 색을 띠고 선명한 것이 좋으며, 텍스처가 곱고 단맛이 나는 것이 좋다.

② 무

사계절을 통하여 재배되고 있으며, 품종도 다양하다. 크게 나누어 조선무, 일본무, 가을무, 2년자무, 철 없는 무, 여름무, 20일무(radish) 등이 있는데 이들은 김치, 국, 찌개, 무말랭이, 단무지 등의 용도에 따라 선택된다. 여름무는 고랭지무로 가격이 비싸나, 가을무 전에 수확되어 이용가치가 크다. 또 20일무는 표면의 붉은색을 이용하여 샐러드, 장아찌, 초절이로 사용하면 좋다. 이와 같이 품종, 계절, 용도에 따라 알맞은 무를 선택하도록 해야 한다. 무는 속이 꽉 차고 바람이 들지 않으며 육질이 단단하면서 치밀하고 연한 것이 좋다. 또한 색, 광택, 모양이 좋은 것이라야 한다. 바람이 든 무는 외관, 두드렸을 때의 소리, 외측의 잎을 떼었을 때의 상태, 위쪽을 잘랐을 때의 상태로 판단할 수 있다.

③ 우 엉

길게 쭉 뻗고 살집이 좋으며, 겉껍질이 부드럽고 고운 것이 좋다. 구부러진 것, 건조한 것, 바람이 든 것은 좋지 않으며, 바람이 든 것은 들어보았을 때의 느낌과 자른 상태로 판단할 수 있다.

④ 시금치

시금치는 재래종과 서양종으로 나누는데 10월부터 다음 3월경까지 나오는 것이 재래종으로서 잎 끝이 뾰족하고 울퉁불퉁한 것이 심하나, 맛은 좋다. 봄이 지나면 줄기가 생기므로 연한 잎이 적어진다. 서양종은 줄기는 더디게 생기나 맛은 재래종보다 떨어진다. 줄기나 잎이 잘 자라서 진한 초록색을 띠는 것이 좋으며, 줄기가 나오지 않고 잎이 많아 부드러운 것이 좋다.

⑤ 양배추

전국적으로 재배되므로 연중 생산된다. 속이 잘 차 있고 무거우며, 잎이 두껍고 광택이 있는 것이 좋다. 벌레가 먹었거나 줄기가 부드러워진 것은 불량품이다. 잎이 누렇게 뜬 것은 오래된 것이므로 주의해야 하며, 잎의 색이 푸른색을 띠는 것이 신선한 것이다.

⑥ 파 · 양파

파는 광택이 있고 부드러운 것이 좋으며, 굵기가 고르고 건조하지 않은 것이 좋다. 뿌리에 가까운 부분의 흰색이 길고 잎이 싱싱한 것이라야 한다. 양파는 납작한 것과 둥근 것이 있는데, 색과 광택이 좋고, 충분히 건조하여 중심부를 누를 때 무르지 않은 것이 좋다.

⑦ 토마토

보통 시장에서 파는 것은 착색하지 않은 것이므로 좀 무거운 느낌을 주고 꼭지 부분이 푸른색을 띤 것을 선택하면 된다. 자연적으로 익어서 붉은 것이어야 하며 너무 붉은 것은 오래된 것이므로 신선도가 떨어진다.

⑧ 오 이

사계절을 통하여 생산되지만, 역시 늦은 봄부터 여름철의 것이 값도 싸고 영양도 많다. 오이는 꼭지가 마르지 않고, 색깔이 선명하며 고르게 같은 굵기로 표면에 가시가 있고, 꼭지에 마른 꽃이 달린 것으로 무거운 느낌이 나는 것이 좋다. 또한 눌러보았을 때 단단한 것이 좋은데, 푸석푸석한 것은 수분이 적고 씹히는 맛이 좋지 않다. 재래종은 껍질이 얇고 씨가 들어 있지 않은 것이라야 한다.

채소 및 과일류의 감별법은 국립농산물품질관리원 홈페이지(http://www.naqs.go.kr)에서 농산물표준규격 정보를 얻을 수 있다.

(8) 과일류

① 사 과

윤기가 나고 껍질의 수축현상이 나타나지 않은 것이 신선하고 착색비율은 낱개별로 전체 면적에 대한 품종 고유의 색깔이 착색된 면적의 비율이 높은 것이 좋다. 꼭지가 푸른색이 돌고 물기가 있는 것은 수확 후 며칠 되지 않은 신선한 사과이며 반면 꼭지가 시들어 있고 가늘며 잘 부러지는 것은 수확한지 오래된 과일이다. 색은 꼭지 반대부위인 '체와' 라는 부위의 색이 담홍록색으로 녹색이 사라진 것을 선택하는 것이 좋다. 표면의 색이 균일하게 빨갛고 상처가 없으며, 사과 고유의 은은한 향이 나는 것을 고르도록 한다. 사과 품종은 홍옥, 쓰가루, 스타킹, 홍월, 후지, 홍로, 추광, 아오리, 골든델리셔스, 육오, 세계일 등이 있다.

② 배

먼저 껍질이 얇고 매끄러우며 상처가 없는 것이 좋고 꼭지 부분이 끈적거리지 않으면서 육질은 단단하고 싱싱한 것을 고른다. 겉은 황색이면서도 약간 엷은 붉은 기운이 도는 것이 좋은데, 주름이 있거나 표면이 푸르게 보이는 것은 수분이 증발되거나 덜 익은 것이다. 또한 잘라 보았을 때는 속이 하얗고 수분이 많아 아삭아삭 씹히는 맛이 있으며 형태는 구형에 가깝고 크기는 작은 것보다 큰 것이 좋다. 품종 고유의 색택이 뛰어나고 껍질의 수축현상이 나타나지 않은 것이 신선하다. 배 품종은 신고, 만삼길, 금촌추, 화산, 장십랑, 20세기, 황금, 추황, 화산, 원황 등이 있으며 품종에 따라 크기가 다르다.

③ 감 귤

주홍빛 껍질 속에 꽉 찬 과육이 살아있는 감귤의 껍질이 광택 나면서 흠집이 없고 색이 고른 것을 선택한다. 크기는 중간 정도로 모양이 고르고, 껍질을 벗겼을 때 짜임새가 단단하고 탄력 있으며 쪽수가 너무 많지 않은 것이 좋다. 신맛보다는 단맛이 풍부하게 느껴지고 과즙이 풍부할수록 좋고, 꼭지가 붙어 있는 것이 신선하다. 감귤은 10월부터 수확하여 실온에서 계속 익는 후숙 과일이기 때문에 신맛이 강할 경우, 상온에 얼마간 둔 후 먹으면 더욱 맛이 좋다. 품종은 극조생종, 조생종, 중생종, 만생종, 금감류 등이 있다.

(9) 곡 류

① 쌀

좋은 쌀은 눈으로 보아서 뉘, 싸라기, 벌레 먹은 쌀, 적색 쌀, 토사 등이 섞여 있지 않으며, 알맹이가 고르고 광택이 나면서 투명하고, 쌀알을 앞니로 씹었을 때 강도가 센 것이 좋은 것이다. 우리나라에서 시판되는 쌀 종류에는 배아미, 현미, 백미 등이 있으며 이들의 조리법이 각기 다르다. 이 밖에는 찹쌀이 있으며 이것은 쌀알이 비교적 잘고 백색이며, 모양이 통통하여 쌀과는 외관으로도 쉽게 구별이 된다. 이것도 싸라기가 없고 잡물이 들어 있지 않아야 좋은 것이다.

② 밀가루

잘 건조되고, 덩어리가 없으며 이상한 냄새가 나지 않고 맛이 없는 것이 좋다. 손으로 문질러 보아 부드러운 느낌이 있는 것은 입자가 미세한 것이고 감촉이 거친 것은 입자가 굵다. 또 감촉이 빽빽한 것은 전분을 많이 함유한 것이다. 용도에 따라서 박력분 · 중력분 · 강력분으로 나뉘는데, 그 구별은 대체로 판매회사의 포장표지를 참고하는 것이 좋다. 가정에서는 너무 크게 포장된 것은 삼가고 습기가 들어가지 않게 방습 포장제에 싸인 것을 구입하도록 한다.

③ 식 빵

겉이 균일하게 누른색을 띠며 썰었을 때 속에 크기와 모양이 비슷한 공기구멍이 많이 있고 가루의 작은 덩어리나 구워지지 않은 부분이 없는 것이 좋은 빵이다. 또, 손으로 눌렀다가 놓았을 때 탄력이 있어 원상태로 돌아가는 것이 좋으며 만진 촉감이 거칠거나 끈적거리지 않는 것이 좋다. 표면이 잘 부풀고 크기에 비하여 살이 곱고 가벼운 것이 좋다. 빵은 특유한 방향을 가지는데, 부패한 냄새나 곰팡이 냄새가 나는 것은 좋지 않다. 포장이 잘 되어 있어 외기가 들어가지 않는 것을 구입하도록 한다.

(10) 서 류

① 고구마

품종에 맞는 모양을 하고 있으며 병충해 · 홈 · 부패 · 발아가 없는 것으로 모양이 고른 것이 좋다. 또 날것의 껍질을 벗겨 입에 대보아서 달고 맛이 있는 것이 좋은 고구마이다.

② 감 자

충분히 여물고 알이 굵은 것이 좋다. 껍질의 색이 흰 것은 붉은 것에 비하여 전분이 많으며 맛이 있다. 껍질이 녹색을 띠는 것은 태양의 직사를 받은 것이며, 속까지 푸른 것은 질이 떨어진다. 또 베었을 때 전분이 있으며 충실감을 주는 것이 좋다. 제철에는 가식부율에 의한 차이가 별로 없으나 봄철의 저장감자는 상처가 없는 것, 싹이 나지 않은 것을 고르는 것이 좋다. 또한 점토질 토양에서 생산된 것은 맛이 없고 수분이 많으며, 춥고 건조한 지방의 것이 적당하다. 따라서 감자에 흙이 묻어 있으면 이것으로도 좋고 나쁨을 가려낼 수가 있다.

(11) 콩류 및 콩제품

① 대두 및 기타

두류 각각 특유의 색을 가지고 있으며, 살지고 광택이 나며 알이 고르고 충해나 병해가 없으며 잡물이 섞이지 않은 것이 좋다.

② 두 부

겉면이 곱게 모양이 정리되어 있으며, 손실이 없고 쉬거나 이상한 냄새가 나지 않는 것이 좋다. 또 눌러보았을 때 탄력성이 있어야 한다.

③ 된 장

특유한 냄새와 광택을 지니고 있으며 색은 붉은 된장에서는 밝은 갈색, 흰 된장에서는 담황색 등 특유한 것이 좋다. 된장은 간장을 빼지 않은 것이어야 영양가도 높고 맛도 좋다.

(12) 통조림 및 병조림

① 통조림

겉에서 보기에 통이 녹슬거나 찌그러지지 않고 변형되었거나 옴폭 들어갔거나, 팽창되었거나, 내용물의 즙(주스)이 침출하여 나오지 않은 것이라야 한다. 상표가 붙어 있고 상표에는 내용, 제조자명, 소재지, 연월일, 중량, 첨가물의 유무가 명시되어 있는지의 여부를 잘 살펴보아야 한다. 열었을 때 내용물이 표시대로의 식품 · 형태 · 조리법의 것으로 색 · 맛 · 향기에 이상이 없고 통의 내면이 검은색으로 변하였거나 녹슬지 않은 것이 좋다. 통조림에는 보통 뚜껑에 삼단의 도장이 찍혀 있으므로 이를 반드시 확인한다.

② 병조림

통조림과 비교하여 사용횟수는 적으나 마요네즈, 토마토케첩, 잼, 피클 등에 사용된다. 감별의 착안점은 대체로 통조림과 같으나 통조림과 같이 제조연월일이 표시된 것은 적고, 또 겉을 보기 좋게 하기 위하여 착색제 · 방부제가 첨가되어 있는 것도 있으므로 구입 시 확인한다.

(13) 기 타

① 유 지

유지에는 상온에서 고체인 것과 액체인 것이 있으나, 각각 특유한 상태나 색을 지니고 있는데, 변색 · 착색되지 않고, 액체인 것은 투명하고 점도가 낮은 것이 좋으며, 참기름과 같이 특수한 것을 제외하고는 무미 · 무취한 것이 좋다. 오래된 기름에서는 찌든 냄새가 나며 밑에 찌꺼기가 많으므로 주의해야 한다. 유지의 화학적 검사항목에는 산가(酸價) · 과산화물가(過酸化物價) · 비누화가 · 요오드가 등이 있고, 물리적 검사항목에는 융점(融點) · 발연점(發煙點) · 비중 등이 있다.

② 간 장

전체적으로 붉은 기를 띠고 있으며, 투명하고 광택이 있는 것이 좋다. 백색의 작은 증발접시에 간장을 조금 담아 좌우로 흔들어 색 · 광택 · 점성을 조사하거나 시험관에 넣어 색 · 투명도를 검사한다. 적당한 점성이 있는 것이 좋으며, 황색이나 흑청색을 띠는 것은 좋지 않다. 특유한 향기가 있으며 한두 방울 맛보아서 단맛이 나며 풍미가 있는 것이 좋은 간장이다. 아미노산 부패취, 약품냄새가 나거나 자극적인 매운맛 · 신맛 · 쓴맛이 느껴지는 것은 좋지 않다.

| 그림 6-16 | 표준 표시제도(농축산물가공식품)

| 그림 6-17 | 인터넷을 이용한 농식품안전정보

③ 설 탕

좋은 설탕은 수분이 적고 메마르며, 고형물이나 다른 성분을 포함하지 않고 착색되지 않았으며 결정이 고르고 맛을 보면 단맛 이외에는 느낄 수 없는 것이다.

④ 다시마

여러 종류가 있으나, 잘 건조되고 육질이 두꺼우며 검은색을 띠되 착색되지 않은 것이 좋다. 다시마를 젖은 행주로 닦고 불에 쬔 후 물에 넣어서 단맛이 빠져나온 정도를 조사하는 것도 좋다.

(14) 부정 · 불량식품 식별요령

부정 · 불량식품이란 무허가식품, 인체에 유해한 물질 등을 사용하거나 병원성 미생물에 오염된 식품, 무신고 용기 포장류 제조식품, 식품첨가물 사용기준을 위반한 제품, 유통기한이 지난 제품을 지나지 않는 것처럼 변조한 제품 등을 말한다. 부정 · 불량식품의 식별방법은 다음 표 6-4와 같다.

| **표 6-4** | 부정 · 불량식품의 식별 요령

구 분	확인사항
무허가 식품이 의심되는 경우	• 포장지에 주요사항(제조원, 소재지, 유통기한 등)이 미표시된 경우 • 허가관청 이외의 기관으로부터 허가를 받았다는 내용의 표시가 있는 경우 • 외국기관의 승인(인증) 사항을 포장지에 표시한 경우 • 가격이 동종의 타제품보다 현저히 저렴하거나 고가인 경우
허가제품의 변조/위조가 의심되는 사례	• 유통기한 표시를 스티커 등을 이용하여 다시 표시한 경우 • 유통기한 표시가 조잡하거나 글씨체가 틀린 경우 • 제품의 중요사항을 유성펜 등을 이용 수기로 표시한 경우 • 유명 제품의 명칭 또는 제조회사명과 비슷하게 표시한 경우 • 겉모양은 거의 비슷하나 자세히 살펴보면 내용물이 다른 경우 • 맛, 냄새, 색깔 등이 원품과 다른 경우 • 주성분의 함량이 지나치게 적은 경우 • 제품의 명칭 및 제조회사명이 비슷한 경우 • 표시된 기호나 도안, 문자 등이 원품과 차이가 나는 경우
변질 또는 유해물질 사용이 의심되는 식품	• 색깔이 유난히 짙거나 고운 경우 • 이상한 맛이나 냄새가 나는 경우 • 유난히 부풀어 있는 경우
불법 수입식품이 의심되는 경우	• 한글표시가 없는 경우 • 한글로 표시된 스티커 등을 이용하여 원래의 표시 사항을 가렸을 경우 • 제품의 중요 사항이 한글로 표시되어 있지 않은 경우(수입원, 소재지, 원산지, 유통기한 등)
허위/과대광고 행위	• 질병의 치료에 효능이 있다거나, 의약품으로 혼동할 우려가 있는 내용의 표시광고 • 체험사례를 이용하였거나, '주문쇄도', '단체추천' 등의 표현을 사용한 경우 • 다른 업소의 제품을 비방하거나 비방하는 것으로 의심되는 광고 • 외국어 사용 등으로 외국제품으로 혼동할 우려가 있는 표시 광고 • 미풍양속을 해치거나 해칠 우려의 저속한 도안, 사진을 이용한 광고
기 타	• 불결하거나 광물성 등의 이물질이 혼입된 제품 • 다른 회사의 표시가 있는 용기사용 제품 • 원료명, 미 표시 제품
식품 구입 시 공통 확인사항	• 유통기한과 제조원 표시 확인 • 제품에 표시된 방법대로 진열, 보관되어 있는지 확인(냉장, 냉동 등) • 부패, 변질, 파손 여부를 꼼꼼히 확인

합리적인 식품구입

식품량 산출

가족에게 필요한 식품량을 산출하기에 앞서 모든 식품 1인의 분량을 정확하게 알아야 한다. 이것은 가정에 따라, 기호에 따라 약간의 차이는 있으나 기준량은 알고 있어야 한다. 예를 들면 보리밥에 있어 쌀 120g에 보리 20g을 혼합하는 가정도 있고 쌀 130g에 보리 10g을 혼합하는 가정도 있다. 육류를 좋아하는 가정에서는 국을 끓일 때, 국물의 맛을 내기 위하여 쇠고기를 15~20g 사용하고 있으나, 반면에 5g 이하를 사용하는 가정도 있다. 그러므로 가족에게 알맞은 기준량을 정하고 식단에 따라 식품구입량을 결정하도록 한다.

■ 음식이 되었을 때의 중량 변화

- 탈지분유 20g을 물에 타면 우유 200cc가 된다.
- 건조된 콩을 삶으면 3배가 된다.
- 건미역은 물에 불리면 9~10배가 된다.
- 쌀은 떡으로 만들면 1.4배가 된다.
- 쌀로 밥을 지으면 2.3~2.4배가 된다.
- 밀가루로 국수를 만들어 삶으면 3배가 된다.
- 밀가루로 빵을 만들면 1.3배가 된다.
- 버터나 마요네즈 10g에는 기름 8g이 함유되어 있다.
- 베이컨 10g에는 기름 7g이 함유되어 있다.

식품품목 결정

식품을 구입하기 위해 마트(시장)에 나가기에 앞서 구입해야 할 식품품목과 그 양을 메모하고, 구입할 장소에 대한 계획을 사전에 세워 장을 보도록 해야 합리적으로 식품을 구입할 수 있다. 만일 필요로 했던 식품이 없을 때에는 즉시 대용식품을 생각하여 구입하도록 한다. 이때 주의해야 할 점은 가격면만 생각할 것이 아니라 영양면을 주로 생각해야 한다. 식단에 표시되어 있는 식품의 양은 순 섭취량이므로 여기에 반드시 폐기량을 더해서 산출해야 한다.

식품구입 장소의 결정

구입해야 할 식품의 종류와 양을 결정한 다음에는 식품종류에 따라 구입할 장소를 정하여야 한다. 식품은 신선해야 하며 보관이 잘 되어 있고 가격이 싼 것이어야 하므로 식품구입 장소를 결정할 때에는 식품을 판매하는 상점이 식품을 보관하는 데 적절한 시설을 갖추고 있는지를 확인해야 한다. 특히 생선이나 채소를 함부로 다루는 곳에서 신선하지 못한 생선을 구입하여 먹게 되면 식중독을 일으킬 우려가 있다.

식품에 따라 적절한 보관시설을 갖추고 있는 마트에서 구입해야 한다. 통조림식품이나 가공식품은 슈퍼마켓이나 대형할인마트에서 구입하는 것이 가격도 싸고 선택의 폭도 넓다. 육류는 냉동 또는 냉장시설이 있는 정육점에서 필요한 부위를 구입하도록 하고, 생선과 채소는 특별히 위생적인 점포를 택하여 신선한 것을 구입하도록 해야 한다. 한국갤럽조사에 의하면 소비자가 다른 식품과 함께 냉장 · 냉동식품 구입 시에는 냉장 · 냉동식품을 가능한 나중에 구매하는 경우가 47.6%, 특별한 순서가 없는 경우가 47.1%, 냉장 · 냉동식품을 우선 구매하는 경우가 5.1%로 나타났다.

주요 식품 감별항목

- 쌀 : 입상(粒狀 ; 형태 · 크기 · 색 · 광택), 중량, 경도(硬度), 냄새, 이물, 병변, 식미, 수분
- 밀가루 : 분상(粉狀), 색, 냄새, 이물, 충해, 표시, 곰팡이, 습기
- 빵 : 탄력성, 내부조직, 냄새, 표시, 곰팡이, 유연성, 첨가물, 표피의 색, 포장
- 고구마 : 병충해, 상처, 부패, 색택, 형태, 육질, 맛, 표피
- 감자 : 색, 크기, 싹, 모양, 종류, 산지, 형상
- 채소 : 색, 광택, 모양, 중량
- 과일 : 성숙도, 색, 향기, 중량, 모양, 광택
- 두부 : 표면의 질, 모양, 파손 정도, 냄새, 단단한 정도
- 생선 : 안구, 비늘, 아가미, 살의 탄력, 냄새, 선도
- 건어 : 광택, 탄력, 냄새
- 육류 : 색, 냄새, 탄력, 지방의 분포(마블링)상태, 경도

- 달걀 : 색택, 투시(광선), 진음, 난백과 난황의 상태, 난황계수, 난백계수
- 우유 : 색, 점조성(粘稠性), 맛, 냄새, 용기, 포장, 표시(비중, 알코올 테스트)
- 버섯류 : 수분, 광택, 향기, 색, 벌어진 모양
- 다시마 : 외관, 맛, 색, 이물, 건조도, 향
  - 김 : 외관(색택 · 조밀), 건조도, 향
  - 간장 : 색, 투명도, 광택, 풍미, 향, 냄새
  - 된장 : 색, 이물, 발효 정도, 냄새, 곰팡이

식품구입 시 유의할 점

(1) 식품 저장성

식품은 보관기간에 따라 당일 소비식품, 단기 저장식품, 장기 저장식품으로 나누어 구입한다. 당일 소비식품은 구입 후 바로 소비하며, 저장 가능한 식품은 적절한 보관 조건에서 저장한 후에 사용한다. 식품의 구입량은 저장 기간은 물론 보관 설비, 구입 자금, 단가 등을 고려하여 급식소의 여건에 따라 결정한다.

(2) 식품 출하 시기

각 지역에서 생산 출하하는 농수산물의 작황을 잘 알아본다. 특히 채소류, 과일류, 어패류 등의 각 월별 최대 작황 시기를 알아본다.

(3) 식품 재료

식품의 형태, 크기, 중량에 따라 규격과 표준 거래단위, 포장단위에 유의한다. 다량 조리 용도에 맞는 형태나 품질도 고려해야 한다. 통조림이나 기타 가공식품의 경우, 가정용의 소포장보다는 대형 포장 형태가 가격도 싸고 사용하기에 편리하다. 생선류는 같은 무게의 상자라도 생선 크기가 큰 것은 값이 비싸므로 적당한 크기를 선택하면 보다 경제적인 가격으로 구입이 가능하다. 육류를 구입할 때는 요리용도에 맞는 부위를 결정한 후 식육판매 표시판에서 사고자 하는 부위명과 용도, 고기의 등급, 100g당 가격, 원산지와 품종을 확인한다.

식품안전을 위한 똑똑한 장보기

- 생활잡화를 먼저, 식품구매는 나중에 하는 것이 좋아요.
- 식품의 구매는 1시간 이내로 하세요.
- 냉장이 필요없는 식품 → 과채류 → 냉장이 필요한 가공식품 → 육류 → 어패류 순서로 장을 보세요.
- 장보기를 마치면 시간을 지체하지 말고 바로 귀가하여 냉장고에 보관하세요.
- 샌드위치, 김밥, 떡볶이 등의 즉석식품은 구매 후 바로 드시는 것이 좋아요.

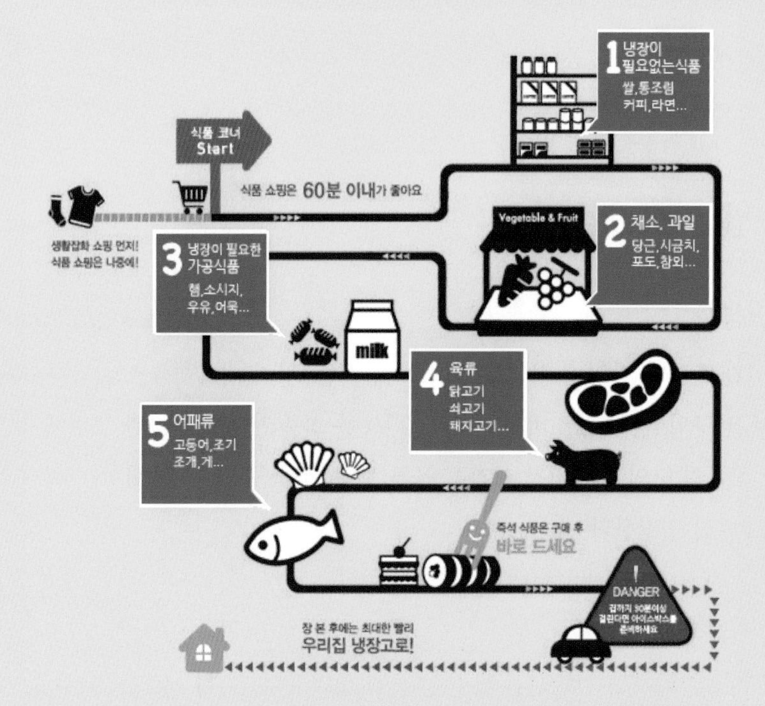

안전한 식품 고르기

- 점포 내부가 청결하고 정리가 잘되어 신뢰가 가는 곳에서 구입하세요.
- 유통기한을 확인하여 날짜가 많이 남아 있는 식품으로 고르세요.
- 캔이나 용기 등의 포장이 파손되거나 움푹 들어가거나 오염되어 있는 것은 피하세요.
- 종류가 다른 식품을 취급할 때 점원이 집게를 바꿔서 사용하는지 확인하세요.
- 계란은 특정한 용기에 담겨진 것을 구입하고 금이 가거나 오염된 것은 피하세요.
- 곰팡이가 있거나 변색되는 등 상한 것으로 보이는 식품은 피하세요.
- 따뜻한 식품이 식어 있으면 사지 마세요.
- 카운터 위에 뚜껑 없이 판매하는 조리된 식품은 사지마세요.
- 육류, 생선류 등의 즙액이 다른 식품에 옮겨 가지 않도록 주의하세요.

| 그림 6-18 | 식품안전 장보기 사례

자료 : 식품의약품안전처, 식품안전정보포털

(4) 안전하게 식품 장보기 순서

식품구매는 60분 이내로 보며 장보는 순서는 냉장 · 냉동이 필요 없는 식품부터 구입한 후 채소 · 과일류를 선택하고 그 다음은 냉장이 필요한 우유나 육가공품을 선택하며, 육류 및 어패류를 구입한 후에는 즉시 빠른 시간 내에 집으로 귀가하여 식품을 종류에 따라 분류하여 보관한다(그림 6-19).

식품보관

식품을 구입하여 조리할 때까지 되도록 영양 손실이 없고 벌레 등이 침입하지 못하도록 잘 보관하는 동시에 부패하지 않도록 관리하는 것이 식품보관 · 관리의 목표이다. 식품을 보관할 수 있는 장소로는 지하실 · 주방 · 창고 · 냉장냉동고 · 다용도실 등이 있는데, 보통 가정에서 식품을 저장하는 창고는 옥내 및 옥외에 설치할 수 있다. 식품은 종류에 따라 보관 및 저장장소를 분류해야 한다. 식품을 보관할 장소는 적당한 온도와 습도가 유지되며 통풍이 잘 되고 세균 번식이 없는 곳이어야 한다.

(1) 채소류 보관

감자, 양파, 고구마 등은 바람이 잘 통하는 바구니에 담아 습기가 적은 장소에 보관한다. 채소는 가능한 한 직사광선을 받지 않는 서늘한 곳이나 냉장고에서 저온 저장해야 한다.

(2) 건어물 보관

멸치, 미역, 다시마, 북어, 오징어 등의 건어물은 종이에 싸서 습기가 없는 건조한 장소에 보관하거나 냉동실에 넣으면 장기 저장할 수 있다. 냉동실에 보관할 때에는 탈수되지 않도록 밀폐용기에 넣거나 포장해서 저장한다.

(3) 조미료 보관

조미료인 설탕, 소금, 후추, 깨, 기름 등은 매일 사용하는 것이므로 조그만 용기에 담아서 주방에서 사용하도록 하고 나머지는 습기가 없는 건조하고 서늘한 곳에 두도록 한다.

(4) 보관식품의 이용

집안에 보관하고 있는 식품은 언제나 손쉽게 꺼내 쓸 수 있도록 정리 · 정돈되어 있어야 하며 오래된 것부터 사용할 수 있도록 식품마다 구입일자 꼬리표(tag)를 부착하여 구입한 순서대로 정리해야 한다. 식품은 오래 묵히면 변질되기 쉬우므로 변질되기 쉬운 식품은 한꺼번에 너무 많은 양을 구입하여 보관하는 것은 좋지 않다. 그러나 변질될 우려가 적은 식품은 계절적으로 가격이 쌀 때 대량 구입하여 보관하는 것이 좋으며, 이런 경우에는 보관한 식품과 장소를 메모지에 기록하여 식단을 작성할 때 그 식품을 사용하도록 한다. 대부분의 식품은 먼저 구입한 식품을 먼저 사용하는 선입선출방식(first in first out)을 적용하여 관리하여 재료의 낭비가 없도록 한다.

(5) 냉장 · 냉동고 사용

냉장고는 식품을 단기일 보관하는 장소이므로 냉장고에 보관한 것이라고 하여 오래두어도 식품이 부패하지 않는다고 생각해서는 안 된다. 냉장고에 식품을 넣어둘 수 있는 기간은 냉장 온도에서 고작 3~5일 정도이다. 냉장고에 보관해야 할 식품은 육류 · 생선 · 달걀 · 엽채소 · 과일 등이다. 그곳에 식품을 보관할 때에는 반드시 깨끗하게 씻은 후 식품을 비닐봉지로 포장하여 넣어두며 먹다 남은 반찬을 넣어둘 때에는 뚜껑이 있는 밀폐용기에 담아 음식의 냄새가 서로 배지 않도록 해야 한다. 또 육류나 생선 등은 냉동실 가까운 곳에 보관하고 채소나 과일은 2단이나 3단 채소보관함에 넣어서 보관한다. 냉장고에 식품을 너무 많이 채우지 않도록(70% 정도) 하여 대류가 잘 되어 식품의 온도 변화를 적게 하도록 한다. 냉장고를 자주 열면 외부의

Tip | 식품 저장온도

- 표준온도(20℃)
- 상온(15~20℃)
- 실온(1~35℃)
- 미온(30~40℃)
- 찬 곳, 건냉한 곳(0~15℃)
- 냉장보관(1~10℃)
- 냉동보관(-18℃)

식품의약품안전처

2015.7

식약처에서는 식생활에 도움이 되는
식품안전 정보와 해외 위해식품정보를 보내드립니다.

참 좋아요!
식품별 냉장고 보관

"냉장고에 넣기만 하면 된다구요?
식품마다 보관에 적당한 장소가 따로 있어요."

냉동 보관 할
조리식품
냉동실 상단 보관

냉동 보관 할
육류 · 어패류
냉동실 하단 보관
생선 핏물은 생선을 빨리 상하게 하므로 씻어서 보관하세요.

냉동실

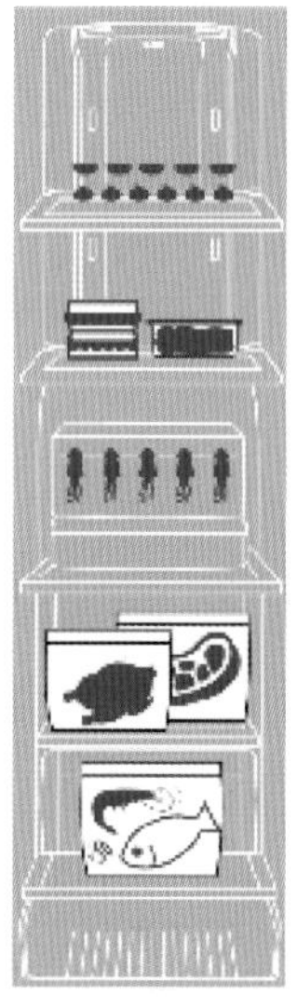

냉장실

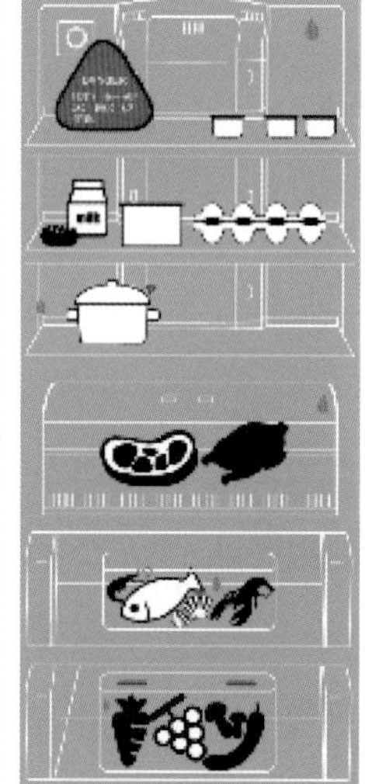

달걀
TIP 문쪽은 온도 변화가 크니 금방 먹을 것만 보관하세요.

금방 먹을
육류 · 어패류
* 냉장실(신선실) 보관
* 어패류는 씻어서 밀폐용기에 보관

채소 · 과일
TIP 흙, 이물질 등을 제거한 후 보관하세요.

냉동실 문쪽	냉동실 안쪽	냉장실 안쪽	냉장실 문쪽
문쪽은 안쪽보다 온도 변화가 심해요.	가장 오랫동안 보관할 식품을 넣어 주세요.	문을 자주 열면 온도가 상승하기 쉬워요.	온도 변화가 가장 심해요. 잘 상하지 않는 식품을 보관하세요.

| 그림 6-19 | 냉장고 보관방법의 예
자료 : 식품의약품안전처, 식품안전정보포털

더운 공기가 내부로 들어가 냉장고의 온도가 높아져 식품이 쉽게 부패되므로 주의해야 한다. 식품을 잘 보관하기 위해서는 식품에 알맞은 저장온도와 저장기간을 알아두어야 한다. 온도가 낮은 겨울에는 무, 배추 등은 일정한 지하의 온도로 움저장함으로써 3~4개월 정도 보관할 수 있으나 그대로 두면 얼어서 먹을 수 없게 된다. 가공산업의 발달로 많이 생산되는 사과 · 배 등의 과일을 냉동 저장하여 1년 내내 구입하여 먹을 수 있다. 오늘날에는 냉동법이 발달되어 육 · 어류는 냉동하여 장기간 저장하며, 그 밖에 채소나 과일, 구워서 만든 빵이나 파이 등도 냉동 보관하여 갑자기 맞게 되는 손님접대에 대비할 수 있다. 만두 · 크로켓 · 고기완자 등은 주부가 시간이 있을 때 만들어 냉동실에 넣어두면 급히 필요할 때 쉽게 이용할 수 있다. 이와 같이 식품관리에 대하여 식품생산자와 소비자는 다양한 연구를 하여 주부의 시간과 노력을 덜어주는 동시에 영양 손실이 되지 않는 저장법을 잘 익혀두도록 한다. 또한 식품의 종류에 따라 보관법이 다르므로 보관 장소를 잘 마련하도록 한다.

조리방법의 합리화

식품을 구입한 후 우리가 먹을 수 있도록 만드는 과정을 조리라고 한다. 즉, 식품에 손을 가하여 음식물로 바꾸는 조작을 말하며, 동물은 이러한 조리과정을 거치지 않고 천연상태의 식물이나 동물을 그대로 먹지만 사람은 불의 발견에 의하여 식품을 굽고 끓이는 등의 다양한 조리과정을 가지게 되었으며 문화발달에 따라 점차적으로 새로운 조리기기와 식품이 생산되어 다채로운 조리방법이 생기게 되었다. 날것으로 먹을 수 있는 채소, 과일도 씻어서 자르거나 껍질을 벗기거나 하는 물리적인 조리과정을 거치게 된다. 우리가 주식으로 하는 쌀은 그대로 먹는 것이 아니고 가열조리에 의하여 밥이 되어 소화 · 흡수되기 쉬운 음식물이 된다. 즉, 식품을 구입하여 우리의 입으로 들어가기까지의 모든 과정이 조리의 범위에 포함된다. 영양상으로 바람직하게 계획된 식단이라도 조리법에 있어 부적합하다면 실제적으로 계획된 영양량을 섭취할 수 없다. 조리의 합리화는 조리법에 의하여 식품이 가지고 있는 영양가를 대부분 섭취할 수 있도록 하는 것이다. 즉, 식품의 계획, 썰기와 모양내기, 씻기, 조미, 가열 등 조리의 모든 과정에 있어 합리적인 방법이 연구되고 실천되어야 비로소 가능해진다.

알아보기 6-8

농장에서 식탁까지 촘촘한 식품안전관리

	생산	제조	수입	유통	소비
안전관리 대상	• 농산물, 축산물, 수산물 (생산자 1,266천가구)	• 가공식품, 식품첨가물, 건강기능식품, 기구용기 (식품제조업체35천개소)	• 농축수산물, 가공식품, 식품첨가물, 건강기능식품, 기구용기 (수입업체 31천개소)	• 농축수산물, 가공식품, 식품첨가물, 건강기능식품, 기구용기 (수입업체 31천개소)	• 외식, 급식 등 조리식품 (음식점, 급식소 등 817천개소)
안전관리 수단	• 농산물 농약검사 • 축수산물항생물질 검사 • 농산물 - GAP • 축.수산물 - HACCP (양식장, 사육장) • 농축수산물 농약.항생물질 등 기준규격 설정	• 지도점검 • 검사명령 • 회수명령 및 공표 • 행정처분 및 공개 • HACCP • GMP • 가공식품의 기준.규격, 첨가물 사용 기준 등 설정	• 해외제조업체 사전등록 • 해외제조업체 현지실사 • 수입통관단계 검사 • 우수수입업소 등록 • 검사명령, 교육명령	• 수거검사(인터넷 등 포함) • 지도점검 • 위해식품판매차단시스템 • 식품이력추적관리제도 • 어린이식품안전보호구역	• 조리식품 검사 • 지도점검 • 모범음식점 • 어린이급식관리지원센터 • 식중독조기경보시스템 • 식품표시(영양표시)
안전관리 주체	• 식의약품안전처 총괄 • 농식품부, 해수부위탁	• 식의약품안전처 총괄 • 지자체 집행	• 식의약품안전처	• 식의약품안전처 총괄 • 지자체 집행	• 식의약품안전처 총괄 • 지자체 집행

우리나라의 식사예절

일상식 상차림

의례식 상차림

절식과 시식의 상차림

식사예절

누구나 즐거운 기분으로 음식을 먹으려면 상차림, 대접하기, 음식 먹기 등에 있어 격식에 맞고 실례가 되지 않도록 하여야 한다. 일상생활을 하는 데에는 여러 형태의 예절이 있으나 그중에서도 식사예절은 가계의 가풍과 가족의 인격과 교양을 나타내는 것이므로 식사예절을 잘 알아서 언제든지 예절에 어긋남이 없이 올바른 식생활을 하도록 하는 것이 중요하다.

우리나라의 식사예절

일상식 상차림

누구나 즐거운 기분으로 음식을 먹으려면 상차림, 대접하기, 음식 먹기 등에 있어 격식에 맞고 다른사람에게 실례가 되지 않도록 하여야 한다. 일상생활을 하는 데에는 여러 형태의 예절이 있으나 그 중에서도 식사예절은 가계의 가풍과 가족의 인격과 교양을 나타내는 것이므로 식사예절을 잘 알아서 언제든지 예절에 어긋남이 없이 올바른 식생활을 하도록 하는 것이 중요하다. 음식상에 차리는 상의 주식이 밥과 반찬을 주로한 반상을 비롯하여 장국상, 죽상, 주안상, 다과상 등으로 나눌 수 있고 상차림의 목적에 따라 교자상, 돌상, 큰상, 제상 등으로 다양하다.

반 상

한국 일상음식의 상차림은 외상 또는 독상이 기본이다. 그러나 점차로 생활이 변화하면서 겸상 또는 가족 여럿이 둘러앉는 두레상을 차리는 가정이 많아졌으며, 근래에는 주택구조의 변화로 입식생활이 늘면서 서양식의 식탁에 식사를 차리는 가정도 많아졌다.

반상은 밥과 반찬으로 차리는 밥상으로 반찬의 수에 따라 3첩 · 5첩 · 7첩 · 9첩 · 12첩으로 나뉜다. 반상차림을 살펴보면, 기본적으로 밥상을 차리는 음식은 밥 · 국 · 김치 · 장류 · 찜 · 찌개

| 표 7-1 | 반상차림의 원칙

구분	기본음식							쟁첩에 담는 찬품									
	밥	국	김치	장류	찌개	찜	전골	생채	숙채	구이	조림	전	장과	마른 찬	젓갈	회	편육
3첩	1	1	1	1				택 1		택 1		X	택 1			X	X
5첩	1	1	2	2	1			택 1		1	1	1	택 1			X	
7첩	1	1	2	3	1	택 1		1	1	1	1	1	택 1			택 1	
9첩	1	1	3	3	2	1	1	1	1	1	1	1	1	1	1	택 1	

로 첩 수에 포함되지 않는다. 첩 수에 포함되는 찬품으로는 생채 · 숙채 · 구이 · 조림 · 전 · 장과 마른 찬 · 젓갈 · 회 · 편육 등으로 쟁첩(그릇)에 담아 차린다. 종지의 수와 반찬의 내용은 서로 연관된다. 즉, 3첩일 때는 간장 종지만, 5첩이면 전을 먹을 때 필요한 초간장을 더해서 종지가 2개가 된다. 또한 7첩 이상이면 회가 더해지므로 회에 필요한 초고추장을 더해서 종지가 3개가 된다. 반상차림의 원칙에 따라 식단을 구성하면 여러가지 조리법과 다양한 식품재료로 균형 있는 상차림을 할 수 있다. 첩수에 따른 음식과 상차림에서의 예는 다음 그림 7-1과 같다.

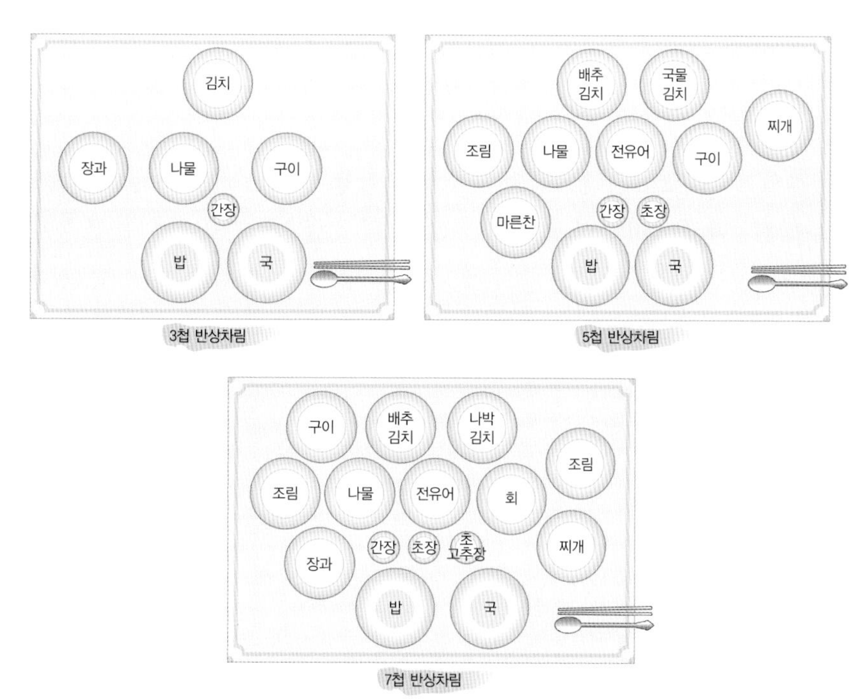

| 그림 7-1 | 반상차림의 종류

장국상

장국상은 밥을 대신하여 주식을 국수나 만두, 떡국으로 차리는 상으로 점심 또는 손님대접에 차리는 상이다. 식사 후에는 떡이나 조과 · 생과 · 화채 등을 차려낸다. 과거에는 후식도 한 상에 차려서 대접했다(그림 7-2).

- **기본음식**
  - 떡국 · 냉면 · 온면 · 만둣국 중 한 가지
  - 장류(청장 · 초간장)
  - 김치
  - 찜
- **찬 품**
  - 회 또는 강회찬
  - 산적 또는 누름적
  - 전유어
  - 편육
  - 채

죽 상

죽상은 죽 · 응이 · 미음 등을 주식으로 하고 간단히 찬을 차린다. 죽상에 올리는 김치류는 국물이 있는 나박김치나 동치미로 하고, 찌개는 젓국이나 소금으로 간을 한 맑은 조치이다. 찬으로는 육포나 북어보푸라기, 매듭자반 등의 마른 찬 두 가지 정도를 함께 차린다(그림 7-3).

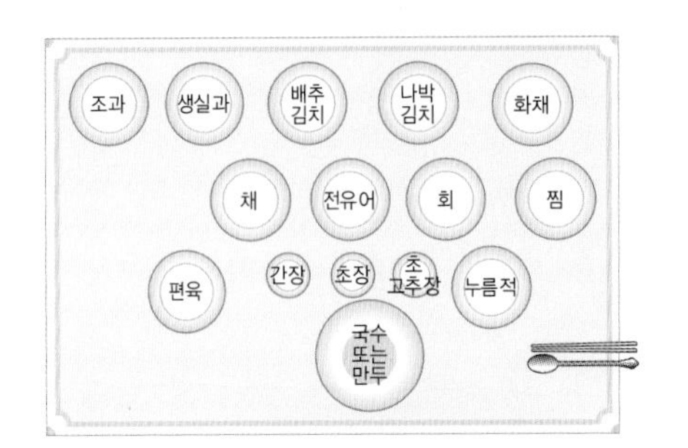

| 그림 7-2 | 장국상차림

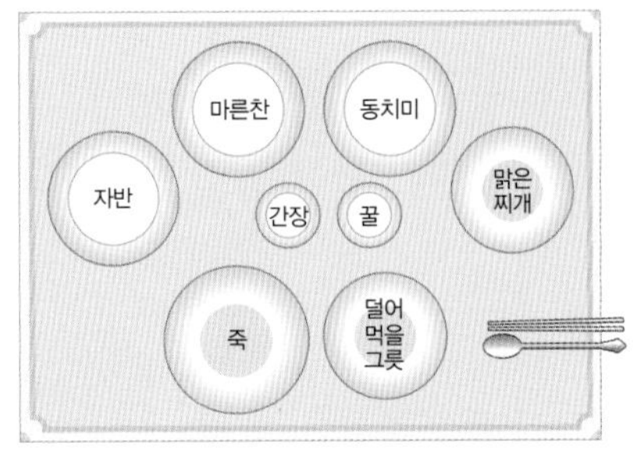

| 그림 7-3 | 죽상차림

주안상

주안상은 술을 대접하기 위해 차리는 상으로 청주 · 탁주와 같은 술과 함께 전골이나 찌개같은 국물이 있는 뜨거운 음식과 전유어 · 회 · 편육 · 김치를 술안주로 대접한다. 주안상은 외상보다는 둘 이상의 겸상을 한다.

교자상

교자상 차림은 반상과 같이 주식과 찬품이 분리되는 형태가 아니며, 여러 사람이 함께 모여 회식할 수 있도록 교자상에 차리는 상차림이다. 대개 한 교자상에 네 사람을 대접한다. 주식은 냉면이나 온면 · 떡국 · 만두 중에서 제절에 맞는 음식을 정하고, 표 7-2를 기준으로 찬품을 구성한다.

| 표 7-2 | 교자상의 구성

<table>
<tr><th>구 분</th><th>조리법</th><th>음식의 예</th><th>13첩</th><th>12첩</th><th>9첩</th><th>7첩</th><th>5첩</th></tr>
<tr><td rowspan="7">기본 음식</td><td>• 면 · 떡국 · 만두</td><td>온면 · 냉면 · 떡국</td><td>1</td><td>1</td><td>1</td><td>1</td><td>1</td></tr>
<tr><td>• 탕</td><td>완자 · 임자수탕</td><td>1</td><td>1</td><td>1</td><td>X</td><td>X</td></tr>
<tr><td>• 찜</td><td>도미찜 · 갈비찜</td><td>1</td><td>1</td><td rowspan="2">택 1</td><td rowspan="2">택 1</td><td rowspan="2">택 1</td></tr>
<tr><td>• 신선로</td><td>열구자탕</td><td>1</td><td>1</td></tr>
<tr><td>• 김치</td><td>배추 · 장 · 나박김치</td><td>3</td><td>2</td><td>2~3</td><td>2</td><td>2</td></tr>
<tr><td>• 장류</td><td>청장 · 초장 · 겨자</td><td>3</td><td>3</td><td>2</td><td>2</td><td>2</td></tr>
<tr><td>• 꿀</td><td>편을 차릴 때</td><td>1</td><td>1</td><td>1</td><td>1</td><td>1</td></tr>
<tr><td rowspan="6">찬 품</td><td>• 회</td><td>어채 · 강회 · 갑회</td><td>1</td><td>1</td><td>1</td><td rowspan="4">택 3</td><td rowspan="2">택 1</td></tr>
<tr><td>• 편육</td><td>양지머리 · 제육</td><td>1</td><td>1</td><td>1</td></tr>
<tr><td>• 전유어</td><td>생선전 · 간전</td><td>1</td><td>1</td><td>1</td><td rowspan="2">택 1</td></tr>
<tr><td>• 적</td><td>화양적 · 누름적</td><td>1</td><td>1</td><td>1</td></tr>
<tr><td>• 채소</td><td>겨자채 · 구절판</td><td>1</td><td>1</td><td>1</td><td>1</td><td>1</td></tr>
<tr><td>• 포</td><td>마른안주 · 육포</td><td>1</td><td>1</td><td>1</td><td>1</td><td>X</td></tr>
<tr><td rowspan="8">후 식</td><td>• 편</td><td>각색편 · 단자</td><td>1</td><td rowspan="2">택 1</td><td rowspan="2">택 1</td><td rowspan="2">택 1</td><td rowspan="2">택 1</td></tr>
<tr><td>• 약식</td><td></td><td>1</td></tr>
<tr><td>• 조과</td><td>유밀과 · 강정</td><td>1</td><td>1</td><td rowspan="4">택 1</td><td rowspan="4">택 1</td><td rowspan="4">택 1</td></tr>
<tr><td>• 정과</td><td>각색 정과</td><td>1</td><td rowspan="2">택 1</td></tr>
<tr><td>• 숙실과</td><td>밤초 · 율란 · 조란</td><td>1</td></tr>
<tr><td>• 생실과</td><td>각색 과일</td><td>1</td><td>1</td></tr>
<tr><td>• 화채</td><td>오미자화채 · 식혜</td><td rowspan="2">택 1</td><td rowspan="2">택 1</td><td rowspan="2">택 1</td><td rowspan="2"></td><td rowspan="2"></td></tr>
<tr><td>• 차</td><td>생강차 · 계피차</td></tr>
</table>

| 표 7-3 | 다과상에 차리는 음식의 종류

분 류		음식명
떡	증병류(찌는 떡)	각색편(백편 · 신검초 · 꿀 · 석이), 녹두편, 깨편, 백설기, 밀설기 등
	도병류(친떡)	절편, 개피떡, 인절미, 각색단자(대추 · 석이 · 쑥구리 · 유자 · 은행 · 밤)
	기타 떡류	주악, 화전, 경단, 송편, 증편, 두텁떡, 약식 등
조과	유밀과	약과, 매작과, 모약과, 만두과, 다식과 등
	강정	매화강정, 세반강정, 산자, 연사과, 빙사과 등
	다식	송화, 흑임자, 깨, 진말, 녹말, 청태, 강분, 오미자, 밤 등의 다식
	숙실과	밤초, 대추초, 율란, 조란, 생강란 등
	정과	도라지, 연근, 생강, 모과, 유자, 박고지 등의 정과
생과		사과, 배, 감, 귤, 참외, 수박, 딸기, 포도, 복숭아 등
음청류		앵두 · 딸기 · 복분자 · 복숭아 · 배 · 오미자 · 유자 · 귤 등의 화채, 화면(책면), 떡수단, 보리수단, 원소병, 식혜, 수정과, 배숙, 제호탕 등
차		녹차, 생강차, 인삼차, 칡차, 모과차, 유자차, 대추차, 계피차 등
김치		배추김치, 오이소박이, 보김치, 장김치, 나박김치, 동치미 등
꿀		꿀

다과상

다과상은 평상시 식사 이외의 시간에 다과만을 대접하는 경우와 주안상이나 장국상의 후식으로 내는 경우가 있다. 음료로는 차가운 음청류와 더운 차를 마련하고 각 계절에 잘 어울리는 떡류 · 생과류 · 조과류 등을 고려하여 계절감을 살린다. 다과상만을 대접할 때는 떡과 조과류를 주로 준비하고 후식상인 경우에는 여러 품목 중에서 한두 가지씩만을 대접한다(표 7-3).

뷔페식 상차림

친교나 사교를 위해서 여러 사람들이 작은 장소에서 식사를 하고자 할 때는 뷔페식(buffet) 상차림을 사용한다. 이는 먹는 사람이 각각 자기가 먹을 음식을 덜어다가 먹는 방식으로, 큰 접시에 많은 사람들이 먹을 수 있는 양의 음식을 담아놓고 개인용 접시를 놓아 음식을 덜어가기 편리하게 순서를 정하여 음식을 차려 놓는다. 이때 육 · 어류를 맨 먼저 집어갈 수 있는 장소에

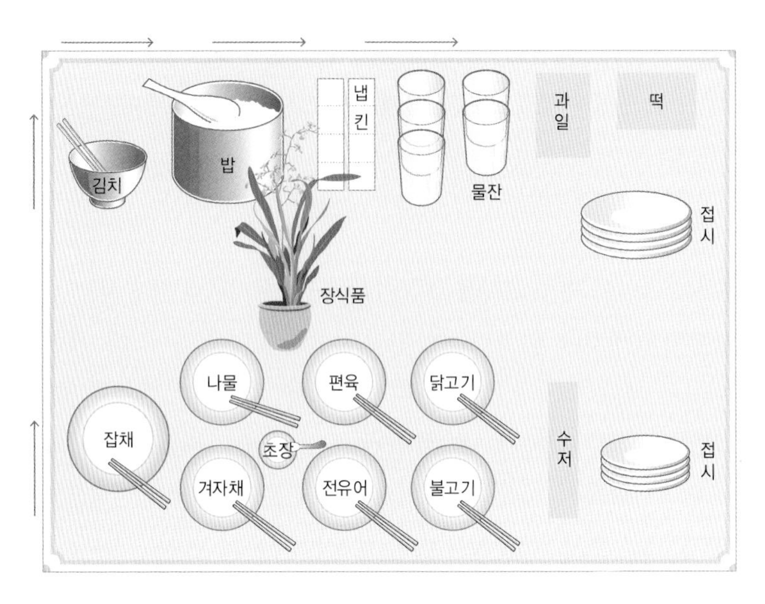

| 그림 7-4 | 뷔페 상차림(한식)

놓고 채소류, 김치류, 밥의 순서로 놓는다. 후식은 식사가 끝날 무렵에 음료와 함께 차린다. 뷔페에는 접대하는 사람이 따로 필요하지 않으나 식탁 주변의 일을 보살필 사람이 있는 것이 좋다. 각자 음식을 덜어다 먹게 되므로 음식배열을 순서 있게 하며 아울러 상 전체가 어울릴 수 있도록 놓아야 한다. 모든 음식 접시에는 반드시 음식을 덜어갈 수 있는 서빙스푼(serving spoon) 또는 젓가락을 놓아야 한다. 한 가정에서 음식을 전부 준비하지 않고 각 가정에서 한 가지씩 음식을 준비해와서 이용할 수 있는 방법이기도 하다. 그림 7-4는 가정에서 한식뷔페 상차림의 예이다.

의례식 상차림

사람이 출생하여 한평생 사는 동안 여러 가지 고비를 지날 때 의식이나 의례를 치르며 이때에 의례음식을 마련한다. 의례형식은 시대의 변천과 함께 점차 변화되고 있다. 오랫동안 내려온 의례의 풍습은 아직도 이어지고 있다. 예를 들면 생일날에는 미역국과 흰밥을 먹고, 혼렛날에는 국수를 먹으며, 조상이 돌아가신 날에는 제사를 지낸다. 여러 의식과 의례 가운데 길한 일은 출생 · 돌 · 관례 · 혼례 · 회갑례 · 회혼례 등이며, 궂은일에는 상례와 제례가 있다. 모든 의식절차는 의례법으로 정해져 있고 모든 의식에는 반드시 음식을 차린다.

돌 상

아기가 출생해서 만 1년이 되는 생일을 첫돌이라 하며, 우리나라 풍습에는 생일에 돌상을 차려 아기에게 돌잡이를 시킨다. 돌잡이는 아기의 앞날을 알아보고 아기의 재롱을 보는 것으로 장수 · 번영 · 다복을 기원하는 의미에서 행해지고 있다. 돌상에는 백설기, 송편, 대추, 쌀, 홍실, 백실, 활, 화살, 붓, 먹, 벼루, 책, 돈, 국수 등을 상 위에 차려놓는다. 떡의 종류로는 백설기 · 인절미 · 송편 · 개피떡 · 수수경단 등이 있다. 과일은 계절에 따라 생산되는 과일류인 사과 · 배 · 감 · 딸기 · 귤 · 포도 등도 사용한다. 대추는 자손의 번영을 의미하는 것이며, 쌀은 식복을 말하고, 국수와 타래실은 수명장수를 뜻하며 책 · 붓 · 먹 · 벼루는 재주를 뜻하고, 활과 화살은 용맹을 뜻하며, 돈은 부를 뜻한다. 이와 같은 것들을 상 위에 차려 놓고 아기에게 처음으로 정장을 시킨 후 상 앞에 서서 물품을 집거나 휘적거리게 한다. 친척과 친지를 초청하여 돌잡이를 보고 아기의 재롱을 보며 기쁜 시간을 갖는다. 돌날 손님상은 흰 밥에 미역국과 나물 · 구이 · 자반 · 김치 · 조치 등으로 반상을 차려서 대접한다. 돌에도 백일 때와 같이 친척과 이웃에 떡을 돌리며 떡을 받으면 답례로 실, 돈, 반지, 수저 등을 주어 아기의 장래가 부귀 · 장수하기를 기원한다. 남아의 돌상과 여아의 돌상의 예는 그림 7-5와 같다.

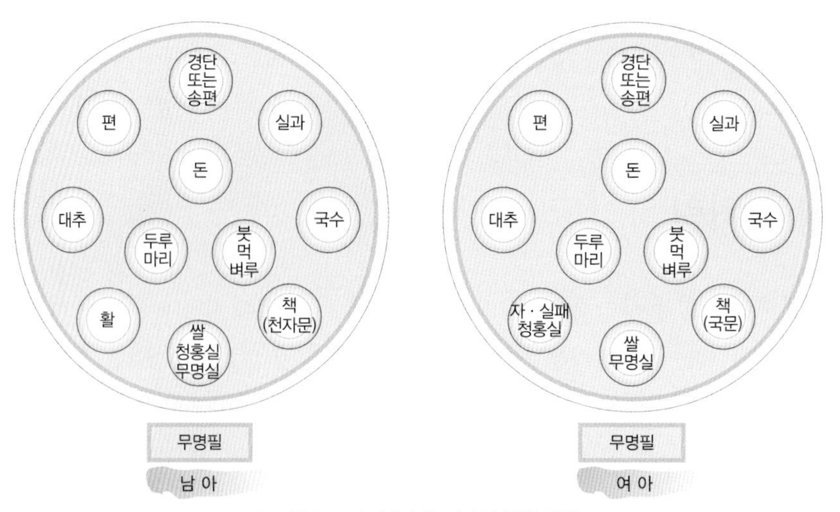

| 그림 7-5 | 남아와 여아의 돌상차림

생신상

어른의 생신날에는 자손이 축하드리고 봉양의 뜻으로 반상을 제대로 갖추어 대접한다. 아침상은 흰 밥에 미역국 그리고 5첩이나 7첩의 찬품으로 반상차림을 한다.

혼례상

(1) 교배상

교배상(交拜床) 위에 차리는 것은 지역이나 가정에 따라 조금씩 다르나 대개는 상 좌우로 사철나무 · 대나무 · 동백나무를 꽂고, 촛대 한 쌍에 청홍색 촛불을 켠다. 그리고 닭 한 쌍을 목만 내놓고 보자기에 싸서 놓는다. 또한 쌀 · 팥 · 콩 · 밤 · 대추 · 곶감 · 삼색과일과 떡을 담아놓으며, 숭어 한 쌍을 쪄서 신랑 것은 밤을 입에 물리고, 신부 것은 대추를 입에 물려 담아 놓는다. 대례가 끝나면 친척과 손님에게 국수상으로 잔치를 베푼다.

(2) 큰 상

혼례식이 끝나면 신부 집에서는 신랑에게 큰 상을 차린다. 음식을 높게 고이므로 고배상 또는 바라보는 상이라 하여 망상이라고도 한다. 신랑 · 신부에게 각각 면상을 차리는데, 이를 입매상이라 한다. 고이는 음식은 각색편, 강정, 유밀과, 다식, 숙실과, 당속, 정과, 각색과일, 어물새김, 전유어, 적, 편육 등이 있다. 이 큰 상을 신랑 · 신부가 받았다가 물리면 신랑을 데리고 왔던 상객이 돌아갈 때 시댁에 봉송으로 보낸다. 신방에 들기 전에 저녁은 7첩 또는 9첩 반상을 부부 각상 또는 겸상으로 차린다. 이 외로 큰 상은 혼례 · 회갑 · 희년(만 70세) · 회혼례(결혼 61주년)를 축하하는 경축용 상으로 쓰인다.

회갑상

부모가 회갑을 맞으면 자손들이 모여 수연상을 차리고 잔치를 베풀어드린다. 수연상은 혼례 때와 같은 큰 상과 입매상을 차리고 자손들이 헌주를 한다. 헌주가 끝난 후 국수장국을 중심으로 큰 상에 고였던 음식을 고루 차려 손님에게 대접한다.

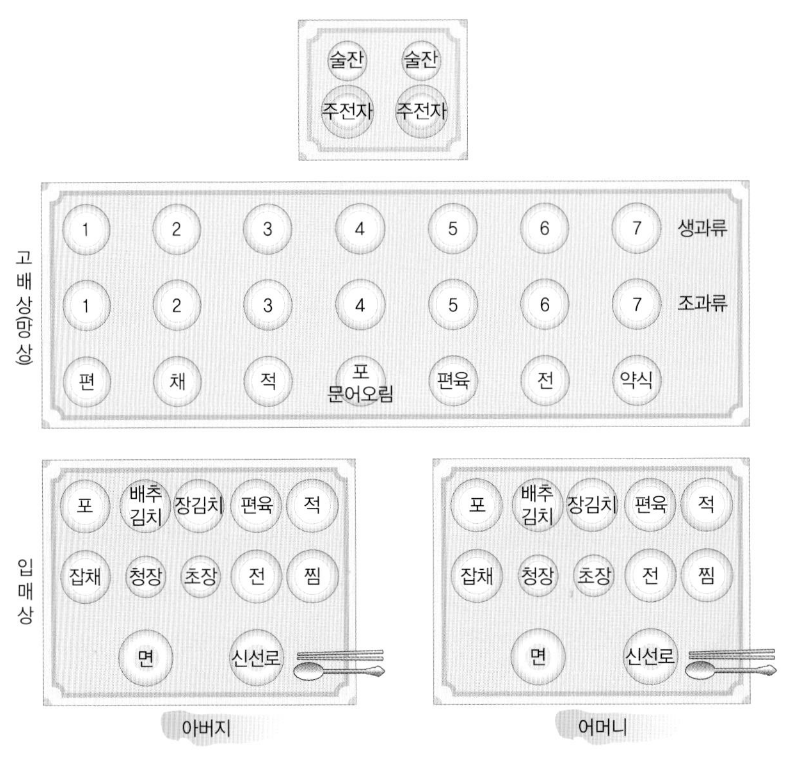

| **그림 7-6** | 회갑상차림

제 상

제사는 고인이 죽은(亡日) 전날 밤에 고인을 추모하는 뜻에서 모시는 것이며, 제사상 차림은 오늘날 가정의례준칙에 따라 대폭 간소화되어 보통 우리네 식사상과 별다름 없이 차리도록 되어 있다. 정성과 추도의 진의를 표시하는 뜻에서 제사상을 차리게 되므로 형식에 치우치지 말고 실질적으로 제사상을 차리도록 한다. 제사상 차림은 가정의 전통과 범절에 따라 다르나 예부터 내려오는 예를 들면 다음과 같다. 제상에서는 진짓상에서의 진지와 탕의 위치가 정반대로 놓인다. 즉, 먹는 위치에서 오른쪽에 메(밥)을 놓고 왼쪽에 갱(탕)을 올린다. 수저는 상에 내려놓지 않고 시접에 담으며, 집사(제사를 진행하는 사람)가 젓가락을 대접에서 세 번 그루박고 포 위에 놓는다. 건조기나 어적, 북어포 등은 동쪽으로 머리, 서쪽으로 꼬리가 가게 놓으나 진짓상에서는 그 반대로 익은 생선을 낼 때는 먹는 사람이 보아 좌로 머리가 가고, 꼬리는 오른쪽, 뒤쪽에 배가 오도록 놓는다. 그러므로 제상에서는 그 생선을 뒤집어 담는다. 즉, 두동

미서(頭東尾西)로 놓으면서 등이 위패 쪽으로, 배 부분이 참석자 쪽으로 오게 놓는다.

■ 젯메 : 백반(흰쌀밥)을 제사모시기 직전에 지어서 소복하게 퍼서 뜨거울 때 올린다.

■ 탕 : 탕에는 단탕(한 가지), 삼탕(세 가지), 오탕(다섯 가지)이 있는데 가정의 형편대로 하며 국물은 적게 하고 건더기를 소복하게 담는다.

- 삼탕일 경우 : 육탕(고기), 어탕(어패류), 소탕
- 오탕일 경우 : 육탕, 어탕, 소탕, 봉탕, 잡탕

■ 적 : 형편에 따라 단적, 삼적, 오적으로 구별된다.

- 삼적일 경우 : 소적(두부), 어적(어패류), 육적(고기류)
- 오적일 경우 : 소적, 어적, 육적, 봉적, 채소적(도라지 · 고사리 · 버섯 등)

■ 간납 : 전류를 말하며 생선전유어, 육전, 간전, 천엽전, 간납전(우엉 · 버섯 · 당근 · 파 · 고기 등)

■ 나물 : 도라지, 고비, 고사리, 버섯, 미나리, 시금치 등

■ 포 : 육포, 어포, 북어포, 문어, 말린 전복 등

■ 편 : 백편, 꿀편, 신검초편, 주악 등

■ 식혜 : 식혜는 식혜 밥만을 소복하게 담고 대추를 썰어서 위에 얹는다.

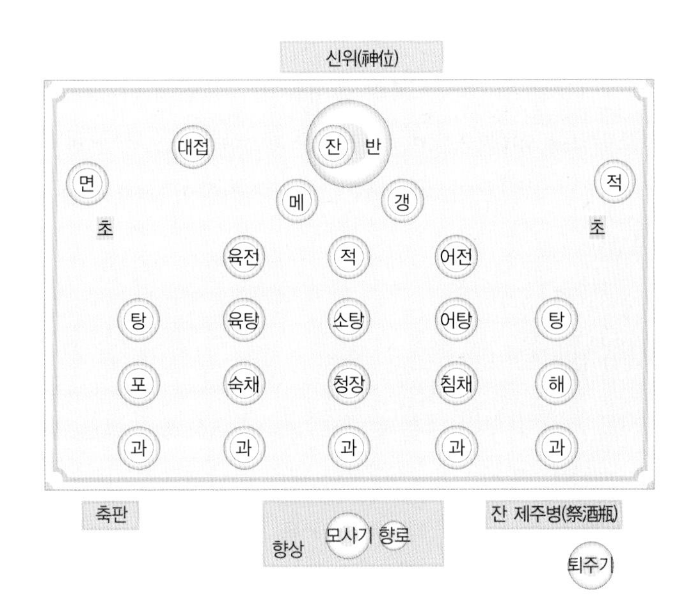

| 그림 7-7 | 제상 진설의 예

■ 숙과 : 강정류, 다식류, 전과 등
■ 잡과 : 약과, 다식과, 중백기, 타래과, 매자과 등
■ 건과와 생과일 : 밤, 대추, 곶감, 사과, 배, 귤, 참외, 수박 등
■ 제주(祭酒) : 청주(정종)로 사용한다.
■ 김치, 나박김치, 간장, 초간장, 꿀 등이 필요하다.

제기와 제사상은 보통 기명과는 구별되어 있으며, 제사상은 키가 크고 서서 진설할 수 있는 높이로 되어 있으며 검은 칠을 한 상이다. 제기는 유기 · 목기 · 사기로 되어 있고 둥근 접시 밑에 받침이 붙어 있으며 편틀은 네모진 모양으로 되어 있다. 제사를 지낼 때에는 향로 · 향합 · 촛대 · 술잔 등이 준비되어 있어야 한다. 진설은 과실류를 맨 앞줄에 진설하는데 홍동백서(紅東白西)라는 원칙이 있으나 가풍에 따라 다르다. 그 다음 줄은 편, 적, 간납, 포, 셋 째줄에는 식혜, 김치, 간장류, 제주잔, 영전의 바로 앞줄에는 젯메, 탕, 시접 등을 진설한다. 그림 7-7은 제상 진설의 예이다.

절식과 시식의 상차림

절식(節食)은 다달이 끼어 있는 명절음식이고, 시식(時食)은 4계절에 나는 식품으로 만드는 음식을 통틀어 말한다. 1년 12개월 세시풍속의 음식을 알아보면 우리나라 식품의 계절성을 알 수 있으며, 음식과 조리법을 이해하는 데 커다란 도움이 된다. 오늘날 국민이 대이동하는 큰 명절로는 설날과 추석이 남아 있으며, 이날에는 가족, 친척들이 모여 명절음식을 차려 먹으면서 즐거운 생활을 보낸다.

정월초하루(설날)

정월초하루를 설날이라 하며 가족이 새옷을 입고 조상님께 다례(茶禮)로써 새해 인사를 드린다. 어른께는 세배를 드리는 풍속이 있으며, 설날 세배 손님이 오면 세배를 받고 세배상을 차려낸다. 설날에는 주식을 밥 대신 떡국이나 만둣국을 끓여 대접한다. 떡국상이나 만둣국상은 반상과 달리 부식에는 전유어와 편육을 놓고 떡 종류로 인절미, 약식 그리고 강정류를 놓으며

그 밖에 전과를 놓기도 한다. 후식으로 식혜나 수정과를 대접하며 김치류로는 나박김치를 사용한다. 오늘날에는 친척 이외에 많은 친지들이 새해 인사를 정월초하루에 하게 되므로 세배손님이 많다. 같은 시간에 많은 손님의 방문을 받게 되는 경우에는 간소하게 대접하는 방법을 알아두어야 한다. 차의 종류로는 생강차 · 인삼차 · 수정과 · 식혜 중에서 한 가지를 사용하거나, 근래 우리나라에서 생산되는 유자차를 사용할 수도 있다. 강정류 중에서는 엿강정 · 빈사과 · 다식 · 약과 등을 간결하게 대접하며, 남자손님에게는 술을 대접하면서 술안주로 각종 포와 견과류(실백 · 낙화생 · 호두) 등을 대접한다. 가까운 곳에서 온 손님은 간단히 차 종류나 술대접만 하고, 먼 곳에서 온 손님에게는 떡국이나 만둣국을 차려 대접한다. 세배상에는 깍두기나 조림, 젓갈, 장아찌 종류는 놓지 않는다. 정월초하루에 즐기는 음식으로 갈비찜, 너비아니구이, 누름적, 생선회, 구절판, 신선로 등을 첨가할 수도 있다.

추 석

음력 8월 15일을 팔월한가위 또는 추석이라 하며 추석에는 햇곡식과 햇과일을 올려 조상님께 먼저 차례를 드리고 조상의 묘를 찾아서 성묘한다. 추석은 우리나라에서 가장 큰 명절 중의 하나로 토란탕을 끓이고 누름적을 준비하며 햅쌀과 햇녹두, 청대콩, 깨 등으로 속을 넣어 송편을 만드는 것이 상례이다. 그 밖에 닭찜과 각종 나물을 준비하거나 배숙, 햇밤으로 율란 · 밤초 등을 만들어 절식으로 즐긴다.

절식 및 시식에 차려지는 음식의 종류

봄철 명절에는 삼짇날 한식으로 음력 월에 냉이 · 달래 · 씀바귀 등을 먹고, 음력 3월에 개피떡 · 도미국수 · 복어국 · 쑥국 등을 먹으며 여름에는 음력 4월에 검은콩 · 미나리, 음력 5월 앵두, 음력 6월에 삼계탕 · 깨국탕 · 준치국을 먹고, 가을에는 음력 7월에 애호박 · 밀전병, 음력 8월 토란국, 음력 9월 밤 · 아욱 · 유자 · 추어탕, 겨울인 음력 10월 연포탕, 음력 11월 팥죽, 음력 12월에 고구마 · 메밀묵 등을 먹는다.

표 7-4에는 명절과 절식에 따른 음식의 종류를 나타내었다.

| 표 7-4 | 명절음식 및 시식

음 력	명절 및 절후명	음식의 종류
1월	설날(1월 1일)	떡국 · 만두, 편육, 전유어, 육회, 누름적, 떡찜, 담채, 배추김치, 장김치, 약식, 정과, 강정, 식혜, 수정과
	대보름(1월 15일)	오곡밥, 김구이, 아홉 가지 나물, 약식, 유밀과, 원소병, 부름, 나박김치, 이명주
2월	중화절	약주, 생실과(밤 · 대추 · 건시), 포(육포 · 어포), 절편, 유밀과
3월	삼짇날(성묘일)	약주, 생실과(밤 · 대추 · 건시), 포(육포 · 어포), 절편, 화전(진달래), 조기면, 탕평채, 화면, 진달래화채
4월	초파일(석가탄일)	느티떡, 쑥떡, 양색주악, 생실과, 화채(가련수정과 · 순채 · 책면) , 웅어회 또는 도미회, 미나리강회, 도미찜
5월	단오(5월 5일)	증편, 수리취떡, 생실과, 앵두편, 앵두화채, 제호탕, 준치만두, 준칫국
6월	유두(6월 6일)	편수, 깻국, 어선, 어채, 구절판, 밀쌈, 생실과, 화전(봉선화 · 감꽃잎 · 맨드라미), 복분자화채, 보리수단, 떡수단
7월	칠석(7월 7일)	깨찰편, 밀설기, 주악, 규아상, 흰떡국, 깻국탕, 영계찜, 어채, 생실과(참외), 열무김치
	삼복	육개장, 잉어구이, 오이소박이, 증편, 복숭아화채, 구장, 복죽
8월	한가위(8월 보름)	토란탕, 가리찜(닭찜), 송이산적, 잡채, 햅쌀밥, 김구이, 나물, 생실과, 송편, 밤단자, 배화채, 배숙
9월	중양절(9월 9일)	감국전, 밤단자, 화채(유자 · 배), 생실과, 국화주
10월	무오일	무시루떡, 감국전, 무오병, 유자화채, 생실과
11월	동지(12월 21일)	팥죽, 동치미, 생실과, 경단, 식혜, 수정과, 전약
12월	그믐(過歲節食)	골무병, 주악, 정과, 잡과, 식혜, 수정과, 떡국 · 만두, 골동반, 완자탕, 갖은 전골, 장김치

식사예절

가족의 일상적인 식사는 밥을 주로 하는 반상으로 차리며, 가족의 생일 · 혼례 · 회갑 등의 잔치나 상례 등의 행사 때는 손님을 대접하게 되므로 교자상에 네 사람 정도의 분량을 한 상에 차려서 대접한다. 이때 음식을 차리는 쪽이나 대접받는 쪽 모두가 지켜야 할 예절이 있으며 반상과 교자상에 따라 각각 그 예법이 다르다. 차리는 쪽은 편안하게 식사할 수 있도록 끝까지 보살펴야 하고, 대접받는 쪽은 단정한 몸가짐과 고마운 마음으로 감사의 인사를 한다. 큰 소리를 내거나 음식 먹는 소리를 내는 것은 예의에 어긋난다.

상차림에 필요한 식기과 기명

(1) 반상기

일상식의 반상에 쓰이는 그릇을 반상기(飯床器)라 하며 철에 따라 단오부터 추석까지는 여름철 식기인 도자기를 쓰며 그 외의 계절에는 유기(놋그릇)를 썼다. 궁중에서나 양반가의 재력이 있는 집은 은기를 사용하기도 했다. 반상기는 주발 · 탕기 · 조치보 · 보시기 · 종지 · 쟁첩 · 대접 등으로 이루어져 있으며, 모양은 주발의 형태와 합의 모양을 따라서 한 벌에 모두 같은 모양과 문양을 넣는다. 상에 오르는 대표적인 기명은 다음과 같다.

- 주발 : 주로 남자의 밥그릇으로 사기와 유기로 되어 있다. 사기주발은 사발이라 한다. 아래는 위쪽보다 좁고 위로 차츰 넓어지는 모양이며 뚜껑이 있다.
- 바리 : 여자용 밥그릇으로 주발보다 밑이 좁고 가운데 배가 부르고 다시 위쪽이 좁아진 모양이다. 뚜껑에 꼭지가 있는 것은 처녀용이고, 꼭지가 없는 것은 부인용이다.
- 탕기 : 국을 담는 그릇으로 주발과 같은 모양이며 주발에 들어가는 한 둘레 작은 그릇이다.
- 대접 : 숭늉이나 국수를 담는 그릇으로 위가 넓고 운두가 조금 낮은 그릇이다. 요즈음에는 대부분 국그릇으로 쓰인다.
- 조치보 : 찌개를 담는 그릇으로 주발과 같은 모양으로 탕기보다 한 치수 작은 그릇이다.
- 보시기 : 김치류를 담는 그릇으로 쟁첩보다 약간 크고 조치보보다는 운두가 낮다.

| 그림 7-8 | 식기와 기명

- 쟁첩 : 전 · 구이 · 나물 · 장아찌 등 대부분의 반찬을 담는 작고 납작한 것으로 뚜껑이 있다. 3첩 · 5첩 · 7첩의 반상에 따라 상에 놓이는 숫자가 정해진다.
- 종지 : 간장 · 초장 · 초고추장 등의 장류와 꿀 등을 담는 그릇으로 모양은 주발과 같으며 크기는 기명 중에서 가장 작다.
- 합 : 밑이 평평하며 밑에서 위로 직선으로 올라가면서 점차 좁아지는 모양이며, 뚜껑의 위쪽도 평평하다. 작은 합은 밥그릇으로 쓰이고, 큰 합에는 떡 · 약식 · 찜 등을 담는다.
- 반병두리 : 위는 넓고 아래는 조금 좁으며 평평한 양푼 모양의 그릇으로 국수, 떡국 등을 담는다.
- 접시 : 운두가 낮고 납작한 그릇으로 찬 · 과실 · 떡 등을 담는다.
- 쟁반 : 운두가 낮고 둥근 모양으로 주전자 · 술병 · 찻잔 등을 놓거나 나르는 데 쓰인다. 그림 7-8은 식기와 기명에 대해 제시한 예이다.

(2) 수 저

우리나라는 식사할 때 도구를 사용하였으며 도구로 숟가락과 젓가락을 함께 사용한 민족이다. 이 기본적인 도구를 중히 여겨서 첫돌에 마련해 주고 혼례 때 새로 장만한다. 개인마다 정해진 것을 쓰며 손님용은 별도로 마련한다. 숟가락과 젓가락은 같은 재질로 하며 은 · 유기 · 백동 · 스테인리스의 금속으로 한다. 불가에서는 목기로 만들기도 한다. 숟가락으로 밥과 국을 먹고 젓가락으로 찬을 먹는데 한 손에 두 가지를 한꺼번에 쥐고 사용하지 않는다.

(3) 상

상(床)은 모양과 만든 이, 크기, 다리의 생김새, 칠의 색에 따라 여러 가지가 있으며 그 이름도 각각 다르다.

- 원반 : 둥근 모양의 상으로 작은 소반부터 여럿이 둘러앉을 수 있는 두레반까지 크기가 다양하다.
- 책상반 : 장방형의 소반으로 일상의 반상에 가장 많이 쓰인다. 통영반 · 해주반 · 나주반 중에 책상반이 많다.
- 팔모반 : 윗면이 8각형으로 운두가 있으며, 다리는 병풍처럼 팔면의 목판으로 짜여 있다.

다과상으로 많이 쓰이며, 크고 붉은 칠을 한 것은 돌상차림에 쓰였다.

- **구족반** : 개다리소반이라고도 하며 다리의 굽이 안쪽으로 향해 있다.
- **교자상** : 장방형의 큰 상으로 여러 사람을 한 상에서 대접할 때 쓰인다.
- **가자틀** : 산정이나 정자에서 여럿이 회식할 때 가마처럼 생긴 가자틀에 음식을 얹어서 남자들이 가마를 들듯이 들어 날랐다. 이를 방안에 놓고 둘러앉아 먹게 된 것이 교자상의 연유인 듯하다.
- **공고반** : 번상이라고도 하는 작은 팔각반으로 다리가 병풍처럼 둘러 있는데 앞뒤가 크게 뚫려 있어 머리에 이면 앞을 볼 수 있게 만들었다. 식사를 차려서 내갈 때 또는 관청에 번을 할 때 쓰던 상이다. 그림 7-9는 여러 가지 상의 종류에 대한 예를 제시한 것이다.

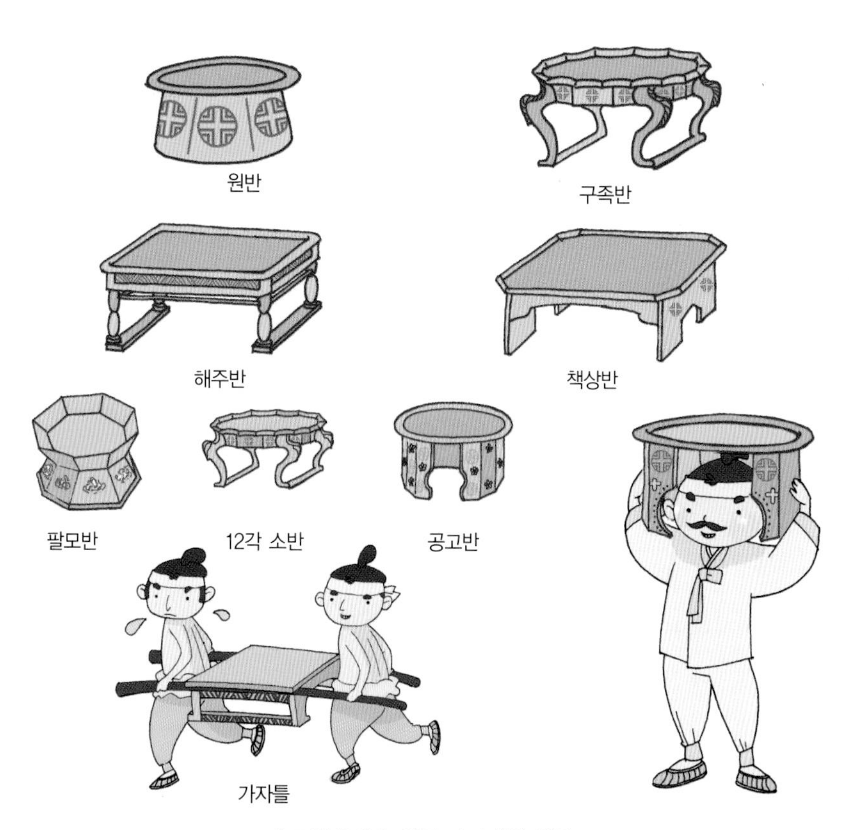

| 그림 7-9 | 여러 가지 상의 종류

상을 올릴 때의 예절

한식은 독상(獨床)이 원칙이므로 상차림을 하여 식사하는 사람 앞까지 상을 운반해야 한다. 흔히 가족이 같이 먹는 두레상이나 교자상은 식품을 먹을 방 안에 차려놓게 되므로 운반할 필요가 없다. 상을 올릴 때는 허리를 약간 구부리고 머리를 조금 숙여서 두 손으로 상을 조심스럽게 들어 올려야 한다. 허리를 많이 굽히면 상을 들고 걸어가기가 불편할 뿐 아니라 치맛자락을 밟기 쉽다. 상을 들고 가만히 걸어가 상 받을 사람 앞에 가서 조용히 자신의 몸을 구부리면서 앉는 모양으로 가만히 상을 내려놓는다. 허리만을 구부리고 상을 놓으면 상을 내려놓을 때 큰 소리가 나며 자신의 입김이 상의 음식으로 들어가게 되어 좋지 못할 뿐 아니라 국물이 엎질러지기 쉽다. 상을 내려놓은 뒤에는 상 앞에 앉아서 두 손으로 뚜껑을 벗겨 한 옆에 간추려 놓아야 한다. 만일 곁상이 있을 때에는 상을 올리고 다시 곁상을 올려야 한다. 교자상이나 두레상일 경우에는 상 위에 종지와 김치류, 그리고 마른 반찬만을 놓고 손님을 모시도록 한다. 이때에 들어오는 손님에게 방석을 권하고 자리에 앉게 한 다음에 음식을 순서 있게 들여와 대접하도록 한다. 특히 따뜻한 음식은 즉시 먹을 수 있도록 한 가지씩 들여오고 덜어 먹게 한다. 밥은 여러 가지 음식을 먹은 후에 담아내도록 하고 이때 같이 국을 올리도록 한다. 숭늉은 대접에 담아 쟁반을 받쳐서 두 손으로 들고 가져간다. 이것도 상을 올릴 때와 같이 쟁반을 내려놓고 상 위에 있는 국그릇을 내려놓은 다음 숭늉그릇을 올려놓는다. 식사 중에 자주 드나드는 것은 좋지 못하며 몸 움직임은 가볍고 유연하게 하며 큰 소리가 나지 않도록 해야 한다.

식사 중의 예절

여러 사람과 같이 식사를 하게 될 때에는 항상 손윗사람이 수저를 든 다음에 나머지 사람들이 따라서 식사를 시작해야 한다. 우리나라에서는 식사 중에 이야기를 하지 않고 조용히 식사를 하는 습관이 있었으나 오늘날에는 가족이 모여서 식사하면서 서로가 즐거운 분위기에서 대화를 나누는 것이 좋다. 식사할 때 주의해야 할 점은 다음과 같다.

- 숟가락과 젓가락을 한 손에 다 같이 들고 사용하지 않도록 하며, 젓가락을 사용할 때에는 숟가락을 놓고 사용해야 한다. 젓가락을 사용할 때마다 상 위에서 젓가락 끝 맞추는 소리를 내지 않도록 주의한다.

- 숟가락이나 젓가락을 국그릇이나 반찬그릇 위에 걸쳐 놓지 않도록 하고, 밥그릇이나 국그릇을 손으로 들고 먹지 않도록 한다.
- 입 속에 음식을 넣을 때에는 적당한 양을 넣고 씹을 수 있도록 하며 입 속에 음식을 넣은 채 말을 하는 일은 삼가야 한다.
- 김칫국물이나 국 국물을 마시기 위하여 그릇째로 들이마시는 것은 좋지 못하며 숟가락으로 떠서 마시되 소리를 내지 않고 조용히 마시도록 한다.
- 식사 중에 기침이나 재채기가 나면 머리의 방향을 빨리 돌리고 손이나 손수건을 대어 남에게 침이 튀거나 지저분한 것이 보이지 않도록 해야 한다.
- 멀리 떨어져 있는 음식이나 양념은 자기의 팔을 길게 뻗어 집어오지 않도록 하고 반드시 옆사람에게 집어주기를 전해 받도록 한다.
- 밥이나 반찬을 뒤적거리거나 해치는 것은 좋지 못하며 한쪽에서부터 먹도록 한다. 또한 젓가락으로 반찬에 붙은 고명을 털어가면서 먹는 일이 없도록 해야 한다.
- 숟가락을 유난히 빨거나 젓가락으로 이 사이에 낀 음식을 쑤셔서 빼는 일이 있어서는 안된다.
- 음식을 먹는 도중 돌이나 가시가 있을 때에는 옆 사람에게 보이지 않게 조용히 뱉어버리거나 종이에 싸서 버리면 더욱 좋다.
- 숭늉은 대접에 엄지손가락이 빠지지 않도록 하고 두 손으로 들이마시거나 숭늉으로 입속을 양치하듯이 소리를 내어 마시는 일이 없도록 한다.
- 이쑤시개를 사용할 때에는 남에게 보이지 않도록 입을 가리고 하며, 사용한 이쑤시개는 아무 데나 버리지 말고 남이 보지 않게 처리한다.
- 음식을 다 먹은 후에는 숟가락을 오른편에 가지런히 놓고 냅킨을 적당히 접어서 소반 위에 놓는다.
- 식사를 즐겁게 한다는 것은 생활을 즐기는 한 방법이 되므로 가족 간의 유대를 높이는 의미로 유쾌한 이야기를 나누도록 한다. 식사예절은 평상시에 몸에 배어야 하므로 가족끼리 식사할 때에도 예절바른 식사를 하도록 노력해야 한다.

다른 나라의 식사예절

서양음식의 상차림

중국음식의 상차림

일본음식의 상차림

올바르게 준비한 상차림은 음식을 먹는 사람에게 즐겁고 편안한 분위기를 만들어줄 뿐 아니라 우리들의 식생활을 원만하게 해준다. 국제적으로 왕래가 빈번한 오늘날 우리는 다른 나라의 음식문화와 식사예절을 알아두어서 다른 나라 음식을 먹을 때 에티켓에 벗어나지 않도록 해야 한다. 외국손님을 초대할 때나 초대받았을 때에 특히 식사예절을 알아두어 즐거운 식사시간을 갖도록 해야 한다.

Chapter 08

다른 나라의 식사예절

올바르게 준비한 상차림은 음식을 먹는 사람에게 즐겁고 편안한 분위기를 만들어줄 뿐 아니라 우리들의 식생활을 원만하게 해준다. 국제적으로 왕래가 빈번한 오늘날, 우리는 다른 나라의 음식문화와 식사예절을 알아두어서 다른 나라 음식을 먹을 때 에티켓에 벗어나지 않도록 해야 한다. 외국손님을 초대할 때나 초대받았을 때에 특히 식사예절을 알아두어 즐거운 식사시간을 갖도록 해야 한다.

서양음식의 상차림

서양식 상차림은 우리나라의 상차림과 비교해 볼 때 여러 가지로 많은 차이이 있다. 우리나라는 음식을 그릇에 담아 상차림을 하여 식사할 수 있게 하지만 서양음식은 상을 차린 후 사람이 앉은 다음에 음식을 주방에서 운반하여 서빙한다. 즉, 식사형태에 따라 상차림이 달라지며 음식을 먹는 데 사용되는 도구도 다르다. 우리나라에서는 수저를 사용하는 데 비하여 양식에서는 나이프, 포크나 스푼을 사용하며 놓는 위치도 다르다. 또 우리나라에서는 모든 식품을 먹기 좋은 크기로 썰어서 조리하지만 서양에서는 큰 덩어리로 조리하여 먹을 때 썰어서 먹기 때문에 나이프와 포크가 필요하다.

상차림

식당은 계절에 따라 난방 · 냉방 등으로 실온을 약 20~25°C 정도로 설정하는 것이 적당하며 채광과 환기에 주의하고 직사광선을 피한다. 밤에는 조명을 배려하여 자연색에 가깝도록 하며 음식의 색을 살릴 수 있는 조명을 한다. 한 사람이 사용하는 식탁의 폭은 60~70cm가 적당하다. 식탁보는 백색능직의 마직이 정식이며, 정찬(dinner)에 쓰인다. 보통은 목면, 마직, 색이 있는 능직아마직을 사용하기도 한다. 정찬용 냅킨의 크기는 60cm 정사각형의 보통 크기로 하고, 아침식사와 점심용은 40cm 정도의 사각형이다. 식탁 중앙에 놓는 센터피스(Center Piece)는 풍미를 잃을 정도의 강한 향이 있는 꽃은 피하고 각 방향에서 보아도 아름답도록 하며, 음식을 먹는 데 방해가 되지 않도록 낮게 꽂는다.

식기는 요리에 따라 필요한 것을 차리게 되며 손님이 앉는 위치에 자리접시를 놓는다. 접시에 무늬가 있는 경우에는 정면으로 향하도록 바르게 놓아야 한다. 접시 중심으로 하여 나이프, 포크, 스푼류를 식단의 순서에 따라 자리접시 양쪽으로 바깥쪽에서부터 안쪽으로 놓는다. 후식에 사용하는 나이프 · 포크 · 스푼류는 자리접시 위에 사용하는 순서에 따라서 바깥쪽에서 안쪽으로 놓는다. 빵 접시, 유리잔 등은 그림 8-1과 같이 놓는다. 냅킨은 접어서 자리접시 위에 놓고 소금 · 후추 등은 2~6인 앞에 한 세트씩 배치한다. 정찬의 상차림을 기준으로 하여 식단에 따라 상차림에 쓰이는 포크와 나이프의 수와 위치가 다르다. 그림 8-2는 정찬 시 상차림의 예이다.

| 그림 8-1 | 정찬의 상차림

1. 기본식사 때의 나이프와 포크 놓기 (전채와 주요리 코스)

2. 수프와 후식을 포함하는 식사를 위한 상차림

3. 케이크나 커피를 들 때와 같이 나이프가 필요치 않을 때는 포크를 스푼 바로 안쪽에 놓는다.

4. 음료용 스푼은 맨 오른쪽에 둔다. 작은 커피스푼은 찻잔 받침 접시 위에 놓는다.

5. 포도주잔과 물잔은 북서방향에서 남동방향으로 향하는 대각선이 되게 배치한다. 주요리와 함께 마시는 포도주용 잔을 주요리용 나이프의 끝에서 1.25cm 떨어진 곳에 둔다.

6. 물잔은 모든 포도주잔보다 윗 자리에 놓는다. 식탁 안쪽에서 가장 가까운 곳에 둔다.

7. 버터나이프는 주요리용 나이프와 나란한 위치로 버터접시 위에 둔다.

| **그림 8-2** | 서양식 상차림의 예

상차림에 필요한 용구

(1) 식탁보

식탁보는 면으로 만든 것을 사용하며 상에서부터 사방이 같은 길이로 약 30cm 늘어지는 정도의 크기여야 한다. 아침 · 점심식사를 할 때에는 식탁보 대신에 접시받침(plate-mats)을 사용할 수 있다. 상 위에 식탁보만 깔면 식기를 놓을 때 소리가 나며 식탁보가 움직이기 쉬우므로 식탁보 밑에 상받침(table mats)을 깔고 그 위에 식탁보를 덮는다. 상보는 구김이나 얼룩이 없어야 한다.

(2) 냅 킨

냅킨(napkin)은 식탁보와 같은 재질을 사용한다. 최근에는 종이 냅킨을 사용하기도 하며 아침 · 점심 식사 때에는 30×40cm 크기로, 저녁 식사에는 60×60cm의 정사각형이나 60×75cm 직사각형으로 된 것을 사용한다. 냅킨은 한 번 사용하면 반드시 세탁하며 냅킨 접는 방법을 알아두어 식사에 따라 적합한 모양으로 접는다.

(3) 양념그릇과 장식품

식탁 중앙은 장식품으로서 꽃이나 과일 등을 사용하여 장식하며, 촛대에 초를 꽂아 장식하기도 한다. 양념그릇은 후추, 소금은 식탁 위에 준비해 놓고, 설탕과 크림은 음료인 차를 대접할 때 내놓는다.

(4) 식 기

알반적으로 사기그릇을 사용하나 음식에 따라 그 그릇의 모양이 다르다. 육류와 채소를 담는 메인디시(main dish)는 가장 큰 접시를 사용하고 샐러드 접시, 디저트 접시, 빵 접시, 그 밖에 수프를 담는 우묵한 접시 등이 있다. 유리재질은 주로 물잔 · 술잔 · 와인잔 등으로 사용된다. 은제품으로는 전채용 · 생선용 · 육류용 · 디저트용 포크와 나이프가 있으며, 수프스푼 · 버터나이프 등이 있다. 그 밖에 손님접대에는 서빙디시(serving dish)용 포크와 스푼이 있다.

식사 중의 예절

(1) 좌석 정하기

입구에서 먼 쪽이 상석으로 그림 8-3과 같이 일반적으로 남녀가 섞어서 앉는다. 자리에 앉을 때는 의자의 좌측에서 들어가고 의자 깊이 앉는다. 식탁과 가슴은 약 10cm 정도의 간격을 두고 조용히 의자를 잡아당겨 앉는다.

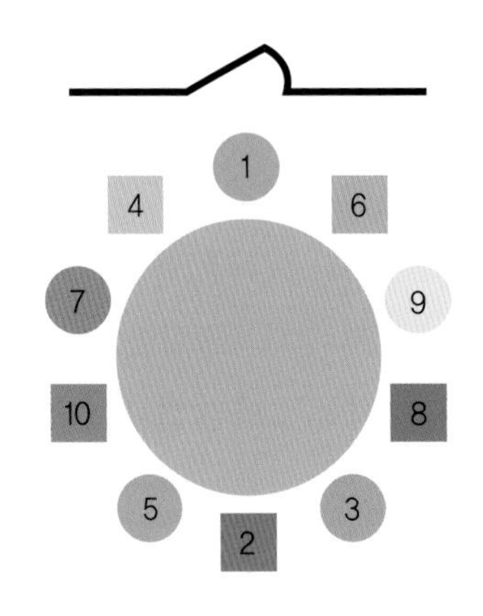

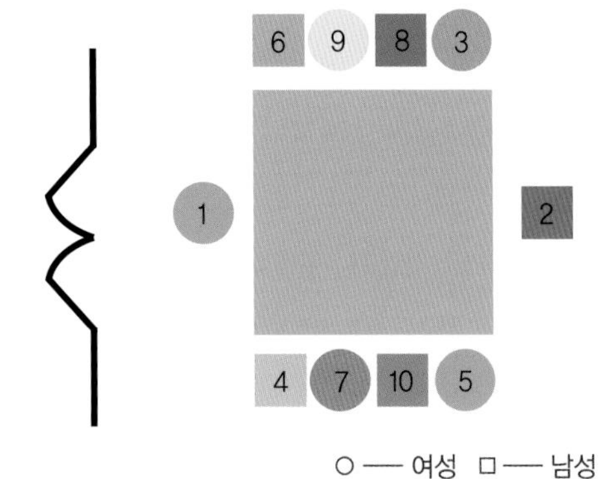

○ — 여성 □ — 남성

원탁의 경우
주부 ❶을 중심으로 한다. 주인은 주부와 마주보는 데 앉는다❷. 여성 주빈은 주인의 오른쪽 ❸에, 남성 주빈은 주부의 오른쪽 ❹에 앉아 각각 파트너가 된다. 다음 번호 순서에 따라 좌석을 결정한다.

장방형의 경우
주부 주인은 식탁 좌우 ❶, ❷에, 여성 주빈은 주인의 오른쪽 ❸에, 남성 주빈은 주부의 오른쪽 ❷에 앉는다. 남녀교차는 위의 번호와 같이 결정한다.

| 그림 8-3 | 식사 시 좌석 정하기

(2) 냅킨 사용방법

맨 처음의 음식이 서빙되기 전에 집어서 무릎 위에 놓는다. 입 가장자리 및 손가락을 닦을 때에는 냅킨의 한쪽을 사용한다. 식사가 끝나면 간단히 접어서 테이블 위에 놓는다. 냅킨을 펴는 것이 식사의 시작을 나타내는 것이므로 주빈이 먼저 시작하는 것에 유의해야 한다.

(3) 나이프 · 포크 사용방법

정식의 식탁에서 나이프와 포크 등은 음식이 나오는 순서대로 놓여 있으므로 바깥쪽에서부터 순서대로 사용하면 된다. 식사예법은 시대나 나라마다 조금씩 다르다. 음식을 먹는 방법도 유럽식과 미국식이 있다. 포크를 오른손에 쥐고 먹는 것은 미국식이고 그대로 양손을 사용하여 먹는 것은 유럽식이다. 식사 도중에 나이프 · 포크를 놓을 때는 나이프의 칼날 쪽을 안쪽으로, 포크는 엎어서 접시에 팔자형으로 걸쳐 놓는다. 식사가 끝낼 때는 나이프의 칼날 쪽이 앞쪽을 향하도록 접시 가운데 가로로 놓는다. 포크는 위쪽에, 나이프는 앞쪽에 놓는다.

(4) 음식 먹는 방법

- 전채 : 식단의 처음에 나온다. 돌려가며 더는 경우가 많으며 서빙하는 사람이 손님의 왼쪽에서 권하므로 서빙용 스푼을 오른손에, 포크는 왼손에 들고 종류대로 덜어낸다. 첫 번째 바깥쪽 나이프와 포크로 먹는다.
- 수프 : 수프부터 그날 음식의 코스가 시작된다고 할 수 있다. 자신이 뜰 경우 국자의 $1\frac{1}{2}$ ~2 정도 수프접시에 담는다. 왼손은 수프접시 가장자리를 잡고 오른손으로 수프스푼을 가지고 앞쪽에서부터 떠서 먹는다. 스푼 한쪽 옆을 입에 대고 소리 나지 않게 흘려 넣는다. 수프의 양이 적어지면 왼손으로 잡았던 접시를 가볍게 든다. 모두 먹으면 스푼을 접시 가운데 옆으로 놓는다.
- 빵 : 수프가 끝난 후 후식코스에 들어가기 전까지 사이사이에 적당히 먹는다. 나이프와 포크를 사용하지 않고 접시 위에 한 입 크기로 손으로 잘라서 버터나이프로 버터를 발라서 먹는다.
- 생선음식 : 생선음식이 대접될 때는 동시에 백포도주를 와인잔에 따르게 된다. 레몬이 놓여 있을 경우에는 즙이 튀지 않도록 왼손으로 집어서 짠다(감귤류는 신맛을 살리기 위해 사용함). ◎형으로 썰었을 때는 향을 즐기기 위한 것이므로 그대로 포크로 누르고 나이프로 이리저리 바르는 기분으로 향이 생선에 묻도록 한다.
- 고기음식 : 소스를 얹은 것은 왼쪽부터 한 입 크기로 썰어서 먹는다. 소스는 고기에 묻혀서 먹는다. 고기음식에는 익힌 채소 요리와 함께 나오며 고기요리는 적포도주와 어울린다.
- 샐러드 : 고기음식과 함께 나온다. 토마토나 상추처럼 큰 것은 나이프를 사용하고 포크로 먹을 수 있는 것은 포크만으로 먹을 수 있다.

- 치즈 : 우리나라에서는 식후에 치즈는 생략하는 일이 많은데 유럽에서는 대부분 요리와 같이 서빙된다. 좋아하는 종류로 적당히 덜어서 먹는다.
- 건배 : 자리에 앉아서 바로 하는 경우와 후식 코스에 들어가면서 하는 경우가 있다. 잔에 와인이나 샴페인을 따르고 모두 같이 일어선다. 냅킨을 테이블에 놓고 잔은 오른손에 들고 주빈을 향해서 눈높이까지 올려 건배한다.
- 디저트 : 식사가 끝나면 젤리, 아이스크림, 푸딩, 빠빠로아 등 단맛의 후식이 대접된다. 식탁에 놓인 후식스푼으로 먹거나 식탁에 놓여 있지 않을 때는 후식과 함께 나온다.
- 과일 : 큰 접시에 담아서 돌릴 때에는 좋아하는 것을 접시에 담아서 과일용 나이프와 포크를 사용해서 먹는다(그림 8-4). 먹는 것이 끝나면 핑거 볼(finger bowl)에 손가락을 가볍게 씻고 냅킨으로 닦는다.
- 정찬에 나오는 커피는 데미타스(demitasse) 또는 식후커피(after dinner coffee)라고 한다. 아침식사에서 마시는 것보다 농도가 두 배로 진하고 보통 커피잔의 1/2 정도의 크기인 잔에 보통 마시는 양의 1/2 정도로 진한 농도의 커피가 나온다. 설탕과 크림을 함께 서빙하며 기호에 맞게 넣는다.

(5) 식탁을 떠날 때

냅킨은 가볍게 접어 식탁의 왼편에 놓고 메인테이블의 손님이 일어나면 의자의 오른쪽으로 나와서 의자를 조용히 밀어 넣고 식탁을 떠난다.

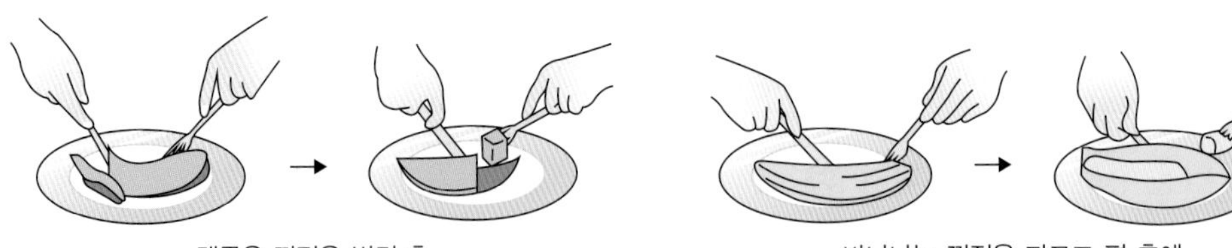

| 그림 8-4 | 후식으로 멜론과 바나나를 먹을 때

중국음식의 상차림

중국요리는 세계적으로 잘 알려져 있으며 오랜 역사를 가지고 있다. 조리방법도 다양할 뿐 아니라 다양한 식품재료를 널리 사용하고 있으며, 풍부한 영양과 함께 부드럽고 기름진 음식으로 알려져 있어서 세계 여러 나라 사람들이 중국음식을 즐겨 먹고 있다. 중국은 지역적으로 넓은 고장일 뿐 아니라 수천 년의 역사와 함께 내려온 세련된 조리기술은 세계인이 즐겨 먹을 수 있는 맛과 풍미를 지니게 되었다. 넓은 지역이니만큼 지역별로 조리법에도 많은 차이가 있다. 북경요리(北京料理)는 육류를 주 재료로 한 구이 · 볶음 · 튀김 등이 많고, 밀의 생산이 많은 남부는 면류 · 만두 등이 발달되어 있다. 광동요리(廣東料理)는 남쪽 지역을 중심으로 재료의 맛을 살려 담백한 맛을 내고 있다. 이 지역에서는 쌀을 주식으로 하는 요리와 구운 돼지고기, 순대 등이 유명하다. 상해요리(上海料理)는 중부지역의 것으로 간장과 설탕을 많이 사용하여 달고 농후한 맛을 낸다. 사천요리(四川料理)는 양자강 상류지방에서 발달한 것으로 매운 고추, 파, 마늘, 생강을 많이 쓰는 것이 특징이다. 이와 같이 지역에 따라 조리법이 각기 다르게 발달되었으며, 같은 중국요리라도 그 음식명과 맛이 다르다.

상차림

중국음식은 큰 접시에 담아 순서대로 한 가지씩 식탁에 내놓는데, 먹을 때에는 가운데 회전원탁을 돌려가면서 개인접시에 덜어 먹는다. 식탁은 각탁과 원탁 두 종류가 있으며, 한 식탁에 6~8명 정도 앉는다. 근래에는 인원수의 증감에 맞추기 쉬운 원탁을 많이 사용하는데, 좌석은 입구에서 먼 쪽을 주빈 좌석으로 하고, 주인은 주빈의 맞은편(출입구 쪽)에 앉도록 한다. 상차림은 그림 8-5와 같이 한 사람 앞에 개인접시 2~3개와 탕그릇 1개, 중국식 숟가락과 젓가락, 술잔 등으로 차린다. 식탁 중앙에는 조미료와 향신료, 술 등을 올려놓으며, 각자 사용하기 쉽도록 돌려가며 사용한다.

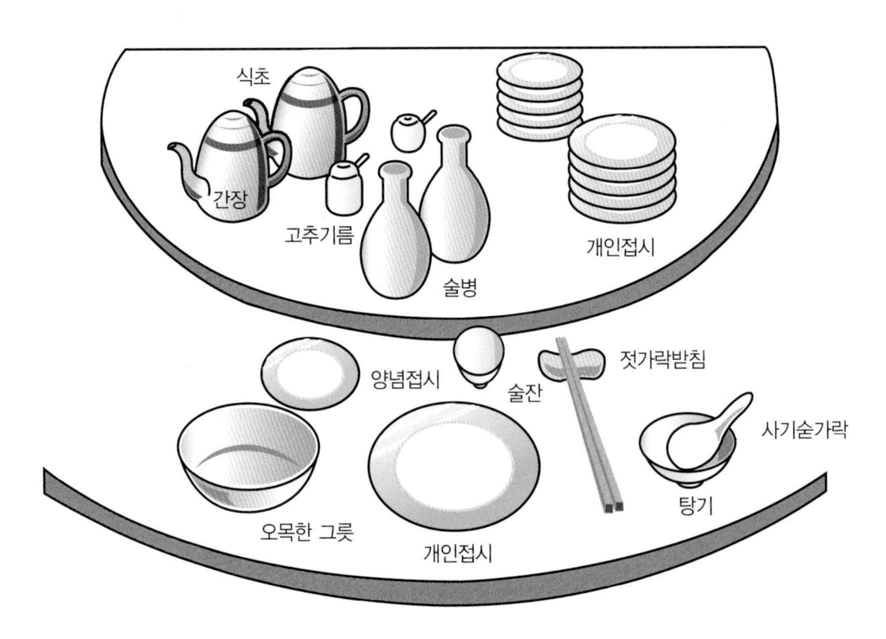

| 그림 8-5 | 중국음식의 상차림

상차림에 필요한 용구

중국요리는 1인분씩 담지 않고 대개 큰 그릇에 담아 식탁의 중앙에 놓고 각자가 덜어 먹게 되어 있으므로 식기의 종류가 적다. 깊숙한 그릇과 큰 접시가 필요하다. 이들 식기는 종래에는 주로 은식기를 사용하였으나 근래에는 도자기를 많이 사용한다.

- **데쯔(渫子)** : 접시를 말하는 것으로 약간 큰 접시는 식탁의 중앙에 나온 요리를 각자가 나누어 담는 데 쓰인다. 약간 작은 접시는 겨자, 간장이나 초 등을 담거나 시쯔(匙子)를 받치거나 큰 접시와 같이 각자가 나누어 먹는 데 쓴다.
- **꾸데(骨渫)** : 뼈째 나온 요리의 뼈를 담는 작은 접시로, 데쯔로 대용할 수도 있다.
- **껑데(羹壺)** : 깊숙한 공기모양의 그릇으로 탕(湯) 등의 국물 있는 요리를 나누어 먹는 데 편리하다.
- **시쯔(匙子)** : 식탁에 나온 요리를 나눌 때에 쓰는 스푼으로 보통 도자기로 만든다. 탕과 같이 맑은 물을 뜨는 것과 걸쭉한 것을 뜨는 것을 구별하여 사용한다.

■ 뭬데(味渫) : 식탁에 조미료를 담아내는 작은 접시이다. 보통 접시모양의 것도 있고 가운데 칸막이가 있어 2~5칸으로 되어 있는 것도 있다.

■ 쭈우오(酒壺) : 술병을 말하며, 본래는 은제품이었으나 근래에는 도자기가 주로 쓰인다.

■ 쭈우베이(酒杯) : 술잔을 말하며, 본래는 은제품의 굽이 달린 것이었으나 근래에는 도자기가 많이 쓰인다.

■ 꽈이쯔(快子)와 꽈이쯔가(快子架) : 저와 저 받침을 말한다. 본래는 상아로 된 모난 것이나 둥근 모양의 긴 저를 쓰고 세공이 훌륭한 은제품의 저 받침을 썼는데 근래에는 보통 것들을 사용하고 있다.

■ 반완(飯碗) : 밥공기

■ 차쫑(茶茶) : 지름이 좁고 1cm 정도의 뚜껑이 있는 찻잔이다. 여기에 찻잎을 넣고 뜨거운 물을 부은 후 우려서 뚜껑을 덮은 채 약간 밀어 열고 찻잎이 입에 들어가지 않게 하면서 마신다.

■ 차오오(茶壺) : 찻주전자

■ 탕완(湯碗) : 껑데보다 큰 탕기인데 수프, 국수나 완단(雲呑) 등을 담는다.

■ 하이완(海碗) : 국물 있는 요리나 닭 · 오리를 통째로 이용한 요리를 담는 깊고 큰 그릇인데 둥근 것도 있고 타원형도 있다. 크기도 대 · 중 · 소의 여러 가지가 있다.

■ 반쯔(盤子) : 볶음요리 · 튀김요리 등 국물이 없는 것이나 국물이 적은 것을 담는 서양접시 모양의 것으로 원형 · 타원형이 있고, 대 · 중 · 소형이 있다.

■ 꺼우차오인비엔(高脚銀盃) : 굽이 달린 은접시로 보통 접시모양은 꽃모양이다. 전채용(前菜用)으로 쓰인다.

■ 굽달린 접시 : 굽이 달린 원형 · 육각형 · 팔각형의 접시이며, 후요하이(赴蓉蟹) · 홍쇼로(紅燒肉) · 쇼마이(燒麥) 등을 담아내는데 보통 접시에 담는 것보다 훨씬 모양이 있다.

■ 섹더(錫底) · 섹완(錫碗) · 섹데(錫壺) : 끓는 물을 넣는 보온냄비인 섹더에 물을 붓고 그 위에 국물 있는 요리는 약간 깊은 접시인 섹완에, 국물이 없는 요리는 얕은 접시 섹데에 담아서 올려놓아 그대로 식탁에 낸다. 비교적 오랜 시간 동안 식지 않아 맛있게 먹을 수 있다. 이것에도 예쁜 향로모양과 단순한 냄비모양이 있고 재질에 있어서도 은 · 알루미늄 등 여러 가지가 있다.

- 훠꿔쯔(火鍋子) : 우리나라의 신선로와 같은 것으로 여러 가지 재료를 함께 넣어 식탁에서 끓이면서 먹는다. 중앙이 연통으로 되어 있어서 연통 주위에 재료들을 보기 좋게 담고 탕을 부어서 연통에 숯불을 피워 식탁에 낸다.
- 쭈후아오(菊花鍋) : 고기 · 생선 · 조개 등을 주재료로 하여 날로 넣어 식탁에서 끓이면서 먹는 냄비이다. 냄비 밑에 알코올램프를 넣도록 되어 있는데 화력이 상당히 강하여 딱딱한 재료를 끓이기에 적합하다. 훠꿔쯔처럼 가운데 연통은 없고 그대로 편편한 냄비모양이며 은으로 만든 것도 있다. 가을에 황국화 · 흰 국화의 꽃잎을 고기나 채소와 함께 끓여 국화향기를 즐기는 국화냄비는 이 쭈후아오를 사용하는 것이 정식이다.
- 펜쯔(盆子) : 대접
- 판(盤) : 대건(大件)이라 하여 생선과 조류를 통째로 취급한 요리를 담는 접시를 말한다.
- 카이완(蓋碗) : 뚜껑이 있는 그릇이며, 국요리 또는 보온을 필요로 하는 음식을 담는 그릇이다. 그 직경은 21~24cm 정도이다.
- 위판(魚盤) : 주로 생선류를 담는 데 사용되며, 크기는 12~39cm로 대 · 소형이 있고, 금속으로 된 것도 있다.

식사 중의 예절

중국음식은 형식을 갖추지 않고 즐겁게 이야기하며 먹는 것이 특징이므로, 즐거운 분위기를 만드는 데 중점을 둔다. 식사할 때에는 큰 접시에 담아져 나오는 음식을 각각 개인접시에 덜어 먹으므로 친근감을 느낄 수 있는 분위기가 된다. 음식을 식단의 순서에 따라 치엔차이(전채), 따차이(주요 요리), 덴신(후식)의 순으로 대접한다. 음식이 나오기 전에 차와 물수건을 함께 내놓으며 손님이 모일 때까지 징꾸어를 대접한다. 치엔차이 중에서는 렁차이를 먼저 대접하며, 따차이는 그 중에서 가장 고급인 것을 먼저 대접하고 마지막에 탕차이를 대접한다. 덴신은 달지 않은 것을 먼저 대접하며, 술은 식사 처음부터 마지막까지 내고, 차는 식사 전과 마지막에 내놓는다. 음식과 술을 서빙할 때에는 주빈부터 시작하고, 음식접시에 놓여 있는 젓가락이나 숟가락으로 각자 접시에 덜어 담는다. 음식을 모두 한 번씩 덜어낸 후에는 몇 번이고 더 덜어 먹을 수 있으나, 덜어온 것은 남기지 않고 모두 먹어야 한다. 음식의 종류에 따라 먹는 방법을 살펴보면 다음과 같다.

Tip | 중국음식의 식단 구성 및 식사방법

- **징꾸어** : 치엔차이 전에 내 놓는 안주류를 말하며, 식탁에 놓여 있는 동안 언제나 먹을 수 있다. 수박씨 · 호박씨 등은 앞니로 깨서 씨만 먹는다.
- **치엔차이(전채)** : 찬 전채와 더운 전채로 나누며 일반적으로 찬 전채가 주로 이용된다. 치엔차이는 코스 끝까지 식탁에 놓여 있으므로 처음에 많이 덜지 않도록 하며, 음식과 음식 사이에 적당히 먹는다.
- **따차이(주요 요리)** : 식단 중에서 가장 대표가 되는 음식이 처음에 나오는데 재료, 조리법에 변화가 있게 하며 맨 나중에는 탕으로 마무리한다. 맨 처음 음식은 주인이 직접 나누어주기도 하나, 각자가 덜 때는 순서에 따라 덜고 다음 사람에게 돌린다. 통째로 조리한 큰 음식은 주인이 쪼개어 먼저 주빈에게 덜어주고, 그 다음은 각자가 덜어 담는다. 탕은 탕그릇에 덜어 담고, 중국식 사기숟가락으로 소리 나지 않게 먹는다. 새우껍질은 젓가락으로 떼어내고 먹는다.
- **뎬신(후식)** : 뎬신은 짠맛의 것과 단맛의 것으로 보통 1~2가지를 대접한다. 고구마맛탕처럼 설탕엿을 무친 음식은 젓가락으로 집어 찬물에 살짝 담가 설탕엿에서 늘어나는 실을 끊고 먹는다. 면류는 국물이 있는 경우 사기숟가락을 왼손에 쥐고 오른손에 쥔 젓가락으로 국수를 집어 숟가락에 얹어서 먹는다. 국물은 사기숟가락으로 소리 나지 않게 떠서 먹는다.

일본음식의 상차림

일본요리는 일반적으로 담백한 맛을 가지고 있으며, 조미료는 주로 간장을 사용한다. 음식을 먹을 때에는 주로 젓가락만을 사용하는 점이 우리나라와 다른 점이다. 일본요리는 조리법에 있어 복잡한 과정이 적으며 식품재료에 따라 그 자체가 가지고 있는 맛을 충분히 살리고, 또한 색채를 아름답게 하기 위해 특별한 배려를 하여 조리하므로 섬세하고 산뜻한 색을 나타냄과 동시에 담백한 맛을 갖게 된다. 음식은 1인분씩 담는 것을 원칙으로 하므로 음식을 남기지 않도록 한다. 음식의 종류가 간단하고 양도 적으며 아름답게 담아서 먹는 사람으로 하여금 식욕이 나도록 하고 있다. 일본은 사면이 바다로 싸여 있어 사계절 언제나 생선이 많이 나므로 생선요리를 많이 하는 것이 특징이다. 조리하지 않고 날것으로 먹는 회종류나 생선초밥이 발달되어 있는 것도 신선한 생선을 구하기 쉽기 때문이다. 생선의 신선미를 그대로 살리기 위하여 생선구이는 소금구이로 하고 생선국은 담백하게 맑은 국으로 하고 있다. 국의 맛은 가쯔오부시(생선을 훈제하여 말린 것)를 주 재료로 한 것이 특징적이다.

일본요리의 또 하나의 특징은 계절의 감각을 잘 살려서 계절에 알맞은 식품재료를 사용하고 있다는 것이다. 맑은 국, 소금구이, 스모노(초나물) 등은 일본요리의 특색 있는 요리 중의 하나이며, 또한 향채(香菜)를 여러 가지로 사용하여 음식의 풍미를 돋우고 있다. 채소를 썰 때에도 기교 있게 썰어서 시각적인 효과를 주고 식욕을 돋운다. 음식을 담는 접시는 식품재료에 따라 다르며 생선구이나 생선회 등은 특수한 모양과 크기의 것을 사용하여 음식이 더욱 먹음직스럽게 보이도록 하고 있다.

상차림

일본식 상차림의 정찬차림은 혼젠요리(本膳料理) 상차림이라 하며 상을 본선(本膳), 둘째상, 셋째상으로 나누어 부른다. 혼젠요리는 일본음식의 기초가 되는 형식으로 실정(室町)시대에 와서 공중(公衆)형식이 부활하여 음식도 발달하면서 정식의 향연음식이 되었다. 상의 크기는 50cm 정도의 네모난 것으로 다리가 짧은 상이고 많은 음식을 놓을 수는 없다. 기본적 식단은 1즙 3채(一汁三菜, 즙 · 회 · 조림〈平〉 · 구이〈燒物〉), 2즙 5채(二汁五菜, 2즙 · 회 · 국물이 적은 조림과 단맛의 조림〈壹〉 · 조림〈平〉 · 나물〈猪口〉 · 구이〈燒物〉) 등이 있다. 즙과 침채류(香の物)는 채(菜) 수에 포함하지 않는다. 상차림에서 밥 · 국 · 젓가락의 위치는 변하지 않으며, 주연의 경우 방의 위치에 잔이 놓이게 되고 즙도 내지 않는다. 상 위의 그릇 수는 홀수로 하고, 구이는 다른 상에 따로 대접한다.

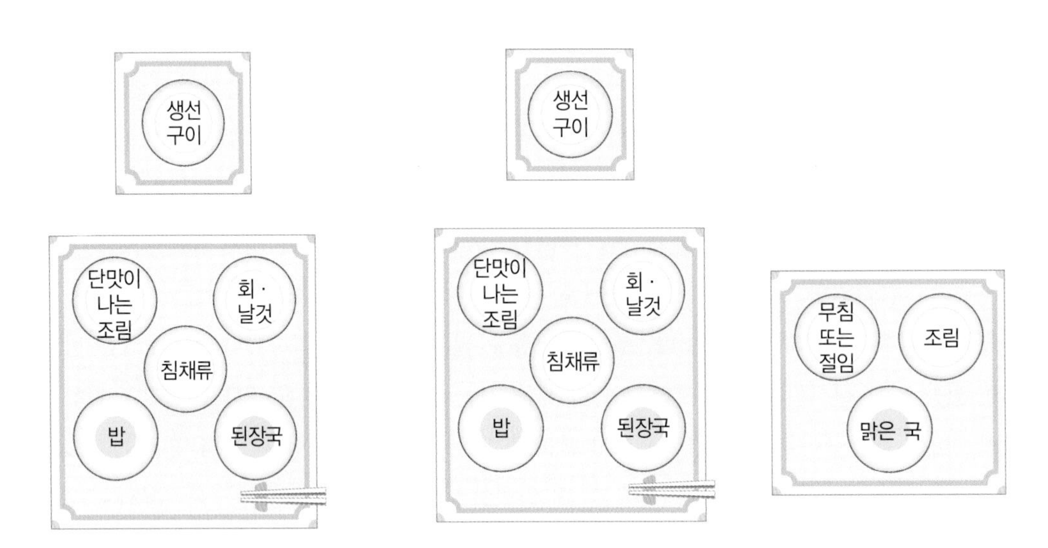

| 그림 8-6 | 1즙 3채

| 그림 8-7 | 2즙 5채

식기의 특징

일본의 식기류는 요리에 따라 그릇의 형, 색채, 무늬가 모두 달라서 다채롭다. 특히 은그릇 등은 전혀 사용되지 않는다(우리나라의 반상이나, 서양요리의 정찬에 쓰이는 식기는 무늬가 같다). 상은 네모지고 다리가 짧으며 보통 사각형인데, 검은 칠기, 붉은 칠기에 금박(金箔)의 무늬가 놓여 있다. 옛날에는 당초(唐草)무늬를 존중하였다. 밥그릇 · 국그릇은 칠기이고, 식기류는 모두 도자기류이며, 조림그릇은 우묵하게 생긴 모양의 그릇, 구이용은 접시류, 초나물은 작은 보시기모양, 초밥 등은 대형 접시를 사용한다. 젓가락은 칠기나 뿔로 만든 것을 사용하고, 숟가락은 전혀 사용하지 않는다. 술잔도 도자기, 찻그릇은 무쇠 솥(물 끓이는 그릇), 차종 중에 엽차(葉茶)는 뚜껑이 끼어 있는 종지, 가루차(抹茶)는 큰 보시기같은 자기로 되어 있고, 차 뜨는 국자류는 대나무로 되어 있다. 이상과 같이 여러 종류의 식기류를 사용하는 복잡성도 있으나, 한상에 같은 기명(器皿)을 절대로 쓰지 않는 것도 특징이다.

식사 중의 예절

손님으로 초대되었을 때는 늦지 않도록 약속시간보다 5~10분 먼저 도착하도록 하며 몸가짐을 바르게 하여 앉는다. 의자인 경우는 의자 깊이 앉아서 자세를 바르게 한다. 방석은 밟지 않고 당겨 앉고, 물수건이 나오면 손을 가볍게 닦는다. 냅킨이 있는 경우는 무릎에 펴고 없을 때는 본인 손수건을 사용해도 된다.

- 술을 마실 때에는 잔을 두 손으로 잡고 술을 받으며 일단 선(膳)에 놓고 모두 같이 인사가 있은 후 입에 댄다. 건배가 있을 때는 술을 못 마셔도 받아서 건배에 동참한다.
- 젓가락을 주머니에서 꺼내고, 젓가락 주머니는 선의 왼쪽 밖에 내놓는다. 젓가락은 젓가락받침에 걸쳐 놓거나, 젓가락받침이 없을 때에는 젓가락 끝을 선의 왼편 운두에 걸쳐 놓는다. 젓가락은 그림 8-8과 같이 집어서 사용한다. 그릇을 들고 젓가락을 집을 때는 양손으로 그릇을 집어서 왼손으로 잡고 오른손으로 젓가락을 그림에서처럼 위에서 집어 올려 왼손의 가운뎃손가락에 걸치고 오른손으로 그림처럼 바로잡는다. 젓가락을 내려놓을 때도 왼손의 가운뎃손가락에 걸치고 오른손으로 위를 잡아서 젓가락 받침에 놓고 그릇은 두 손으로 내려놓는다.

- 생물(生物)의 경우 생선회처럼 종지가 있을 때는 종지에 약미(藥味)를 풀고 왼손으로 종지를 든 후 양념장을 흘리지 않도록 주의해서 먹는다.
- 밥그릇, 국그릇, 조림그릇 뚜껑의 순으로 벗기는데, 모든 상의 왼쪽에 있는 것은 왼손으로 뚜껑을 쥐고 오른손을 대어 물기가 떨어지지 않게 위로 향하여 상 왼쪽 다다미 위에 놓는다. 또 오른쪽의 것은 오른손으로 뚜껑을 쥐고 왼손을 대고 상 오른쪽 다다미 위에 놓는다. 같은 쪽의 뚜껑이 두 개 있을 경우에는 큰 것을 밑에 놓고 그 위에 다른 것은 겹쳐놓는다. 이렇게 뚜껑이 있는 것은 전부 벗기고 상 위의 음식을 눈으로 감상한다.
- 양손으로 밥공기를 들어 왼손 위에 올려놓고 그대로 오른손으로 젓가락을 위에서 집어 왼손 가운뎃손가락 사이에 끼어 다시 오른손으로 바꾸어 쓰기 좋게 쥔 다음 젓가락 끝을 국에 넣어 조금 축인 후 밥을 한 입 먹는다.
- 상에 처음과 같이 제자리에 젓가락을 놓고 두 손으로 밥그릇을 놓는다. 다음 국그릇을 양손으로 들어 앞에서처럼 젓가락을 들고 건더기를 먹고 국물을 한 모금 마신다. 젓가락을 대서 먹고 상에 놓는다.
- 다음으로 밥, 조림을 먹는데, 조림은 그릇째로 들어서 먹어도 좋고 국물이 없는 것은 뚜껑에 덜어서 먹어도 좋다.
- 처음에 밥 다음에 국, 국건더기, 국, 밥, 다음에 선에 차려 있는 오른쪽의 것부터 왼쪽의 반찬으로 옮겨가는데 반찬과 반찬 사이에 반드시 밥을 먹는다. 반찬을 한 차례 돈 다음에 침채류(香の物) 이외에는 어떤 것을 먹어도 된다. 반찬은, 하나씩 내놓을 때는 내놓는 순서에 따라 먹는다. 국물이 있는 것은 그릇을 손에 들고 먹는다.
- 회는 나눔 젓가락으로 접시의 가장자리에서부터 차례로 작은 접시에 덜어 간장과 고추냉이(와사비)를 놓아먹는다.
- 생선의 통요리는 머리 쪽의 등살에서부터 꼬리의 순으로 먹는다. 작은 가시는 얌전하게 모아놓는다. 윗부분을 다 먹었어도 생선을 뒤집지 않는다.
- 달걀찜(茶碗蒸し ; 쟈완무시)은 젓가락으로 젓지 않고 앞에서부터 떼어먹고, 뜨거울 때는 그릇 밑에 종이를 받쳐 들고 먹는다.
- 침채류(香の物)는 최후에 더운물을 먹을 때에 입 속을 개운하게 하기 위하여 먹는 것이므로 그때까지 손을 대지 않는다.

- 식사가 끝나면 젓가락은 반차완(飯茶碗)의 차에 헹구어 젓가락 받침에 놓거나 주머니에 다시 넣어 상에 놓는다. 반차완에 차를 넣는 것은 차완을 적셔서 밥이 말라붙지 않도록 하기 위함이다. 특히 칠기그릇인 경우는 중요한 일이라 한다(끝났으면 탕을 밥공기에 부어준다. 젓가락 끝을 탕에 씻어 제자리에 놓는다). 먹기가 끝나면 뚜껑이 있던 그릇은 반드시 처음과 같이 뚜껑을 덮는다. 뚜껑을 뒤집어 놓으면 칠기인 경우 상처가 나므로 바로 놓고, 도기와 칠기를 겹쳐 놓아서도 안 된다.
- 음식은 남기지 않으며 먹지 않을 때는 뚜껑을 덮어둔다.
- 닭 · 게 · 새우 등은 젓가락만으로는 먹기 어려우므로 손을 대고 먹어도 좋으며, 먹은 뒤에는 반드시 수건으로 손을 닦는다. 일단 밥을 적당하게 먹은 다음 주연(酒宴)으로 옮긴다. 이것은 공복에는 술이 건강에 나쁘기 때문인 듯하다. 술을 못하는 사람은 밥을 더 먹도록 한다.
- 차를 마실 때에는 찻잔을 두 손으로 들어 왼손을 찻잔 밑에 받치고 오른손으로 찻잔을 쥐고 마신 뒤 뚜껑을 도로 덮는다.
- 상을 물린 뒤에는 과일이나 생과자를 먹고 차를 마신다.
- 식사 전반에 걸쳐 자세를 바르게 하고 음식 먹는 소리가 나지 않도록 하며 밥, 국, 차 등 작은 접시에 담은 음식 등은 반드시 들어서 입 가까이 대고 먹는다.

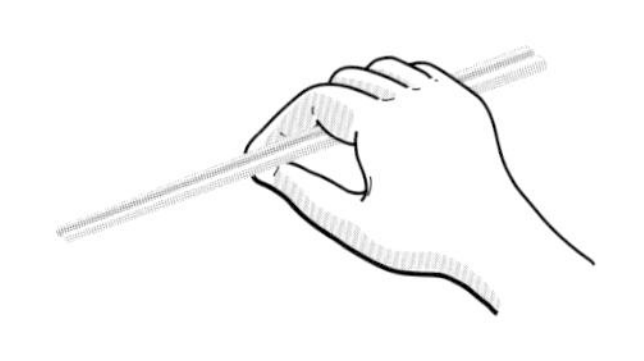
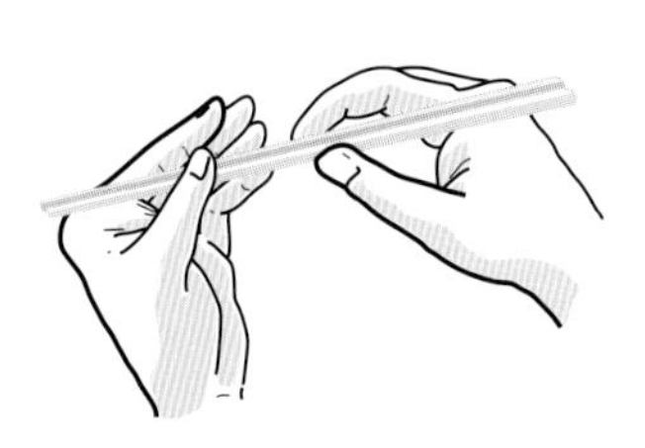
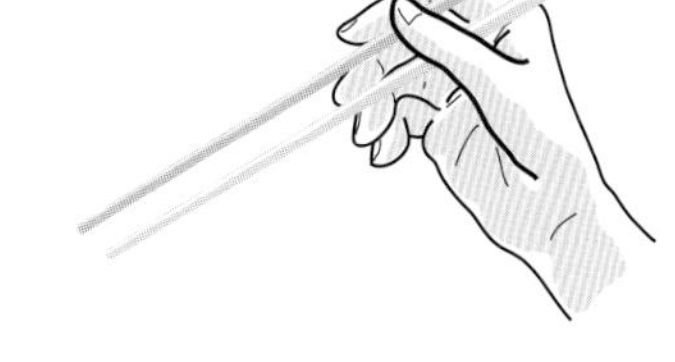

| **그림 8-8** | 젓가락 잡는 방법

식품첨가물과 건강기능식품

식품첨가물

건강기능식품

현재 우리나라의 식품안전관리 실태는 식량증산을 위한 농약 등의 사용 증가로 다이옥신, 내분비장애 물질 등 새로운 환경오염 물질에 의한 식품오염이 증대되는 상황이다. 또한 수입 자유화에 따른 수입식품 증가, 유전자재조합(GMO)식품 등 신소재식품 출현, 식생활 형태 및 소비자 기호변화에 따른 식중독 발생 개연성 증가, 건강 · 기능식품에 대한 수요 확대에 편승한 허위 · 과대광고 등 국민기만 행위 증가 등이 일어나고 있는 실정이다.

식품첨가물과 건강기능식품

현재 우리나라의 식품안전관리 실태는 식량 증산을 위한 농약 등의 사용 증가로 다이옥신, 내분비장애 물질 등 새로운 환경오염 물질에 의한 식품오염 기회 증대와 함께 수입 자유화에 따른 식품수입증가, 유전자재조합(GMO)식품 등 신소재식품 출현, 식생활 형태 및 소비자 기호 변화에 따른 식중독 발생 개연성 증가하고 건강기능식품에 대한 수요 확대에 편승, 허위 · 과대광고 등 국민기만 행위 증가 등이 예견되고 있다. 소비자들은 미량 검출되는 오염물질, 무시할 수 있는 위해물질에 대해서도 '절대적 안전식품' 을 요구하고 있고, 소비자 · 시민단체 등의 단편적인 문제제기에 대해서도 민감하게 반응하고 있다.

음식물 쓰레기의 식량 자원가치는 연간 18조 원이며, 처리비용도 연간 약 6,000억 원에 이르고 있으며 OECD 국가 중 농약 사용 1위, 비료 사용 4위로 음식물 쓰레기 증가 등 환경에 부정적인 영향이 증가하고 국민 성인병 의료비 지출이 4조 원을 육박하고 있는 현실의 자구책으로 기존의 식생활교육에 대한 평가를 바탕으로 새로운 패러다임의 전환이 필요하여 올바른 식생활을 통해 삶의 질을 향상시키는 녹색 식생활 교육이 필요하게 되었다.

녹색 식생활이란 식품의 생산에서 소비까지의 과정에서 에너지와 자원 사용을 줄이고, 환경오염을 최소화할 수 있는 환경 친화적이면서 전통 식생활문화 발전을 위한 새로운 개념으로 에너지 낭비와 환경오염을 최소화하고 저탄소시스템의 새로운 식생활 패러다임을 구현한다.

식품첨가물

식품에는 식품 본래의 목적을 훼손하지 않는 범위에서 부패방지, 영양 강화, 착색, 착향 등의 목적으로 다양한 화학적 합성품이 사용되는데 이를 식품첨가물(food additive)이라고 한다.

식품첨가물에 대한 정의는 국가와 기관마다 조금씩 다른데 우리나라에서는 다음과 같이 정의한다. 식품첨가물이란 「식품위생법」 제1장 제2조2항에 따라 '식품을 제조, 가공 또는 보존함에 있어 식품에 첨가, 혼합, 침윤 또는 기타의 방법으로 사용되는 물질 [기구 및 용기, 포장의 살균 · 소독을 목적으로 사용되어 간접적으로 식품에 이행(carry-over)될 수 있는 물질은 포함]' 로 규정하고 있으며 FAO, WHO 규정으로 '식품의 외관, 향미, 조직 또는 저장성을 향상시키기 위한 목적으로 보통 미량으로 식품에 첨가되는 비 영양물질' 로 정의하고 있다. 우리나라에서 허용된 식품첨가물은 그 제조 공정에 따라 천연첨가물과 화학적 합성품으로 분류되어 있다.

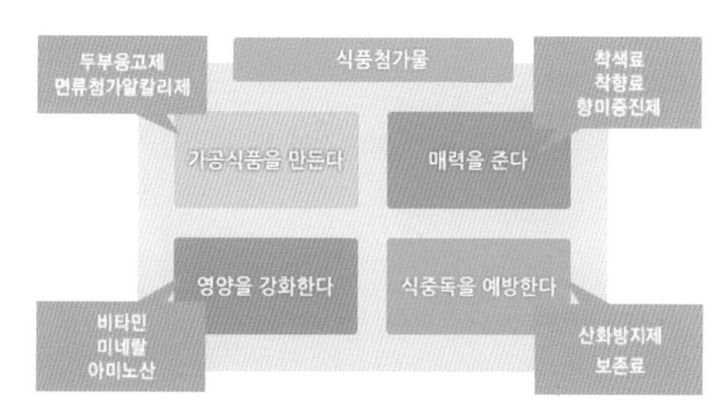

| 그림 9-1 | 식품첨가물의 역할

자료 : 식품의약품안전처

식품첨가물의 안전요건

(1) 식품첨가물의 역사와 안전조건

식품첨가물의 사용 시기는 인류가 식품의 장기간 보관을 위해 '훈제' 나 '염장' 을 하기 시작한 시기로 추정되며, 육류나 생선 저장을 위해 훈제나 염장을 하기 시작한 것이 오늘날 가공처리방법의 발달로 이어져 식품첨가물 개발의 원천이 된 것으로 보인다. 식물의 꽃과 열매와 잎을 이용하여 향을 부여하는 등의 방법이 천연식품첨가물의 시초가 되어 오늘날까지 이어져 오고 있다. 우리나라는 1962년에 최초로 식품첨가물이 지정되어 식품가공에 이용된 것으로 알려져 있으며, 이러한 식품첨가물은 아래와 같은 조건을 갖추고 있어야 한다.

- 인체에 무해하거나 유독성이 없어야 한다.
- 체내에 쌓이지 않아야 한다.
- 미량으로도 효과가 있어야 한다.
- 물리화학적인 변화에도 안정적이어야 한다.
- 값이 저렴하고 경제적인 것이 좋다.
- 식품의 영양가를 유지하고 보기 좋은 것이 효과적이다.
- 사용하기 간편하고 품질특성이 양호한 것이 좋다.
- 온도와 습도가 바뀌어도 성분이 변하지 않아야 한다.

(2) 식품첨가물의 안전 기준

식품첨가물은 안전하게 사용될 수 있도록 안전조건에 맞게 기준을 정해두고 있다.

식품첨가물 사용기준 < 1일 섭취허용량

$$※\ \text{1일섭취허용량 (mg/kg bw/day)} = \frac{\text{최대무독성량 (mg/kg b.w.)}}{100}$$

① 일일허용섭취량(ADI)

사람이 일생동안 먹더라도 인체에 해가되지 않는 양을 말한다(그림 9-2). 최근 2011년에 재개정된 몇 가지 예는 다음과 같다.

Tip | 시리얼류

- **시리얼류**
  - 삭카린나트륨 : 1.2g/kg 이하에서 0.1g/kg 이하로
  - 아세설팜칼륨 : 2.0g/kg에서 0.1g/kg 이하로
- **양조간장** : 안식향산 0.6g/kg 이하, 파라옥시안식향산에틸 0.25g/kg에서 안식향산과 파라옥시안식향산에틸 합계로서 0.6g/kg

자료 : 식품의약품안전처(2011).

② 안전섭취량

음식물에서 평균적으로 섭취하는 양이 일일섭취 허용량의 30% 이하일 때는 그 사용 첨가물량이 안전한 것으로 본다.

동물실험을 통해 안전한 식품첨가물 섭취량을 구한다. (예 : 1,000mg)

사람과 동물의 차이를 고려하여 안전계수(일반적으로 10배)를 나누어 섭취량을 구한다. (예 : 100mg)

사람과 사람의 차이를 고려하여 안전계수(일반적으로 10배)를 나누어 섭취량을 구한다. (예 : 10mg)

| 그림 9-2 | 식품첨가물 안전기준

자료 : 식품의약품안전처

식품첨가물의 분류

식품첨가물의 기원물질, 제조방법에 따라 천연첨가물(197품목) 및 화학적합성품(408품목)으로 분류한다.

(1) 합성 여부에 따른 분류

① 천연 첨가물

천연 동식물과 광물 등으로부터 추출 · 농축 · 분리 · 정제하여 얻어진 유효성분을 말한다. 천연 식품첨가물은 옛날부터 오랜 경험을 통해 유독한 성분은 분리 제거되어 이용되어 왔으므로 식품으로 사용해온 것에서 얻을 수 있으며, 오랜 경험을 통해 안전성이 확인된 식품처럼 쓰이는 첨가물이다. 화학적 합성품에 비해 안전한 것으로 알려져 있다. 이런 사용목적에 따라 분류한 천연첨가물에는 표 9-1과 같다.

② 화학적 합성품

화학적 합성품은 화학적 수단으로 원소 또는 화합물에 분해 반응 외의 화학반응을 일으켜서

| 표 9-1 | 천연첨가물의 분류

유 형	사용목적	천연첨가물의 예
착색료	식품을 착색하여 색조를 조정한다.	치자황색소, 홍국색소
감미료	감미료 식품에 감미를 준다.	스테비오사이드
증점안정제	식품에 매끄러운 느낌과 끈기를 주고 분리를 방지하며 안전성을 향상시킨다.	구아검, 아카시아검
산화방지제	유지 등의 산화를 방지하여 보존성을 좋게 한다.	d-α-토코페롤
껌 베이스	껌의 기본재료로서 사용한다.	천연검
착향료	식품에 향기를 주거나 더 좋게 한다.	오렌지오일
효소식품	제조가공공정에서 분해 등 제조용의 목적으로 사용된다.	α-아밀라아제
광택제	식품의 보호 및 표면에 광택을 준다.	쉘락, 밀납
유화제	식품에 유화, 분산, 침투, 소포 등의 목적으로 사용된다.	레시틴
제조용제	식품의 제조와 가공에 유용하다.	활성탄

얻은 물질이다. 이러한 화학적 합성품은 장기간 섭취 시 인체에 유해한 영향을 줄 수 있기 때문에 「식품위생법」에서 엄격히 규제하고 있다.

(2) 제품형태에 따른 분류

① 개별 품목

식품에 첨가하는 첨가물에 대한 기준과 규격을 정해둔 식품첨가물 공전에 의하면 '혼합제제를 제외한 천연첨가물과 화학적 합성품' 으로, 화학적 합성품 416품목과 천연 첨가물 194품목으로 총 601품목이다. 그러나 최근 2011년 일부 품목 규격 통합 등을 통하여 국내 지정 식품첨가물 품목 수가 595품목으로 조정되었다.

② 혼합제제류

첨가물을 2종 이상 혼합하였거나 1종 또는 2종 이상 혼합한 것을 희석제와 혼합 또는 희석한 것으로 규정되어 있다. 단, 혼합제제류에 속한 것이라도 따로 규정이 정해진 것은 이 규격의 적용을 받지 않는다.

(3) 용도 및 목적에 따른 분류

식품첨가물은 사용용도 및 목적에 따라 표 9-2와 같이 나눈다.

| 표 9-2 | 식품첨가물의 용도 및 목적에 따른 분류

분 류	용 도	사용목적	대표적 첨가물
부패 변질 방지	보존료	미생물의 증식에 의해 일어나는 부패나 변질을 방지함	소르빈산, 안식향산 등
	살균제	미생물을 단시간 내 사멸하는 작용을 가지며 음료수, 식기류, 손 등의 소독에 사용	차아염소산나트륨, 표백분 등
	산화방지제	지방의 산화와 그로 인한 변색을 지연	BHA, BHT 등
기호 만족	착색제	인공적으로 착색하여 천연색을 보완함으로써 식품의 기호적 가치를 향상	식용 색소 등
	발색제	식품 중에 존재하는 색소와 결합시켜 RM 색을 안정시키거나 선명하게 함	아질산나트륨, 질산칼륨 등
	표백제	색소 파괴로 흰 식품을 만들거나 색소 착색 전에 표백하여 색소 착색이 아름답게 되도록 함	아황산나트륨
	조미료	식품 본래의 맛을 한층 돋우거나 기호에 맞게 조절하여 미각을 좋게 함	아미노산계(MSG), 핵산계 등
	산미료	식품에 적합한 산미를 부여하고 청량감을 줌	구연산, 빙초산 등
	감미료	식품에 단맛을 부여함	아스파탐 등
	착향료	식품의 기호적 가치를 증진하는 방향물질	바닐라, 락톤류
영양 강화	강화제	식품에 영양을 강화하기 위해 사용하는 비타민, 무기질, 아미노산 등의 물질	비타민류, 무기질류, 아미노산류 등
품질 개량	밀가루 개량제	밀가루 표백과 숙성기간을 단축하고 제빵효과의 저해물질을 파괴함으로써 가공적성 등을 개량함	과산화벤조일, 과황산암모늄 등
	유화제	물과 기름같이 잘 혼합하지 않는 두 종류의 액체를 혼합할 때 분리를 막고 유화를 도와줌	글리세린, 지방산, 에스테르 등
	호료	식품 점착성을 증가시키고 유화안전성을 좋게 함	구아검
	품질개량제	주로 식육제품류에 사용하여 결착성을 높여 씹을 때 촉감을 향상시킴	인산염, 중합인산염 등
	피막제	과일 및 채소류의 신선도를 장기간 유지하기 위해 표면에 피막을 만들어 호흡제한 및 수분증발 방지	파라핀, 초산비닐수지
	껌 기초제	껌에 적당한 점성과 탄력성을 갖게 하고 풍미를 유지케 함	에스테르검, 폴리부텐
제조 공정	팽창제	빵이나 카스텔라 등을 만들기 위해 밀가루를 부풀려 조직을 향상시키고 적당한 형체를 갖추게 함	명반, 중조(식소다), 베이킹파우더, D-주석산수소칼륨 등
	소포제	식품의 제조공정 중에 발생하는 거품을 제거함	규소수지
	추출제	식품의 어떤 성분을 용해 추출하기 위해 사용함	n-헥산
	이형제	빵의 제조가공과정에서 구울 때 달라붙지 않게 함	유동파라핀
기 타		사용기준이 없는 것	인산, 황산
		사용기준이 있는 것	염화칼슘, 수산화나트륨

자료 : 식품의약품안전처

식품 첨가물의 안전한 사용 방법

식품 첨가물을 안전하게 사용하기 위한 방법으로 생산자와 소비자가 함께 노력해야 할 사항은 다음과 같다.

(1) 생산자

- 정확한 지식을 갖고 올바로 사용해야 한다.
- 올바른 식품첨가물 선택이 중요하다.
- 효과적이고 경제적인지 파악해야 한다.
- 사용기준과 보관에 유의해야 한다.

(2) 소비자

- 많은 첨가물이 80℃에서 녹는점을 이용한다.
  끓는 물에 살짝 데치거나 담가두었다 사용한다(예 : 햄 등).
- 내용물을 체에 걸러 물기 빼고 사용한다(예 : 옥수수 콘, 황도 등).
- 끓는 물에 데쳐 물은 버리고 다시 육수 만들어 조리한다(예 : 라면 등).
- 칼집을 내어 삶거나 데쳐 사용한다(예 : 비엔나 소시지 등).

식품첨가물 사용과 앞으로의 과제

식품첨가물의 안전한 사용을 위해 생산・판매자와 소비자, 정부가 각자의 역할에 최선을 다하는 것이 중요할 것이다.

- 생산자 : 법에서 정한 조항을 준수하고 최소 필요량을 사용하여 안전성을 확보하고 다양한 제품을 개발해야 한다.
- 소비자 : 식품첨가물에 대한 올바른 지식을 바탕으로 제품선택 시 표시사항을 반드시 확인하고 구입하는 습관을 길러야 한다.
- 정부 : 국제 규격과의 조화 등을 통해 식품 안전성을 확보하고 생산자와 소비자와의 관계를 조정하여, 기업 활동과 소비자 안전의 균형을 조정하는 조절자 역할을 담당해야 한다.

가공식품보다는 신선한 자연식품을 선택한다.

식품표시를 잘 확인하고 되도록 식품첨가물이 적게 들어 있는 식품을 선택한다.

음식은 되도록 집에서 만들어 먹도록 한다.

어묵, 햄 등은 물로 한 번 씻은 후 사용한다.

특정 식품만을 계속 먹으면 특정 식품첨가물만 많이 흡수하게 되므로 골고루 먹어야 한다.

| **그림 9-3** | 식품첨가물을 적게 섭취하는 방법

건강기능식품

건강기능식품 및 특수용도식품의 특징

생활수준의 향상과 함께 건강에 대한 국민의 관심이 높아지고 있는 요즈음 건강기능식품에 대한 관심도 증가되고 있다. '건강기능식품' 이란 인체에 유용한 기능성을 가진 원료나 성분을 사용하여 제조(가공을 포함하며 이하 같음)한 식품을 말한다. '기능성' 이라 함은 인체의 구조

및 기능에 대하여 영양소를 조절하거나 생리학적 작용 등과 같은 보건용도에 유용한 효과를 얻는 것을 말한다.

또한 특수용도식품이란 '영 · 유아, 병약자, 노약자, 비만자 또는 임산부 등 특별한 영양관리가 필요한 특정 대상을 위하여 식품과 영양소를 배합하는 등의 방법으로 제조 · 가공한 영아용 조제식, 성장기용 조제식, 영 · 유아용 곡류 조제식, 기타 영 · 유아식, 특수의료용도 등 식품, 체중조절용 조제식품, 임산 · 수유부용 식품' 을 말한다. 현재 우리나라 건강기능식품은 원래 25종이던 것이 칼슘함유식품 등이 특수영양식품으로 재분류되면서 24종이 식품공전에 수록되어 있다. 건강기능식품은 다음과 같은 조건을 갖추고 있어야 한다.

- 과거로부터 식용되어 온 것
- 천연물로부터 유래한 것
- 일반적 식품의 형태가 아닌것
- 입으로 섭취가 가능한 것
- 영양성분 보급이 가능한 것
- 과학적인 생리활성 성분이 있는 것
- 의약품으로 사용된 식품이 아닌 것

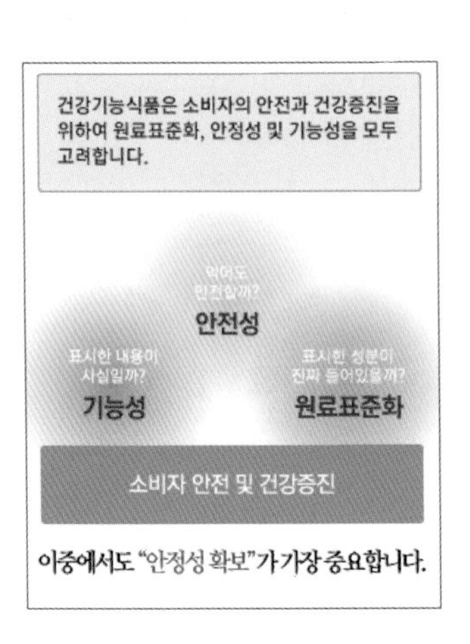

| 그림 9-4 | 건강기능식품의 조건

건강기능식품의 품목

우리나라 건강기능식품의 품목에 따른 원료 및 가공방법에 대한 내용과 주요 성분에 대한 설명은 다음 표 9-3과 같다.

| 표 9-3 | 건강기능식품 개별 품목별 사례

번호	품목군	원료 및 가공방법	주요 성분 및 기대효과
1	**정제어유 가공제품** 뱀장어 가공제품 EPA, DHA 가공 제품	• 뱀장어에서 채취한 유지를 정제 · 가공한 식품 • 등푸른 생선의 EPA, DHA를 가공한 식품	다가불포화지방산
2	로열제리	일벌의 인두선 분비물을 수집하여 동결건조하거나 가공한 식품	10-HDA3
3	효모 제품	식용효모의 균체를 주원료로 가공한 식품	단백질, 비타민 등 영양공급
4	화분 제품	화분의 유효성분을 얻기 위해 가공한 식품	단백질, 비타민, 무기질 풍부
5	스쿠알렌 제품	상어 간에서 채소의 식용미생물을 얻는 스쿨렌 또는 스쿨렌가공식품	침투성 및 부활작용 기대
6	효소식품	곡류, 과일, 채소의 식용미생물을 배양하여 발효시켜 가공한 식품	신진대사, 소화작용, 체질개선
7	유산균 제품	유산균, 비피더스균 등 식품위생상 안전한 생균을 배양하여 식품 가공한 식품	유익한 유산균 증식, 장내세균 정장작용
8	**조류식품** 클로렐라 제품 스피루리나 제품	• 클로렐라 속의 조류를 배양하여 소화성을 높이도록 가공한 식품 • 스피룰리나 속의 조류를 배양하여 식용에 적합하게 가공한 식품	단백질, 클로로필, 무기질 풍부, 항산화, 피부건강
9	감마리놀렌산 제품	달맞이 종자유에서 채취한 r-리놀렌산을 식용에 적합하게 가공	콜레스테롤 개선, 혈행개선, 다가불포화지방산 풍부
10	**배아가공식품** 배아유식품 배아식품	밀, 쌀 등의 배아를 분리하여 식용 가능하도록 가공한 식품	항산화 작용(비타민 E)
11	레시틴 제품	대두유, 난황에서 분리한 인지질성분을 삭용 가능하도록 가공한 식품	콜레스테롤 개선
12	옥타코사놀 제품	미강이나 소맥배아에서 분리한 옥타코사놀을 식용 가능하도록 가공한 식품	지구력 증진
13	알콕시글리세롤식품	상어간의 알콕시글리세롤 유지를 분리하여 가공	면역력 증진
14	포도씨유식품	포도씨에서 채취한 기름을 식용 가능하도록 가공	다가불포화지방산, 카테킨 풍부
15	식물추출물 발효 제품	식용식물을 압착 또는 당류의 삼투압에 의해 추출물을 발효 가공한 식품	유기산 등 발효산물 풍부
16	뮤코다당 · 단백 제품	소, 돼지, 양, 사슴, 상어, 게 등의 연골조직을 열 추출 또는 효소 분해 가공	단백질, 관절 및 연골건강 도움

〈계속〉

번호	품목군	원료 및 가공방법	주요 성분 및 기대효과
17	엽록소 제품	맥류약엽, 알파파, 해조류 등을 착즙하거나 건조한 제품	단백질, 무기질, 비타민, 엽록소
18	버섯 제품	영지, 운지, 표고 등 자실체나 이들의 균사체배양물을 물 또는 에탄올 혼합액으로 추출하여 가공	비타민 D, 다당류 풍부, 혈행개선
19	알로에 제품	식용알로에 전잎을 가공, 알로에겔	다당류 풍부, 배변활동 원활
20	매실추출물	매실과즙을 여과, 농축하여 가공	유기산 풍부, 피로개선
21	자라 제품	식용자라를 양식하여 자라의 유효성분을 가공	양질의 단백질 지방산 풍부
22	베타카로틴 제품	식물, 조류 등에서 β-카로틴을 추출, 분리, 정제, 농축	비타민 A 상피세포 발달
23	키토산/ 키토올리고당 제품	갑각류의 껍질을 가공하여 얻은 키토산을 효소 처리하여 가공	콜레스테롤 개선, 항균, 면역
24	프로폴리스 제품	꿀벌이 나무수액과 화분, 자신의 분비물로 만든 성분 중 왁스를 제거하여 얻음	항산화, 항균 작용

자료 : 식품의약품안전처(www.kfda.go.kr).

건강기능식품의 안전섭취 지침

- 1회 지침 분량에 맞게 섭취해야 한다.
- 공복 시보다 식후에 섭취하는 것이 유익하다.
- 장기간 섭취하는 것보다 2주나 4주 섭취 후 일정기간 쉬었다가 다시 섭취하는 것이 효과적이다.
- 섭취 시엔 반드시 영양섭취기준의 100% 미만을 보충하는 제품이어야 한다.
- 효능이 검증된 건강기능식품이어야 한다.
- 자신의 영양 상태에 맞게 의사나 영양사 등의 전문가와 상의하는 것이 바람직하다.

이와 같이 자신의 부족한 영양상태의 보조역할로서의 가치를 두는 것이어야 하며 식사를 대체하는 것으로 인식해서는 안 된다. 또한 지나친 기능식품 섭취는 오히려 건강을 해칠 수도 있다.

알아보기 9-1

식품안전기준규격정보맵

구분	생산	수입	제조가공	유통	소비
농산물	잔류농약정보				
				농약별 농약잔류허용기준정보	
	잔류농약 분석 매뉴얼				
	식품원재료 식물정보				
축산물	동물용 의약품정보				
	동물의약품별 농약 잔류 허용 기준정보				
			축산물의 가공기준 및 성분 규격		
	식품원재료 동물정보				
수산물	식품별잔류 허용기준정보				
	방사선조사식품 현황정보				
	식품원재료 수산물정보				
가공식품		식품공전			
		건강기능식품공전			
		식품첨가물공전			
		기구및용기포장 기준규격정보			
		기구등의살균소독제 기준규격정보			
		가공식품, 건강기능식품, 농산물 식품표시기준			
				식품별 잔류 허용기준	

건강체중을 위한 식생활관리

건강체중

체중 감소를 위한 식사

체중감량을 위한 식사제한

생애주기별 다이어트법

비만인구가 증가함에 따라 다양한 다이어트방법들이 유행하고 있다. 다이어트의 목적은 체중감량 및 감량된 체중을 오래 유지하는 것이다. 그러나 유행다이어트들은 특정 음식만을 섭취하게 하여 심한 영양불균형을 초래하는 건강에 유해한 다이어트방법들이 대부분이다. 지나치게 체중에 집착하여 다이어트를 반복하다 보면 거식증이나 폭식증 등의 섭식장애가 생길 수 있고 한번 섭식장애가 나타나면 쉽게 고쳐지지 않으므로 주의해야 한다.

Chapter 10

건강체중을 위한 식생활관리

건강체중

비만인구의 증가

일반적으로 비만이라고 하면 살이 찐 것을 의미하지만 정확히는 체내에 축적된 지방이 정상수치보다 높은 것을 말한다. 즉, 비만증(obesity)은 섭취 에너지가 소비 에너지보다 많아 여분의 에너지가 지방으로 전환되어 피하지방이나 장간막에 저장되어 축적된 상태를 말하며 WHO(세계보건기구)에서는 비만을 질병으로 규정하고 있다.

2013년 국민건강영양조사 자료에 따르면 성인 비만(만19세 이상) 유병률이 32%(남성 37.6%, 여성 25.1%)였고, 비만율은 50대가 37%로 가장 높았으며, 20대가 22%로 가장 낮게 나타났다. 성별로 비교해 보면 남자는 40대가 41.5%, 50대가 40.8%로 높았고, 여성의 경우 60대가 42.7%로 가장 높았으며, 70대가 38.6%로 높았다. 여성의 경우 20대의 비만율이 14.4%로 가장 낮았고 연령이 증가할수록 크게 증가하는 추세를 보이는 반면, 남성은 20대의 비만율이 29.3%, 30~50대가 41~47%를 유지하다가 60대 이후부터는 감소하는 경향을 보여 70대의 비만율은 26%로 가장 낮았다(그림 10-1). 2014년 중 · 고등학생의 비만율은 15.3%로, 남학생 16.7%, 여학생 13.9%였고 초등학생은 7.6%(남자 9.5%, 여자 5.6%)로 나타났으며 특히 고등학생의 비만율이 심각하다. 2006년부터 2014년까지의 초·중·고등학교 비만학생의 비율이 점차 높아지는 추세이며, 2007년과 2012년 2~18세의 연령별 비만율은 점차 줄어들었다(그림 10-2, 10-3).

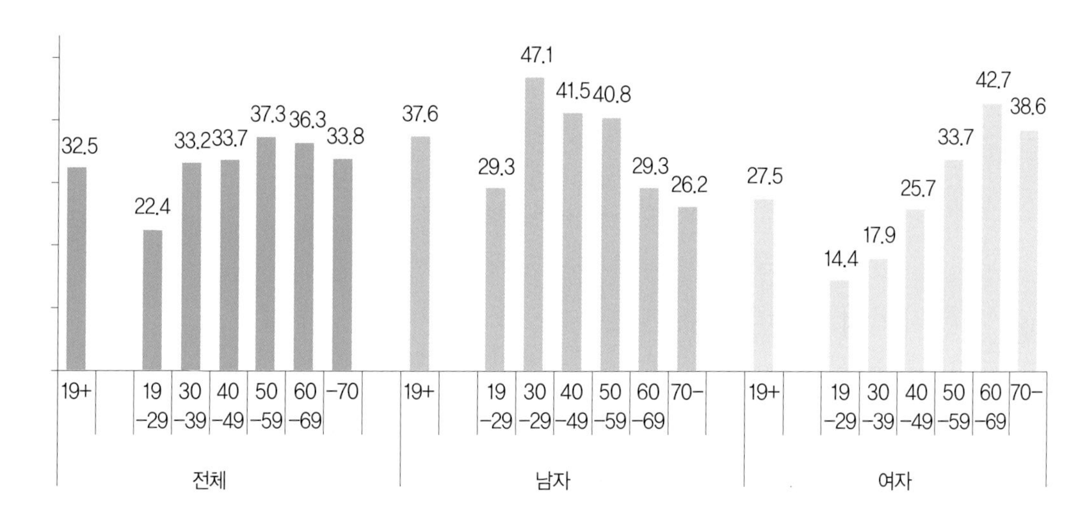

| 그림 10-1 | 2013년 국민건강영양조사 비만 유병률(BMI기준)

* 비만 유병률 : 체질량지수(BMI, kg/m²) 25 이상인 사람의 분율, 만19세 이상

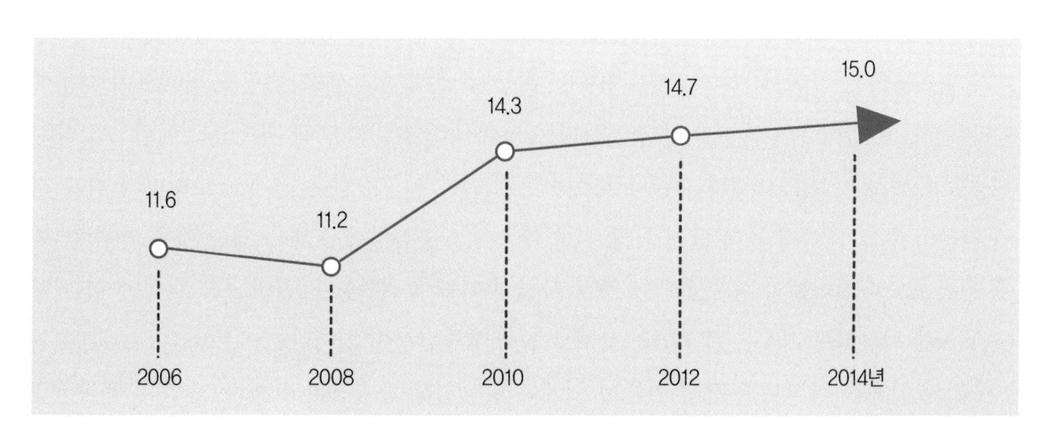

| 그림 10-2 | 초중고교 비만학생 비율 추이(%)

자료 : 교육부

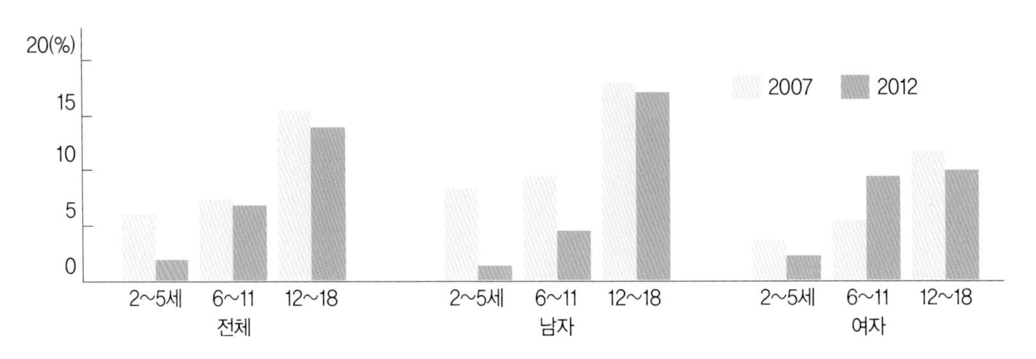

| **그림 10-3** | 2007 · 2012년 연령별 비만율 변화(%)

자료 : 국민건강영양조사결과

유행다이어트 성행

비만인구가 증가함에 따라 다양한 다이어트방법들이 유행하고 있다. 다이어트의 목적은 체중감량과 감량된 체중을 오래 유지하는 것이다. 그러나 유행하는 다이어트들은 특정 음식만을 섭취하게 하여 심한 영양불균형을 초래하는 건강에 유해한 다이어트방법들이 대부분이다. 지나치게 체중에 집착하여 수많은 다이어트를 반복하다 보면 거식증이나 폭식증 등의 섭식장애가 생길 수 있고 한 번 섭식장애가 나타나면 쉽게 고쳐지지 않으므로 주의해야 한다.

한 가지 식품 또는 음식만 먹는 원푸드다이어트 방법에는 사과다이어트, 포도다이어트, 감자다이어트, 토마토다이어트, 검정콩다이어트, 건빵다이어트 등이 있다. 방법이 간단하고 준비가 편리하다는 점에서 많이 유행하였지만 한 식품 속에 있는 영양소만을 섭취하기 때문에 영양불균형이 일어나며 한 가지만 섭취한다는 점에서 단조로워 오래 지속하기 어렵고 감량된 체중을 유지하는 것도 어렵다. 원푸트다이어트로 인한 체중감량은 전체 칼로리의 섭취가 적기 때문이지 그 음식에 들어 있는 특정 성분 때문에 체중감량에 효과가 있는 것은 아니다. 예를 들어 포도다이어트의 경우 하루에 포도 다섯 송이를 섭취하는 것인데 포도 다섯 송이는 약 630kcal에 해당하므로 적은 칼로리의 섭취로 인해 체중감량이 일어나는 것이다.

우리의 신체는 신비로운 점이 있는데 언제나 항상성을 유지하려고 한다. 수분이 부족하면 수분을 섭취하게 하여 항상성을 유지하고, 어떤 영양소가 부족하면 부족 된 영양소를 보충하게 하여 항상성을 유지하게 한다. 체내 항상성이 파괴되면 결국 병이 나게 되는 것이다. 또한 한 가지 식품만 계속 먹으면 어느 정도까지는 견딜 수 있으나 일정시간이 지나면 반드시 그 동

| 표 10-1 | 올바른 다이어트 프로그램 구별법

좋은 프로그램	나쁜 프로그램
• 비만의 원인과 형태에 따른 계획을 세운다. • 적절한 칼로리 식사법과 올바른 식품을 선택하는 방법을 교육한다. • 규칙적인 운동을 강조한다. • 행동요법을 병행하여 근본적인 체중 증가의 원인을 개선한다.	• 신속하고 손쉬운 감량을 약속한다. • 식사조절의 중요성을 무시하고 알약이나 가루로 되어 있는 건강보조식품을 섭취하게 한다. • 특정 식품이나 특정 제품만을 먹거나 사용하게 한다. • 비싼 영양보충제를 같이 먹게 한다.

안 다이어트를 위해 먹지 않았던 음식에 대한 섭취 욕구가 강해져 쉽게 과식을 하게 되어 다이어트에 실패하는 경우가 많다. 포도에는 탄수화물, 비타민은 들어있지만, 단백질이나 무기질은 부족하다. 따라서 포도만 먹다보면 어느 순간에는 반드시 적당한 지방과 단백질이 들어 있는 식품(튀김류 · 고기류)에 대한 욕구가 강해지고, 참을 수 없게 되면 결국 과식이라는 결과를 초래하게 된다. 그래서 원푸드다이어트의 성공률은 높지 않으며, 일시적으로 성공을 했다 하여도 체중 유지가 어렵다.

한때 미국인 의사인 로버트 앳킨스가 제안한 다이어트법으로 엣킨스 다이어트, 황제다이어트라 부르며 미국에서 선풍적인 인기를 얻었던 다이어트방법이 있다. 2주 동안 단백질식품만을 섭취하고 그 후부터 서서히 당질의 섭취량을 늘려나가는 것이다. 2주 동안 체중감량이 빠르고, 비교적 공복감을 느끼지 않으며 다이어트가 가능하다는 점에서 인기가 있었으나 여러 부작용이 문제점으로 지적되었다. 부작용으로는 첫째, 2주 동안의 빠른 체중감량은 대부분이 수분감량에 의한 체중변화이기 때문에 조금만 식사방법을 달리하면 쉽게 원래의 체중으로 돌아오거나 그 이상의 체중증가를 초래한다. 둘째, 주식이 당질인 한국인에게는 당질식품섭취를 억제하는 것이 곧 당질식품섭취에 대한 과다 욕구로 이어져 중도에 포기율이 상당히 높아 다이어트의 성공이 어렵다. 셋째, 고단백식사법이므로 단백질 식품에 들어 있는 독성 물질인 질소를 신장에서 제거해야 하기 때문에 신장에 부담을 주어 신장질환이 생길 수도 있다. 따라서 신장이 나쁜 사람은 특히 이러한 고단백다이어트에 주의를 해야 한다.

결론적으로 가장 좋은 다이어트방법은 칼로리섭취를 평소보다 적게 하면서 영양적으로 균형 있는 식사를 하고, 운동과 행동수정을 병행하는 것이다.

건강체중

최근 문제가 되고 있는 생활습관병을 예방하기 위해서는 자신의 몸무게가 몇 kg이 가장 적당한지를 인지하는 것이 중요한데 이러한 몸무게를 '표준체중' 이라고 한다. 표준체중을 구하는 방법으로는 다음과 같은 두 가지 방법이 이용된다.

표준체중과 체질량지수 구하기

1 표준체중 구하는 방법 1

- 여성 : 키(m)×키(m)×21
- 남성 : 키(m)×키(m)×22

예) 키가 160cm인 성인 여성의 표준체중은 다음과 같다.

1.6×1.6×21=53.8

∴53.8kg

2 표준체중 구하는 방법 2

- 키≥150cm=[신장(cm)−100]×0.9
- 키<150cm=신장(cm)−100

예) 키가 160cm인 성인 여성의 표준체중은 다음과 같다.

(160−100)×0.9=54

∴54kg

3 체질량지수(Body Mass Index) 구하기

$$= \frac{\text{체중}}{\text{키(cm)}\times\text{키(cm)}}$$

예) 키 160cm, 몸무게 60kg

$$= \frac{60}{1.6\times1.6} = \frac{60}{2.56} = 23.4$$

∴23.4

〈판정〉

- 18.5~22.9 : 정상
- 23.0~24.9 : 과체중
- ≥25 : 비만

체질량지수는(BMI : Body Mass Index)는 키와 체중만 알면 간편하게 구할 수 있는 방법으로 체지방량을 잘 반영하기 때문에 비만을 판정하는 데 많이 사용된다. 표준체중이라 해도 체지방이 필요 이상으로 많다면 마른 비만이 될 수 있다. 따라서 체질량지수를 계산하여 정상체중 범위 내(18.5~22.9)에 있는 경우 건강 위험도가 감소한다는 의미에서 이를 '건강체중' 이라고도 한다.

건강체중을 위한 식생활관리

(1) 탄수화물은 적당히 섭취하되 식이섬유를 충분히 섭취한다

당질은 크게 단순당과 복합당으로 나눈다. 단순당은 설탕, 꿀, 과일에 함유한 당을 말하며 주

Tip | 식이섬유의 함량

(단위 : g/100g)

식품의 종류	식이섬유의 함량(g/100g)
곡 류	보리(10.8), 백미(3.2), 밀가루(2.1)
감자 · 콩류	검정콩(19.9), 팥(16.2), 두부(2.1), 고구마(1.8), 감자(1.1)
과일류	감(2.9~ 4.5), 사과(1.3), 딸기(1.27), 참외(0.77), 포도(0.54), 수박(0.19)
채소류	마늘(7.4), 깍두기(2.5), 시금치(1.7), 양파(1.5), 무(1.3), 배추(2.5)
해조류 · 버섯류	미역(30), 김(29), 다시마(23.9), 표고버섯(23.4~39.8)

- **수용성 식이섬유가 많이 함유되어 있는 식품**
  살구, 자두(푸룬), 청국장, 토란, 키위 · 사과 · 바나나 등 과일, 양상추, 브로콜리, 오이, 당근, 무, 다시마 · 미역 · 김 등의 해조류
- **불용성 식이섬유가 많이 함유되어 있는 식품**
  고구마, 감자, 현미, 시금치, 부추, 브로콜리, 양배추, 강낭콩, 팥, 대두, 두부, 호박, 옥수수 등

로 설탕이 주 원료로 사용된 초콜릿, 케이크, 과자, 떡, 아이스크림, 음료수 등도 단순당식품이라고 할 수 있고, 혈당을 쉽게 높이는 식품에 속한다. 복합당은 우리가 섭취하는 당질의 90%에 해당하며 주로 밥, 빵, 국수, 고구마, 감자 등에 들어 있는 당질의 형태이다.

탄수화물은 우리 몸이 지방을 효율적으로 사용하도록 도와주어 지방질을 완전히 분해한다. 식이섬유는 포만감을 주어 비만을 예방할 수 있다. 특히 불용성 식이섬유는 수분을 흡수하여 변의 부피를 증가시켜 배설을 도와 체중감량에 도움을 준다. 수용성 식이섬유는 작은 창자에서 포도당의 흡수를 느리게 하여 혈당을 조절하여 당뇨병 치료에 도움을 주고, 혈청콜레스테롤을 감소시켜 심혈관계 질환을 예방할 수 있도록 한다.

인슐린 대사에 이상이 생긴 경우의 증상

- 쉽게 체지방이 축적된다.
- 쉽게 공복감을 느껴 과식하게 된다.
- 더 많은 인슐린이 분비된다.
- 당뇨가 발병하게 된다.
- 따라서 혈당을 빨리 상승시키지 않는 음식을 섭취하는 것이 좋다(GI 다이어트법).

탄수화물 섭취에 문제가 되는 것은 식사의 대부분을 단순당으로 섭취하는 경우이다. 식사 시 당이 지나치게 많이 섭취할 경우, 특히 빠르게 체내에 흡수되는 정제 탄수화물을 많이 섭취할 경우 빠르게 올라가는 혈당을 내리기 위해 인슐린은 필요량보다 훨씬 많은 양이 분비된다. 이런 일들이 반복되다 보면 인슐린의 작용이 조금씩 떨어지면서 분비량이 자꾸 많아지게 된다. 이를 '인슐린저항성' 이라고 하는데 인슐린저항성이 있게 되면 열쇠가 제대로 작동을 못하므로 세포들이 포도당을 효율적으로 이용하지 못하게 된다.

흰 밥보다는 잡곡밥을, 식빵보다는 잡곡빵을 먹는 것이 포만감이 높아 쉽게 배가 고프지 않는다. 순수한 설탕이 많이 들어있는 꿀, 초콜릿, 캔디 등은 칼로리가 높은 대신 포만감은 없어 다이어트를 위해서는 삼가는 것이 좋다. 혼수상태에 빠질 수도 있으므로 탄수화물은 하루에 최소 100g 이상 섭취해야 한다. 탄수화물을 전혀 섭취하지 않으면 체지방이 불완전 연소되어 케톤증이 일어날 수 있으며 쉽게 피로하게 되고 더 나아가 산과 염기의 불균형으로 인해 건강에 위험을 초래한다.

(2) 적절한 단백질의 섭취가 중요하다

단백질은 건강에 매우 중요한 영양소라는 어원을 가지고 있으며, 우리 몸의 뼈와 근육의 대부분을 구성하고 혈액, 세포막, 효소와 호르몬, 면역인자 등의 중요한 구성성분이 된다. 체액의 균형을 유지하는 중요한 역할을 하는 것도 단백질이다. 특히 혈액 알부민과 글로불린은 체액균형 유지에 관여하며, 산 · 염기 평형 유지로 부종을 방지하고 주위의 환경 변화를 완충시켜준다.

혈액단백질은 여러 가지 영양소와 산소 등을 운반하며, 세포 안에서 발생한 노폐물을 밖으로 밀어낸다. 우리 몸 전체에 산소를 운반하는 혈액 내의 적혈구 성분인 헤모글로빈, 지질, 철, 구리 등을 필요한 조직으로 운반하는 알부민, 글로불린 등이 그 예이다.

단백질의 섭취는 체내 대사과정에서 탄수화물이나 지방보다는 열 발생을 늘려 소비에너지를 증가시키고, 포만감을 주며 인슐린 분비를 자극하지 않고 근육량 감소를 최소화하여 요요현상을 방지하는 데 도움이 된다. 따라서 단백질 섭취를 의식적으로 늘리면 체내에서는 자연스럽게 섭취에너지가 줄면서 에너지 밸런스를 (−)로 유지해 주어 체중이 줄어든다.

다이어트를 위해 장기간 에너지 섭취를 줄일 경우 몸 안의 단백질이 분해되어 에너지로 쓰기 때문에 단백질이 결핍되기 쉽다. 따라서 양질의 단백질을 충분히 섭취해야 한다. 주의할 것은 대부분의 단백질식품에는 지방도 많이 함유되어 있으므로, 기름을 제거하고 먹는 것이 중

적당한 단백질 섭취

- 두부 1/5모 : 8g
- 생선 1토막 : 14g
- 달걀 1개 : 8g
- 닭고기 1인분 : 11g
- 밥 1공기 : 6g
- 햄 1쪽(가로 8cm×세로 6cm×높이 0.8cm) : 8g

요하다.

다이어트를 위해서 체중 1kg당 1.2~1.5g의 단백질을 섭취하거나 전체 열량의 20~25%의 단백질을 섭취하는 것이 좋다. 예를 들어 체중이 60kg인 사람의 경우 62~65g 정도의 단백질 섭취가 적당하다.

(3) 지방의 섭취는 총 열량의 20% 미만으로 한다

패스트 푸드와 외식문화의 범람으로 지방의 과잉섭취가 늘고 있다. 지방의 과잉섭취는 비만뿐 아니라 심혈관질환과도 깊은 상관성이 있으므로, 일일 지방 섭취량을 총 열량의 20%가 넘지 않도록 한다. 식품에 들어 있는 지방질은 눈에 보이는 형태로 버터, 마가린, 식용유, 삼겹살 등에 있으며, 눈에 보이지 않는 형태로 달걀노른자, 살코기, 햄, 초콜릿, 케이크, 아이스크림 등에 들어 있다. 또한 지방의 주성분인 지방산에는 포화지방산과 불포화지방산으로 나누어지는데 포화지방산은 쇠고기와 돼지고기 등의 동물성 지방에 많이 들어 있고 상온에서 고체이며, 불포화지방산은 올리브유, 옥수수유, 콩기름 등의 식물성 기름에 들어 있으며, 상온에서 액체이다.

지방을 다이어트의 적으로 보는 이유는 지방 1g당 9kcal로 같은 무게당 당질이나 단백질에 비해 2배 이상의 칼로리를 내기 때문이다. 그러나 지방을 얼마나 먹느냐보다는 어떤 종류의 지방을 섭취하는지가 비만관리와 건강에 더 중요하다. 포화지방과 불포화지방은 단위 무게당 칼로리는 동일하지만 일단 몸속에 들어오면 다른 길을 밟게 된다. 오메가-3 지방 등의 불포화지방은 세포막을 건강하게 하여 인슐린 등의 호르몬이 주는 신호를 잘 받아들이고 지방 대사를 원활하게 돌려 체중감량에 유리한 조건을 만든다.

따라서 무조건 지방 섭취를 줄이는 것이 아니라 건강한 삶을 유지하기 위해서 총 열량의 20% 정도(약 30g 정도)를 섭취하되 포화지방보다는 올리브유나 카놀라유같은 불포화지방과 고등어, 연어, 참치 등의 기름진 생선을 1주일에 2회 정도 섭취하는 것이 비만관리와 건강에

| 표 10-2 | 외식 음식에 함유된 포화지방 및 트랜스지방

외식 음식	열량(Kcal)	총 지방(g)	트랜스지방(g)
튀긴 음식			
양파링(180g)	650	47	7
버거킹 프랜치프라이(180g)	540	24	7
맥도널드 치킨 너깃(270g)	510	29	3
맥도널드 프랜치프라이(대, 150g)	470	19	4
튀긴 모차렐라 스틱(120g)	370	23	3
튀긴 생선(180g)	350	16	3
기타 음식			
손질하지 않은 쇠갈비(180g)	480	35	3
햄버거(150g)	470	26	3
닭고기 파이(210g)	370	20	3
kfc 비스킷(60g)	210	12	4
사과파이(100g)	236	12	3

Tip | 식품 속의 지방량 계산하기

지방의 섭취량이 30%이므로 현재의 섭취량에서 10% 정도 지방량을 줄이는 것이 바람직하다.

일상 식품 속에 함유되어 있는 지방의 양

- 버터, 마가린 1작은술=5g=45kcal
- 초콜릿바 100g=지방 30g=270kcal
- 마요네즈 1큰술=15g=135kcal
- 샐러드 드레싱 1큰술=15g=135kcal
- 식용유/기름 1큰술=15g=135kcal

도움이 된다. 식용유 1큰술은 약 15g 정도이다.

(4) 짜게 먹지 않는다

■ 염분의 과다 섭취는 체내 수분조절의 불균형을 초래하여 부종, 혈압 등의 건강문제를 일

Tip | 소금이 많이 함유된 식품

- **소금에 절인 식품** : 젓갈류, 장아찌, 자반고등어, 굴비
- **훈연 · 어육식품** : 햄, 소시지, 베이컨, 훈연연어
- **소금이 많이 첨가된 스낵식품** : 포테이토칩, 팝콘, 크래커 등
- **인스턴트식품** : 라면, 즉석식품류, 통조림식품
- **가공식품** : 치즈, 마가린, 버터, 케첩
- **조미료** : 간장, 된장, 고추장, 우스터소스, 바비큐소스

으키며 짠맛을 중화시키기 위해 과식을 하게 되므로 비만의 원인이 된다. 즉, 음식을 짜게 먹어 소금을 과잉 섭취하게 되면 혈액 속에 소금기가 짙어지며 그 농도를 조절하기 위한 갈증이 생긴다. 연속적으로 물을 마셔 혈액 속으로 수분을 계속 유입시키게 되면 세포 바깥의 부피가 늘어나면서 부종이 생긴다.

- 한국인의 일일 나트륨 섭취량은 3.9g(소금양은 10.3g)으로 다이어트를 위해서는 하루 소금의 섭취량을 반으로 줄이는 것이 적당하고, 소금 절임 · 가공 · 인스턴트식품의 섭취를 줄이고 외식의 빈도를 줄이는 것이 좋은 저염식사방법이다. 참고로 고추장 1큰술에는 2g의 염분이, 간장 1작은술에는 약 1g의 염분이 들어 있다.
- 매끼 식사마다 칼륨이 많은 해조류, 과일, 채소를 충분히 먹는다. 우리 식탁에 주로 사용되는 소금의 성분은 염화나트륨이다. 염화나트륨은 칼륨과 서로 교체되는 성질이 있기 때문에 칼륨을 섭취하면 염화나트륨이 몸 밖으로 배설된다. 즉, 칼륨은 김, 미역, 다시마, 파래 등의 해조류와 사과, 바나나 등의 과일, 콩과 감자, 시금치, 버섯 등에 많이 들어 있다.

(5) 간식 섭취에 주의한다

① 탄산음료 및 주스

콜라나 사이다의 경우 칼로리가 100kcal에 해당되며 오렌지주스 1컵 250mL에도 92kcal의 에너지를 내므로 가능하면 물로 대치한다.

② 커 피

크림 1작은술(10g)은 53kcal고 설탕 1작은술(10g)은 40kcal이므로 설탕 2스푼에 크림 1스푼을 넣으면 150~200kcal을 섭취하게 되므로 블랙커피(15kcal)로 대치한다.

③ 고열량 간식(케이크, 도넛, 튀김)

크기에 따라 밥 1공기에서 2공기에 해당하는 칼로리를 가진다.

예를 들어 케이크는 보통 1조각에 400~500kcal이고, 도넛 1개는 250~350kcal, 튀김 1개(고구마튀김)는 150~200kcal이다.

간식을 좋아하는 사람이라면 평상시보다 간식 1~2종류를 덜 먹으면 쉽게 500kcal를 줄일 수 있다.

④ 과자류

대부분의 과자는 소포장 1봉지에 300~500kcal에 해당한다. 따라서 꼭 과자를 먹어야 한다면 항상 반만 먹는 습관을 기르자.

| 표 10-3 | 음료수

제 품 명	포장단위 각 1개(g)	열량(kcal)
콜라 · 사이다 · 환타 등 음료수	250	100
라이트콜라	250	30
미에로화이바	100	50
이온음료 게토레이	250	80

주 : 대부분의 음료수는 설탕이나 과당을 포함하고 있으므로 주의를 요한다.

| 표 10-4 | 추천할 만한 간식

종 류	구 분	열량(kcal)
과일류	사과(1/2개), 배(1/3개), 오렌지(1/2개), 딸기(10개)	약 50
채소류	오이, 당근, 양상추	약 20
유제품	저지방우유	약 125
견과류	땅콩(10개), 호두	약 45
기 타	블랙커피, 녹차, 다이어트콜라	0~10

체중 감소를 위한 식사

체내의 주 에너지원으로 탄수화물과 지방은 서로 밀접한 관계를 갖는다. 비만치료를 위해 주 에너지원으로 탄수화물과 지방 중 어떠한 것을 택하는 것이 바람직한 지에 대해서는 많은 논란이 있어 왔다. 탄수화물은 지방에 비해 에너지 밀도가 낮으며 포만 효과가 커서 저지방 고탄수화물 식사요법이 효과적임을 여러 연구자들이 주장하였다. 그러나 고지방 저탄수화물 식사요법을 주장하는 그룹에서는 우리나라의 경우와 차이는 있으나 고탄수화물 식사에 대한 순응도가 낮아 효과적이지 못하며, 고탄수화물 식사를 할 경우 인슐린 분비 및 혈중 중성 지방 수치가 올라갈 수 있음을 지적하고 있다.

고탄수화물 식사(탄수화물 위주의 식사)

지방의 섭취가 서구에 비해 적은 우리나라의 실정에서는 오히려 탄수화물 위주의 식사유형이 비만에 영향을 주는 것으로 알려져 있다. 즉, 당질(탄수화물)의 과잉섭취는 인슐린 분비를 증가시키고 지방합성을 유도하여 체지방 침착의 주범이 된다. 우리 국민의 탄수화물을 통한 에너지 섭취율은 평균 65%로서 서구에 비해 높은 편이다. 특히 여성들의 경우는 밥뿐만 아니라 떡, 빵, 국수, 감자, 고구마 등을 간식으로 섭취하는 경향이 높으며 탄수화물의 섭취비율이 80% 이상 높아질 뿐만 아니라 절대 섭취량도 함께 증가하는 것이 문제이다. 따라서 총 에너지 섭취와 더불어 식사를 구성하는 영양소의 종류와 비율을 파악하는 것이 필요하다.

- 고당질식의 경우 식사 중 당질이 50~55% 정도인데, 2012년 국민건강영양조사 결과 우리나라 사람들은 총 칼로리 섭취량 중 탄수화물이 63.3%를 차지하는 것으로 나타났다.
- 우리나라에서도 심혈관계질환 유병률이 점점 증가함을 고려할 때 저당질 고지방 식사요법에 대한 잘못된 인식은 포화지방 등의 섭취를 늘려 오히려 이를 더 악화시키는 요인이 될 수도 있으므로 무조건 당질 함량을 줄이고 지방함량을 늘리는 것을 검토하기보다 총 칼로리 섭취량을 제한하기 위한 방법으로 당질음식의 섭취량을 우선적으로 조절하는 것이 중요하다 하겠다.

고단백 저열량 식사

고단백 저열량 식사요법의 원리는 무조건 굶는 식사요법은 공복감 때문에 쉽게 포기하게 되고 오히려 요요 현상의 부작용을 초래하는 등 저열량식사의 단점을 보완하고 단백질을 보존하기 위해 살코기, 생선, 기름 등을 사용하여 표준 체중 1kg당 1.5 g 정도의 단백질을 충분히 섭취하면서 탄수화물의 섭취를 절대적으로 줄이는 방법이다. 100g 이하의 탄수화물을 제공하는 식사요법(총 섭취에너지의 20% 이하)으로 케토시스(ketosis)를 유발하여 체중 감소를 유도한다.

- 탄수화물 20~25%(때로는 30~40%), 단백질 40~45%, 지방 30~35%로 구성
- 1,200kcal의 에너지, 탄수화물 100g, 단벡질 90g, 지방 50g
- 곡류 2회, 단백질 9회, 지방 5회, 우유 2회, 과일 3회, 채소 3회

외국에서는 케톤생성 식이요법(Ketogenic diet), 앳킨스 다이어트(Atkins diet) 등으로 알려져 있으며, 우리나라에서는 황제 다이어트로도 알려져 있다. 이러한 저탄수화물 식사는 장기간 실시함에 있어 같은 열량의 고탄수화물 식사보다 더 큰 이점은 없다. 저탄수화물식이에 대한 연구를 메타 분석한 결과에 의하면 저탄수화물 식사(≤60g/day)와 고탄수화물 식사(〉60g/day) 간의 체중 감소에는 유의한 차이가 없다고 하였다. 이 식사는 심한 이뇨현상을 보이므로 체액 손실과 이로 인한 전해질 불균형이 발생할 수 있고 장기간의 저탄수화물 식사는 피로감, 기립성 저혈압, 혈청 요산 상승, 구취 등의 부작용이 나타날 수 있다. 그러므로 탄수화물 섭취를 줄이라는 권고를 하기에 앞서 우리는 탄수화물 식품의 종류에 대해서 먼저 생각할 필요성이 있다. 설탕, 과당 등 각종 식품에 추가되는 당질의 섭취를 줄여야 하지만 식이섬유 및 피토케이컬이 포함된 복합당질의 섭취를 줄이지 않도록 해야 한다.

초열량 식사

초열량 식사(VLCD : Very Low Calorie Diet)방법은 극도로 열량(400~800kcal)을 제한하면서 케톤혈증과 질소 및 전해질 손실이 크기 때문에 이를 방지해 줄 수 있는 거대 영양소와 권장섭취량을 충족시킬 수 있는 비타민과 무기질을 공급해야 한다.

그러나 이를 식사로 충족하기에는 어려움이 있어 식사 대용식을 식사 또는 간식으로 이용하는 것이 일반적이다. 최근 보고된 연구결과에서는 식사 대용식을 이용했을 때 전통적인 저 열

량 식사와 비교 시 3개월과 6개월의 기간 동안 체중감량에 더 효과적이고 식사에 대한 수응도와 준수도가 좋은 것으로 나타났으며, 식사 대용식을 섭취한 군에서 식이섬유소를 제외한 영양소의 섭취량이 더 합리적인 것으로 보고되었다. 그러나 열량을 극도로 제한하는 이 식사요법은 피로함, 변비, 구역질을 가져오고 가끔씩은 설사 등이 발생할 수 있으며, 일주일에 1~2 kg의 빠른 속도로 체중감량을 하는 경우에는 담석이 생길 수 있다. 이러한 부작용 때문에 BMI 35kg/m^2 이상의 비만인과 빠른 체중 감소로 이차적인 질병 예방에 도움이 될 때만 사용하도록 권하고 있다.

VLCD 적용 시 행동요법 또는 약물요법을 병행하였을 때 그 효과가 오래 유지될 수 있음을 제안하고 있다. 또 다른 장기간의 연구를 보면 VLCD가 low calorie diets이나 저지방식에 비해 더 많은 체중 감량을 나타냈지만 이 또한 작은 규모의 연구라는 제한점과 추구관리의 체중에 통계학적으로 심각한 차이를 보여줄 수 없었다는 점이 지적되었다.

■ 600kcal의 경우 : 곡류군 2회, 단백질군 2회, 지방군 2회, 과일군 2회, 채소군 6회

저지방 식사

저지방 식사(LFD : Low Fat Die)는 특별히 열량을 제한하지 않으면서 전체 섭취열량 중 지방을 제한하는 식사요법으로 지방 섭취량이 많은 서구인들의 식습관 때문에 비만의 치료를 위한 식사로 오래 전부터 사용되어 왔다.

3대 열량 영양소 중 단백질은 비교적 절대 요구량을 충족시켜야 하므로 자연스럽게 탄수화물의 비율이 높아지는 식사가 되어 저지방 · 고탄수화물 식으로 표현되기도 한다. 서구에서는 보통 총 에너지의 30% 이하의 지방을 섭취하도록 하고 있지만 우리나라의 경우 2012년 국민건강영양조사 결과에서도 보면 에너지 기여비율이 20% 정도이다. 따라서 우리나라에서의 저지방식의 개념은 일반적으로 섭취하는 양보다 적게 권장되어야 하므로 서구에서의 저지방식과 의미가 다른 수 있다. 칼로리 제한수준을 특별히 강조하지 않고 저지방식을 권장하는 방안도 제시되고 있으나 총 칼로리의 제한 없이 지방섭취만을 제한하는 것은 체중감량에 효과적이지 못하다. 또한 이 방법은 평소 지방섭취가 많은 사람에게만 효과를 기대할 수 있다는 제약이 있다.

| 표 10-5 | 영양소별 필요량 산정 및 기타 고려사항

구 분	내 용
칼로리	• 평소 칼로리 섭취량에서 500~1,000kcal를 감하여 산정함
단백질	• 총 칼로리의 15% 정도
탄수화물	• 총 칼로리의 50~60% 정도를 단순당질보다는 가능한 복합당질 형태로 섭취함
지 방	• 총 칼로리의 20~25% 이내 • 포화지방 : 총 지방 섭취량의 1/3 이내 • 콜레스테롤 : 1일 300mg(고지혈증 동반 시 200mg)
단백질/무기질	• 1일 권장량 충족 • 황산화 비타민, 칼슘, 철 등의 섭취에 유의
식이섬유	• 1일 20~25g 이상
소 금	• 1일 10g 이내
알코올	• 고칼로리원(7kcal/g)이므로 주의

Tip | 비만예방 식사요법의 5W 1H

- **When** : 항상 일정한 시간에 먹고 절대로 식사를 거르지 않는다.
- **Where** : 음식은 반드시 식탁에서만 먹는다(TV나 신문을 보면서 무의식적으로 먹는 습관을 버린다).
- **Who** : 가족이나 친구들과 함께 식사한다(혼자 식사하게 되면 조절하기 어려울 수도 있다).
- **What** : 고지방, 고칼로리 식사는 피하고 신선한 과일이나 야채를 많이 먹는다.
- **Why** : 무언가 먹고 싶다면 왜 그런 생각이 들었는지 곰곰이 따져 보고 정말로 배가 고픈 것이 아니라면 과감하게 음식을 거부한다.
- **How** : 천천히 여유 있게 먹는다. 급하게 음식을 먹으면 뇌에서 포만감을 느끼기도 전에 너무 많은 칼로리를 섭취하게 된다.

| 표 10-6 | 1,200~1,600kcal 식단의 예

구분	1,200kcal	1,300kcal	1,400kcal	1,500kcal	1,600kcal
아 침					
밥	110g(1/2공기)	140g(2/3공기)	140g(2/3공기)	140g(2/3공기)	140g(2/3공기)
콩나물국					
삼치구이	50g(소 1토막)	50g(소 1토막)	50g(소 1토막)	50g(소 1토막)	50g(소 1토막)
버섯볶음					
김치					
점 심					
밥	110g(1/2공기)	140g(2/3공기)	140g(2/3공기)	140g(2/3공기)	140g(1공기)
미역국					
달걀찜	55g(1개)	55g(1개)	55g(1개)	55g(1개)	55g(1개)
두부조림	80g	80g	80g	80g	80g
호박나물					
김치					
저 녁					
밥	140g(2/3공기)	140g(2/3공기)	210g(1공기)	210g(1공기)	210g(1공기)
배춧국					
불고기	40g	40g	40g	40g	40g
상추무침					
깍두기					
간 식					
우유	200mL(1컵)	200mL(1컵)	200mL(1컵)	200mL(1컵)	200mL(1컵)
사과	100g(1/3개)	100g(1/3개)	100g(1/3개)	100g(1/3개)	100g(1/3개)

주 : 채소는 칼로리가 높아 많이 섭취하는 것을 권장하나 기름이 많으므로 무치거나 볶은 경우에는 적게 섭취하는 것이 좋으며, 생 채소의 경우 섭취량에 제한 없이 섭취가 가능하다.

| 그림 10-4 | 1,500kcal 식단의 예

주 : 1,500kcal의 식단에서 밥의 양을 아침 · 점심 · 저녁 1/3공기씩 줄이면 1,300kcal의 식사가 된다.

| 표 10-7 | 시중에 판매되는 과자류의 칼로리

제 품 명	포장단위 각 1개(g)	열량(kcal)
초코빼빼로	30	135
에 이 스	154	810
양 파 링	95	470
새 우 깡	90	455
포테이토칩	55	310
초코 파이	38	160
버 터 링	80	430
다이제스티브(초코)	80	430
고래밥(불고기맛)	50	220
컨츄리콘	80	400
홈 런 볼	50	250
캬라멜콘과 땅콩	60	350
후레쉬베리	40	180
베 이 지	90	396
포 비	45	211

체중감량을 위한 식사제안

칼로리 제한 식사하기(저열량 식사)

영양적으로 균형 있는 식사를 하면서 식사의 양을 줄여 섭취 칼로리를 제한하는 식사법으로 여성은 1,200kcal의 식사를 권장하며, 남성이나 여성 중 체중이 74kg 이상이거나 규칙적으로 운동을 하는 경우 1,200~1,600kcal 범위에서 결정할 수 있다. 그러나 개인마다 식사 섭취량이 다르므로 최근의 식사량을 고려하여 총 필요량에 100kcal를 더하거나 감하는 것이 좋다. 이 방법으로 식사를 하면 평소 섭취량보다 500kcal 정도 적게 섭취하게 되어 일주일에 0.5kg 정도의 체중감량을 기대할 수 있다.

- 당질 60%, 지방 20%, 단백질 20%의 식사법으로 곡류군 5회, 단백질군 4회, 지방군 3회, 우유군 1회, 과일군 1회, 채소군 8회를 각 식품군에서 선택하여 섭취한다.
- 과일, 채소와 같은 수분이 많은 식품을 이용하며 식이섬유 함량이 많아 포만감을 줄 수 있다.
- 고생물가 단백질 섭취 감소와 섬유소에 의한 영양소 흡수감소의 문제가 있다.
- 식사 중 당질과 지방의 조성보다는 총 칼로리 섭취량을 제한하는 것이 더 중요하다.

자신의 1일 섭취량에서 500kcal 줄이기

자신의 하루 섭취량을 식사일지에 기록하고, 식사일지에서 칼로리가 높은 식품을 중심으로 500kcal을 줄이는 방법으로 일주일에 0.5kg의 체중감량이 이루어진다. 500kcal을 줄이기 쉬운 식품은 주로 간식, 커피, 음료수 등이 있다[참고로 과자 1봉지(소포장)는 300~500kcal, 커피(크림+설탕)은 100kcal, 음료수는 약 120kcal이다].

매일 500kcal를 적게 섭취하면 한 날에 2kg의 체중감량이 가능하다. 다음은 하루에 500kcal를 줄일 수 있는 식사 및 운동요법의 예이다.

■ 방법 1 : 매일 식사요법과 운동요법을 같이 시행할 경우

식사요법(300kcal) + 운동요법(200kcal)	
자신이 섭취하는 간식을 줄이기(300kcal)	운동요법(200kcal)
• 아이스크림 1컵 • 초콜릿 파이 2개 • 단팥빵 1개 • 케이크 1조각 • 감자튀김 1인분	• 빠른 걸음 걷기 40분 • 빨리 뛰기 20분 • 자전거타기 40분 • 에어로빅 40분 • 수영 35분

■ 방법 2 : 식사요법만 시행할 경우

식사요법(식사로만 500kcal 줄여서 먹기)	
간식을 줄이기(300kcal)	다음 중 1가지 더 선택하기(200kcal)
• 아이스크림 1컵 • 초콜릿 파이 2개 • 단팥빵 1개 • 케이크 1조각 • 감자튀김 1인분	• 점심, 저녁밥을 2/3공기씩만 먹기 • 인스턴트 커피를 녹차로, 음료수를 물로 바꾸기 • 스낵 · 과자류 반만 먹기 • 튀김류 · 육류(기름기 많은) 먹지 않기

■ 방법 3 : 운동요법만 시행할 경우

운동요법(운동으로만 매일 500kcal 줄이기)
• 빠른 걸음으로 걷기(1시간 30분) • 빨리 뛰기(50분) • 에어로빅(50분) • 농구, 축구(1시간 20분) • 자전거타기(1시간 40분)

생애주기별 다이어트법

비만은 연령에 따라 소아비만과 성인비만으로 나눈다. 소아비만의 범위는 청소년 시기까지를 포함하며 소아비만은 특히 생후 1년, 5~6세 그리고 사춘기에 가장 많이 나타난다. 19세 이후, 성인이 되어서 비만이 되는 경우를 성인비만이라고 한다.

(1) 소아비만

소아비만의 경우 성인이 되어서도 비만이 될 확률이 높으며, 비만관리를 통한 체중감량이 쉽지않으므로 비만관리보다는 비만 예방을 위한 노력이 더욱 중요하다.

① 소아비만의 특징

- 소아비만은 성장기에 많이 나타난다. 성장기이기 때문에 칼로리 제한 식사요법은 권장하지 않으므로 비만관리가 쉽지 않다.
- 소아비만은 세포의 수가 증가되는 세포수 증식형 비만이어서 비만 치료가 쉽지 않으며, 성인이 되어서도 비만이 될 가능성이 높다.
- 소아비만은 성인비만보다 비만으로 인한 심장병, 당뇨병 등의 합병증이 나타날 확률이 더 높다.
- 비만아의 경우 학교 내에서 따돌림 등의 문제로 우울증, 정서불안 등의 심리적인 문제를 초래한다.

Tip | 칼로리란 무엇인가?

칼로리란 몸에 이용 가능한 에너지의 단위로 'kcal'로 쓴다. 우리가 길이를 잴 때 몇 cm라 말하고 몸무게를 측정할 때 몇 kg이라고 하는 것과 마찬가지로 우리가 식품을 섭취하였을 때 그 식품에 체내에서 발생되는 에너지를 몇 칼로리(kcal)로 표시한다. 운동을 하면 힘을 쓰게 되는데 이렇게 소비되는 힘(에너지)을 소비 칼로리(kcal)로 나타낸다. 그래서 걷기를 25분 정도 하면 우리는 100kcal을 소비했다고 하며, 반면에 사과 하나를 먹으면 100kcal을 섭취했다고 한다.

• 100kcal란 얼마만큼일까?

밥 1/3공기=식빵 1조각=감자 1개=라면 1/5개=자장면 1/7그릇=청량 음료수 1컵=무가당 과일주스 1컵=비스킷 4개=초코파이 반개=찐만두 3개=송편 2개

② 소아비만 판정법

일반적으로 표준체중법이나 체질량지수를 이용하여 비만도를 판정한다.

■ **표준체중에 의한 방법** : 국내에서 표준 체중은 어린이부터 청소년의 경우 한국소아과학회(1998년)에서 제시한 신장별 체중표의 50번째 백분위 값을 사용하고 있다. 비만도(%)가 120~130%는 경도비만, 130~150% 중등비만, 150% 이상은 고도비만으로 분류한다.

비만도(%)=(실측체중－신장별 표준체중) / 신장별 표준체중×100

■ **체질량지수법** : 체질량 지수(BMI : Body Mass Index, kg/m^2)는 체중을 신장의 제곱으로 나눈 것으로 성별, 연령에 비교하여 85~94백분위수이면 비만 위험군으로 추적 관찰할 대상으로 분류하고, 95백분위수 이상이면 비만으로 분류한다. 6세 이상의 아동 및 청소년 비만을 정의하는 데 이용된다.

③ 소아비만 관리법

■ 극단적인 저 칼로리 요법은 시행하지 않는다. 성장기임을 인식하고 살이 찌는 원인이 되는 식품의 섭취를 일주일에 한 종류씩 줄여 나가도록 한다.
■ 연령이 어릴수록 의지가 약하고 인내심이 부족하므로 부모와 가족의 역할이 중요하다.
■ 운동을 싫어하는 경우 치료 초기부터 격심한 운동요법을 시행하는 것은 바람직하지 않다.
■ 성장 곡선을 자주 관찰하면 비만이 시작되는 시기를 알 수 있다. 고도비만을 치료하는 것보다 예방하는 방법이 훨씬 효과적이다.

④ 소아비만을 위한 체중관리법

10~14세 소아중고도 비만의 경우 비만 정도에 따라 1,000~1,500kcal을 섭취하게 한다. 성장에 필요한 단백질은 충분히 공급하되 지방이 많은 식품(삼겹살 · 갈비 · 햄 · 소시지 등)은 피하고 채소나 과일을 많이 섭취하여 포만감을 주어 배고픔을 해소한다.

■ **식품 선택방법을 알게 한다** : 신호등 식사법을 이용한다.
■ **1회 식품섭취 분량을 알게 한다** : 식품구성자전거와 식품포장에 있는 영양성분표를 읽는 방법을 가르쳐 자연스럽게 식품 1회분량을 배우게 한다.

비만도에 따라 달라지는 소아비만의 관리목표

• **과체중 및 경도비만의 경우**

운동요법과 행동수정에 중점을 두어 관리한다. 현재의 체중을 유지하도록 하며 특별한 식사제한은 하지 않는다. 키가 성장하면서 대부분 날씬해지므로 비만도가 더 증가하지 않도록 운동과 식습관 수정을 통해 관리한다.

• **고도비만의 경우**

식이요법으로 저열량 식사와 운동요법으로 비만도를 20% 미만으로 낮추어야 한다.

고도비만의 경우 비만으로 인한 합병증의 유무에 따라 관리 목표가 세분화된다.

– 비만도 50% 미만으로 합병증을 동반한 경우 : 매월 1~2kg 정도 감량해야 한다. 최종 목표는 비만도 20%로 한다. 체중관리는 최소 1년을 두고 서서히 조절한다.

– 비만도 50% 이상으로 합병증을 동반한 경우 : 매월 2~3kg을 감량하는 것이 좋다. 월 1회마다 정기 검진을 실시한다. 초기에 중등도 비만으로의 이행 목표가 너무 크면 처음부터 감량할 기분이 나지 않기 때문에 목표를 초기에는 낮추어 잡는다.

– 비만도 100%에 가까운 심한 고도 비만과 당뇨병을 동반한 경우 : 식이와 운동요법만으로는 비만관리가 불가능하며 병원에 입원하여 비만치료를 받는 것이 좋다.

| **표 10-8** | 소아비만을 위한 신호등 식사법

식품군	초록 식품군(제한 없이 섭취)	노랑 식품군(정해진 양만 섭취)	빨강 식품군(섭취를 제한)
채소군	오이, 당근, 배추, 무, 김, 미역, 다시마, 버섯	감자	감자튀김, 채소샐러드(마요네즈 사용한 것)
과일군	레몬	사과, 귤, 배, 수박, 감, 과일주스, 토마토	과일 통조림
어 · 육류군 (콩류 포함)	기름기를 걷어낸 맑은 육수	기름기를 재거한 육류(닭고기는 껍질 제거)와 생선구이나 생선찜, 달걀, 두부, 새우	튀긴 육류나 생선(치킨, 돈가스)
우유군	–	우유, 두유, 분유, 치즈	실시 항목
곡류군	밥, 빵, 국수, 떡, 고구마	–	고구마튀김, 도넛, 감자튀김, 맛탕
지방군		–	버터, 마요네즈
기타	홍차, 녹차, 약초, 양념 잡채	–	설탕, 사탕, 꿀, 과자류, 파이류, 케이크, 초콜릿, 양갱, 젤리, 유자차, 초콜릿우유, 꿀떡, 약과, 피자, 핫도그, 햄버거

■ 식욕을 통제하는 방법을 알게 한다 : 쉽게 보이는 곳에 채소나 과일을 두어 아이들이 자유롭게 먹을 수 있게 놓아둔다. 채소는 먹기 쉬운 크기로 잘라 바로 먹을 수 있게 해둔다.

신호등 식사법이란 빨간 신호등에 속하는 음식을 일주일에 4회 미만으로 섭취해야 하는 식품들이며, 반면에 초록색 신호등에 속하는 식품은 많이 섭취해도 좋은 식품들이다. 어떤 신호등에 속하는 식품인지를 인식하게 하여 자연스럽게 칼로리가 높은 음식의 섭취를 줄이게 하는 방법으로 칼로리의 개념을 이해하기 어려운 아동들에게 효과적으로 이용되고 있다(표 10-7).

⑤ 소아비만을 위한 운동요법

아동은 근력, 심폐 기능 등의 발달이 미숙한 상태이므로 격렬하거나 장시간의 지구성 운동보다는 즐겁고 신나는 운동을 짧게 하는 것이 좋다. 또한 신체의 모든 부위가 고르게 운동될 수 있도록 전신운동을 해야 하기 때문에 여러 가지 운동종목을 접하도록 한다.

| **표 10-9** | 청소년이 좋아하는 고열량 간식

음식명	1회 섭취량	열 량(kcal)
라 면	1개	500
컵라면	1개	300
피 자	레귤러 1판(1조각)	1,120(270)
햄버거	1개	330
치 킨	1조각	210

비만아동에게 필요한 식습관

- 하루 세 끼를 규칙적으로 먹기
- 식사와 간식 모두 정해진 장소와 시간에만 먹기
- 책이나 TV를 보면서 먹지 않기
- 음료수는 하루에 한 번만 마시기
- 간식은 과자대신 과일 및 채소로 하기
- 과자는 이틀에 한 번만 먹기
- 음식은 눈에 보이는 곳에 두지 않고 정해진 시간에만 먹기

- 권장하는 운동 : 주로 줄넘기, 자전거 타기, 달리기, 수영 등이며 놀이를 동반하여 흥미를 유발시킬 수 있는 것이 좋다. 규칙적인 운동을 할 수 없는 경우에는 하루에 1시간 정도 실외에서 친구들과 활발히 놀게 하는 것만으로도 충분히 비만을 예방하고 치료할 수 있다.
- 운동시간과 운동 강도 : 운동은 일주일에 3~5일 매일 1시간씩 규칙적으로 하는 것이 좋다. 처음에는 15분으로 시작하고 운동시간이 1시간이 될 때까지 서서히 증가시킨다. 주말에는 하루 2~4시간 운동을 할 수 있도록 단체운동(농구, 축구)을 하는 것이 좋다. 운동 강도는 최대 활동량의 50~60%(숨이 차지 않을 정도)가 적당하다.

(2) 성인비만

성인비만은 특별한 질환이 없이 과식과 운동 부족으로 발생하는 단순비만이 95% 정도를 차지한다. 따라서 식사요법과 운동 그리고 문제가 되는 식이 행동을 수정하는 것이 체중감량방법이다.

① 여성비만

- 산후비만 : 여성은 특히 임신으로 인해 자연스럽게 지방층이 증가하기도 하고 산후의 부종이 체지방으로 변하여 비만이 되기도 한다. 산후비만인 경우 모유 수유를 하면 모유 수유가 끝나는 시점에서 치료를 시작하는 것이 좋고, 분유 수유의 경우 출산 3개월 후부터는 비만관리를 시작할 수 있다.
- 중년여성비만 : 중년여성은 여성호르몬의 감소로 인해 기초대사량이 저하되어 쉽게 체지방이 증가하기 때문에 비만하기 쉽다. 지방의 분포도 목덜미, 겨드랑이, 팔, 복부에 주로

Tip | 여성비만을 위한 다이어트 법

- 비만도에 따른 비만관리 방법이 달라진다. 과체중일 경우는 저열량 식사요법과 운동요법으로 표준 체중을 유지한다. 비만일 경우는 현재 체중의 10%를 감량하도록 식사, 운동, 행동수정요법을 병행한다.
- 너무 무리한 목표 체중을 정하지 않는다. 심한 체중 감소는 노화를 촉진시킬 수 있으므로 현재 체중의 10% 정도만을 감량하도록 목표를 세운다.
- 중년의 경우 골다공증의 위험이 높은 시기이므로 단식이나 하루 600kcal 미만의 초저열량 식사는 피하고, 하루 1,400mg 정도의 칼슘을 섭취해야 한다.
- 운동은 골다공증의 예방 및 노화 예방에도 중요하다. 배드민턴이나 탁구, 산책로 걷기, 수영 등이 좋다.

축적이 되고 상대적으로 하체는 가늘어지게 된다.

② 남성비만

남성비만은 주로 과음, 과식, 스트레스 및 운동부족이 주원인이다. 나이가 들수록 운동량은 감소하고, 식이섭취량은 증가하여 점점 복부미만이 되기 쉽다. 복부비만은 하체비만보다 성인병의 위험이 높으며, 근육통이나 관절염과 같은 문제를 초래하기도 쉽다. 알코올은 1g당 7kcal의 에너지를 내는 고열량 식품이다. 알코올은 체내에서 직접 지방이나 탄수화물로 전환되지는 않지만 몸속으로 들어오게 되면 우선적으로 에너지원으로 사용되기 때문에 함께 섭취한 다른 영양소들(주로 안주)은 체내에 저장된다. 보통 밥 1공기가 300kcal인데 소주 1잔(50mL)이 90kcal 정도로 소주 서너 잔을 마시면 금방 밥 1공기를 먹은 것만큼의 칼로리를 섭취하게 된다. 술 중에서 특히 맥주와 와인같은 효모로 만들어지는 발효주는 소주나 위스키같은 증류주보다 훨씬 살이 찌기 쉽다. 술만 마셔도 살이 찌지만 술과 함께 먹는 안주류의 칼로리를 조절하는 것이 중요하다.

Tip | 남성비만을 위한 다이어트 법

- 저녁 과식을 피한다. 아침, 점심을 든든히 먹고 저녁을 가능한 한 적게 먹는 게 효과적이다. 저녁식사 전 오후 4시에 간단한 간식을 하는 것도 저녁 과식을 막는 방법이다.
- 습관적인 술자리를 피한다. 술은 고열량이고 지방 분해를 억제하기 때문에 남성이 살이 찌는 주 원인이 된다. 술자리는 1주일에 한 번 혹은 두 번으로 횟수를 제한하고, 술의 양도 줄여야 한다. 예를 들어 소주 한 병의 열량은 약 600kcal로 한 끼 식사의 열량과 비슷하다. 또한 안주로 먹는 음식 역시 고칼로리 음식이 대부분이어서 복부비만을 가중시킨다.
- 식행동의 변화를 위해서는 식사의 내용과 신체 활동을 일기로 작성하여 관리하는 것도 도움이 된다.
- 활동적인 취미를 가져 칼로리의 소비량을 늘리는 것이 좋다.

〈나의 비만도 알아보기〉

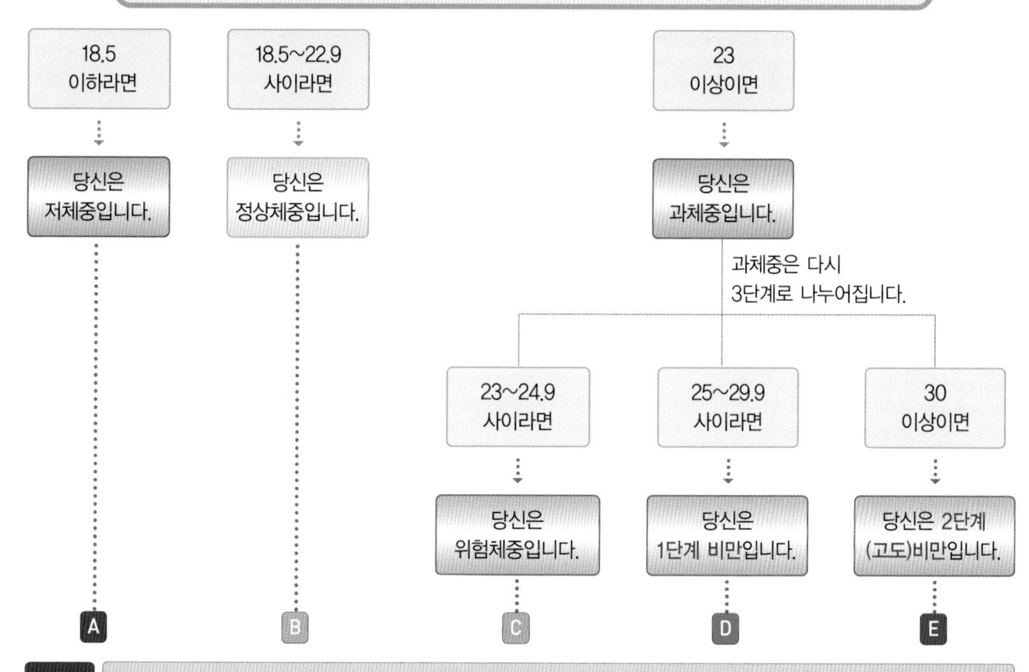

A	당신은 **저체중**입니다. 허리둘레가 기준(남 : 90cm, 여 : 85cm) 이하이면 비만 관련 질환의 위험성이 낮고, 이상이면 위험성이 보통입니다. 그렇지만, 골다공증 등 다른 질환의 위험성이 반대로 높아질 수 있습니다.
B	당신은 **정상체중**입니다. 허리둘레가 기준(남 : 90cm, 여 : 85cm) 이하이면 비만 관련 질환의 위험성이 보통이므로, 규칙적인 운동과 균형 있는 영양섭취로 정상체중과 허리둘레를 유지하시기 바랍니다. 허리둘레가 기준 이상이면 정상체중일지라도 관련 질환의 위험성이 높아지므로 식사조절과 꾸준한 활동량의 증가가 필요합니다.
C	당신은 과체중 중에서도 **위험체중**이며, 비만 관련 질환의 위험도가 정상체중보다 증가합니다. 특히 허리둘레가 기준(남 : 90cm, 여 : 85cm) 이상이면 비만과 관련 질환의 정상체중까지 줄이셔야 합니다.
D	당신은 과체중 중에서도 **1단계 비만**에 해당되며 비만 관련 질환의 위험도가 높습니다. 특히 허리둘레가 기준(남 : 90cm, 여 : 85cm) 이상이면 비만과 관련하여 심각한 문제가 생길 수도 있습니다. 식사조절과 꾸준한 활동량의 증가로 체중조절을 하셔야 하며 전문가의 도움이 필요할 수도 있습니다.
E	당신은 과체중 중에서도 **고도비만**에 해당하며 심각한 건강상의 문제가 생길 가능성이 높기 때문에 빨리 전문의의 도움을 받으시기 바랍니다.

주 : 1) 체질량 참고기준 : WHO 아시아-태평양지침
2) 허리둘레 참고기준 : 대한비만학회

그림 10-5 비만도 측정하기

자료 : 국립암센터

(3) 노년기비만

중 · 노년기에는 '비만과의 전쟁' 이 상대적으로 더 어렵고 까다롭다. 신체의 노화현상으로 체력이 저하되어 생리적 기능이 원활하지 못할 뿐 아니라 질병에 대한 저항력과 면역성도 떨어지게 되기 때문이다. 중 · 노년기의 비만 치료는 체력이 떨어진 만큼 운동 강도를 낮추고 대사능력이 떨어진 만큼 운동시간을 늘리는 것이 중요하다.

■ 성인의 체중 감소를 위한 식생활관리

- 식이요법은 초기 체중을 줄이는 데 도움이 되는데, 일반적으로 섭취 열량은 평소 1일 섭취량보다 500~1,000kcal를 부족하게 처방하여 한 달에 2kg 정도의 체중을 줄이는 것을 목표로 한다.
- 일반적으로 체중감량을 위한 식사처방으로 여성은 1,000~1,200kcal, 남성은 1,200~1,600kcal로 하며 단식이나 초저열량 식사 처방은 권장하지 않는다.
- 지방, 콜레스테롤 및 소디움 섭취를 줄이고 식이섬유의 섭취를 늘려 균형 잡힌 식사를 유도하며 필요시 비타민과 미네랄을 보충해 줄 수 있다.
- 폐경 이후의 체중감량에 의하여 골 소실이 이루어질 수 있기 때문에 적당한 칼슘섭취와 칼슘의 섭취를 증가시키는 비타민 D의 공급도 적당히 이루어져야 한다.
- 호르몬 대체요법을 하지 못하는 경우 일일 칼슘섭취 적량은 1,400~1,500mg이며, 호르몬 대체요법을 하는 경우 1,000mg이다. 그러므로 열량을 1,200kcal 이하로 제한하는 경우 개인차는 있지만 500~1,000mg의 칼슘섭취가 보충되어야 한다.

알아보기 10-1

술과 안주의 칼로리

〈술의 종류에 따른 칼로리〉

종 류	양(g)	칼로리(kcal)
소 주	50	90
병맥주	200	96
생맥주	500	185
레드와인	150	125
화이트와인	150	140
샴페인	150	65
위스키	40	110
청 하	50	65
막걸리	200	110

주 : 모두 한 잔 기준임

〈기본 안주별 칼로리〉

종 류	양(g)	칼로리(kcal)
새우깡 1봉지	85	440
고깔콘 1봉지	95	520
포테이토칩 1봉지	100	540
팝콘 1봉지	20	100
김 큰 것 1장(단, 조미가 되지 않은 마른 김)	–	20
마른 멸치	–	50
쥐 포	100	300
마른 오징어	100	350
땅콩 10개	–	50
아몬드 15개	–	50

▶ 소주 2잔과 삼겹살 1인분(150g)을 먹었을 때 : 680kcal

칼로리 : 680kcal
콜레스테롤 : 82.5mg

\+

지방 에너지 비율 : 62%
소금 : 0.6g

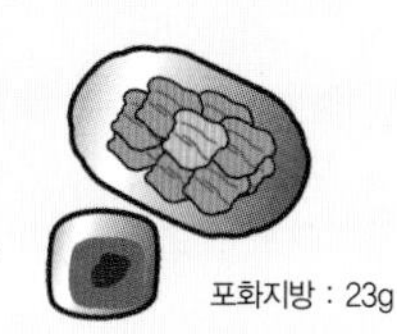

포화지방 : 23g

▶ 맥주 2잔과 닭튀김(1/4마리)을 먹었을 때 : 650kcal

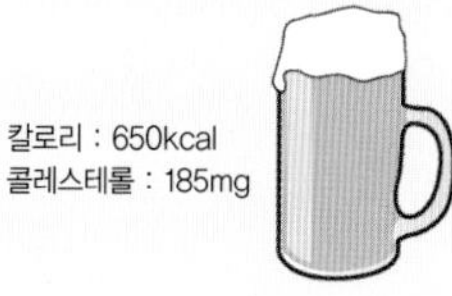

칼로리 : 650kcal
콜레스테롤 : 185mg

\+

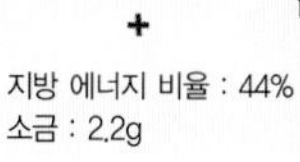

지방 에너지 비율 : 44%
소금 : 2.2g

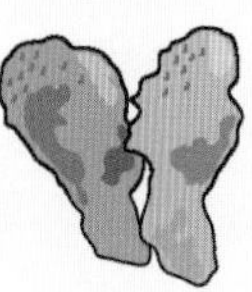

포화지방 : 3g

▶ 맥주 2잔과 땅콩 · 오징어(1접시)를 먹었을 때 : 330kcal

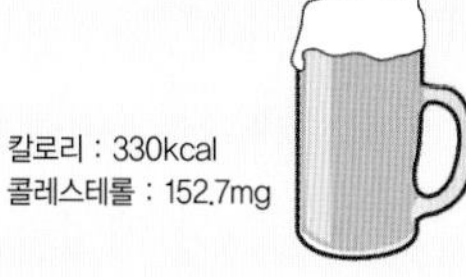

칼로리 : 330kcal
콜레스테롤 : 152.7mg

\+

지방 에너지 비율 : 30%
소금 : 0.6g

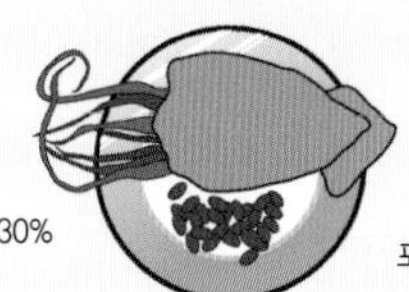

포화지방 : 1.2g

〈술과 안주의 칼로리〉

Tip | 연령별 비만예방을 위한 운동요법

부상 위험을 줄이고 즐겁게 운동하려면 연령층에 적합한 운동을 하는 것이 중요하다.

• 20대의 운동방법

20대는 어떻게 운동하느냐에 따라 평생의 건강이 좌우되는 시기다. 남성은 라켓볼, 테니스, 농구 등 몸 전체의 근육 강화 운동을 하는 것이 좋다. 여성은 특히 이 시기에 다양한 종류의 운동에 접하여, 자신이 좋아하는 운동을 찾는 것이 중요하다.

• 30대의 운동방법

30대는 몸의 상태를 그래프로 그릴 때 뚜렷이 전반부와 후반부로 갈라지는 지점이다. 운동능력이 20대보다는 떨어지므로 운동 전 준비운동에 특히 신경을 써야 한다. 즉, 이 시기부터는 요가와 같은 스트레칭에 흥미를 갖고 해야 할 시기다. 여성은 신진대사가 떨어지고 근육의 손실이 시작된다. 따라서 일주일에 6일은 30분씩 꾸준히 운동하는 것이 이 연령층에 갑자기 발생하는 체중 증가를 예방할 수 있다.

• 40대의 운동방법

40대는 이제까지 하던 운동 스타일을 재조정해야 할 시기다. 왜냐하면 체중 증가 외에도 관절이 뻣뻣해지기 시작하기 때문이다. 남성은 특히 심장과 폐를 강화시키는 운동에 주력하여 실내에서 하는 자전거 타기 등으로 관절 부담을 줄여가고, 여성은 몸의 상체를 강화시키는 운동인 몸에 맞는 아령 들기와 관절 부담이 없는 필라테스를 권한다.

• 50대의 운동방법

50대는 운동 능력이 떨어지는 시기이므로 무리하게 경쟁하거나 기록에 도전하는 운동은 삼가고 심장혈관질환을 예방하는 운동을 하는 것이 좋다. 특히 남성은 심장질환, 당뇨 등을 예방하기 위해 수영, 실내 자전거 타기 등을 하고, 여성은 폐경기로 인한 후유증인 수면 부족, 우울증 등을 극복하는데 도움이 되는 에어로빅이나 타이치이, 스트레칭 등을 권한다.

• 60대의 운동방법

60대는 이 연령층에는 체력이 떨어지고 환경에 대한 적응력이 저하되는 시기이다. 하던 이때 운동이나 활동량이 줄어들면 빠른 속도로 노화가 진행되므로 일주일에 3~4회/20~30분씩 관절이나 근육에 무리가 가지 않는 운동(걷기, 수영, 스트레칭, 체조, 배드민턴 등)을 지속하는 것이 중요하다.

(4) 무리한 다이어트로 인한 부작용

신경성 식욕부진증과 신경성 과식욕증은 서구에서는 이미 오래전부터 심각한 신경질환으로 간주되어 치료되어 왔고, 국내에서는 1970년대부터 발표되기 시작했다. 날씬함을 강조하는 미의 기준 변화가 무조건 말라야만 예쁘다는 왜곡된 사상을 낳았고 결국 신경질환으로까지 발전하였다. 10대 여성부터 20세 전후 여성에게 많이 나타나 과도한 다이어트와 반복된 금식은 골다공증과 빈혈, 생리장애 등의 건강문제도 일으킨다.

■ 거식증(anorenxia nevosa) : 본인이 뚱뚱하다고 생각해서 먹는 것을 계속 거부하는 신경질환으로 사춘기 소녀에게서 많이 나타난다. 급격한 체중 감소, 체온, 맥박 수 감소, 빈혈 증상이 나타나며, 정서적으로 불안정하고 공격적이며 비판적이고 우울한 증세를 보인다. 또한 백혈구 수의 감소로 인해 면역성이 크게 저하되어, 정상 체중보다 30% 이하로 떨어지면 병원치료를 받는 것이 바람직하다.

■ 폭식증(bulimia nervosa) : 폭식증이란 한꺼번에 많은 양을 먹고 고의로 장 비우기를 반복하는 일종의 신경질환으로 다른 사람들 앞에선 많아 먹지 않으나 몰래 혼자 먹고 토하거나 설사약을 이용하여 강제적으로 배설하기도 한다. 반복되는 구토로 위와 식도의 파열 및 위산의 과다분비로 인한 통증을 유발하며, 치아의 에나멜 층이 부식하여 충치 및 치주염이 생긴다. 폭식증상이 일주일에 2회 정도 3달 이상 지속된다면 폭식증의 위험이 크다고 할 수 있다.

치료방법으로는 규칙적인 식사를 하고 식사일지를 써서 자신의 식습관을 깨달아야 폭식습관 개선에 도움이 된다. 또한 폭식행동을 대처할 만한 즉 먹을 때 주는 즐거움과 똑같은 즐거움을 줄 수 있는 다른 행동을 찾아내거나 개발하는 적극적인 노력을 하면 치유될 수 있다.

■ 골다공증 : 체중감량을 위한 저단백 식사는 골다공증의 위험을 높인다. 특히 폐경기 이후의 비만한 여성에게 골다공증의 위험은 배로 증가하는데, 폐경기로 인한 에스트로겐 성호르몬의 분비 감소가 골다공증을 촉진시킨다. 따라서 이때 체중감량을 위한 저칼로리 식사는 바람직하지 않다. 골다공증이 있는 경우에는 체중부하가 되는 운동이 좋으므로 수영, 자전거 타기보다는 걷기, 산책 등이 좋다. 극심한 운동은 골절이 생길 위험이 있으므로 주의해야 한다.

■ 빈혈 : 청소년기나 가임기 여성의 경우 비만하면서 빈혈이 동반되어 영양불균형의 상태를 보이는 경우가 많다. 이런 경우에는 무조건적인 식사제한보다는 균형식을 해야 한다. 특히 단백질, 철분, 비타민 C 등의 섭취에 주의해야 하며, 별도로 철분영양제를 섭취해야 한다. 철분함량이 많은 간, 육류, 내장, 난황 등을 식사하고 동물성 단백질과 비타민 C의 섭취를 증가시켜 조혈기능을 촉진시킨다.

■ 변비 : 반복적인 다이어트와 일부 하제 등의 남용으로 변비가 생기는 경우가 많으며, 또한 음식량이 줄어들면서 변의 양도 줄어 변비가 동반되기도 한다. 이러한 경우 섬유질이 많

은 해조류나 채소, 잡곡류의 섭취량을 늘리면 변비에 도움이 된다. 유제품은 기상직후나 아침식사 전에하는 것이 가장 효과적이며, 채소 및 해조류의 섭취량을 늘린다. 식이섬유가 많은 과일류나 당분이 많은 과일(수백, 참외)의 섭취 또한 변비에 도움이 된다.

부 록

전국농산물도매시장 현황

(기준일 : 2014년 12월)

지역/부류	계	공영 도매시장	일반법정도매시장						민영시장
			소개	청과	수산	축산	양곡	약용	
계	48	33	3	12	5	2	3	1	1
서울	4	2	–	2	–	1	–	1	–
부산	3	3	–	–	–	–	–	–	–
대구	3	1	–	2	–	–	1	–	1
인천	3	2	–	1	–	–	1	–	–
광주	3	2	–	1	–	–	1	–	–
대전	2	2	–	–	–	–	–	–	–
울산	1	1	–	–	–	–	–	–	–
경기	5	4	1	–	–	–	–	–	–
강원	3	3	–	–	–	–	–	–	–
충북	2	2	–	–	–	–	–	–	–
충남	2	1	1	–	–	–	–	–	–
전북	3	3	–	–	–	–	–	–	–
전남	3	1	–	2	2	–	–	–	–
경북	8	3	1	4	3	1	–	–	–
경남	3	3	–	–	–	–	–	–	–

자료 : 농림수산식품부 도매시장 통합홈페이지.

중앙 · 지방 도매시장 현황 : 48개소 (공영 33개소, 일반법정 12개소, 민영 3개소)

(기준일 : 2014년 12월)

공영도매시장(33개소)	일반법정도매시장(12개소)	민영도매시장(3개소)
서울가락농수산물도매시장	〈청과부류〉	논산시청과물도매시장
서울강서농산물도매시장	경주시농산물도매시장	상주시청과물도매시장
부산엄궁농산물도매시장	김천시농산물도매시장	안양축산도매시장
부산반여농산물도매시장	영천시농산물도매시장	
부산국제수산물도매시장	목포농산물도매시장	
대구북부농수산물도매시장	여수시농산물도매시장	
인천구월농산물도매시장		
인천삼산농산물도매시장	〈수산부류〉	
광주각화농산물도매시장	서울노량진수산시장	
광주서부농수산물도매시장	포항시수산물도매시장	
대전오정농수산물도매시장		
대전노은농산물도매시장	〈축산부류〉	
울산광역시농수산물도매시장	대구축산도매시장	
수원농수산물도매시장	인천축산도매시장	
안양농수산물도매시장	광주축산도매시장	
안산농수산물도매시장		
구리농수산물도매시장		
춘천농산물도매시장	〈양곡류〉	
원주농산물도매시장	양재양곡도매시장	
강릉농산물도매시장		
청주농수산물도매시장	〈한약재류〉	
충주농수산물도매시장		
천안농산물도매시장		
전주농수산물도매시장		
익산농수산물도매시장		
정읍농산물도매시장		
순천농산물도매시장		
포항농산물도매시장		
안동농산물도매시장		
구미농산물도매시장		
창원팔용농산물도매시장		
창원내서농산물도매시장		
진주농산물도매시장		

자료 : 농림수산식품부 도매시장 통합홈페이지.

도매시장 종사자 및 주요 역할

도매시장 거래 체계도

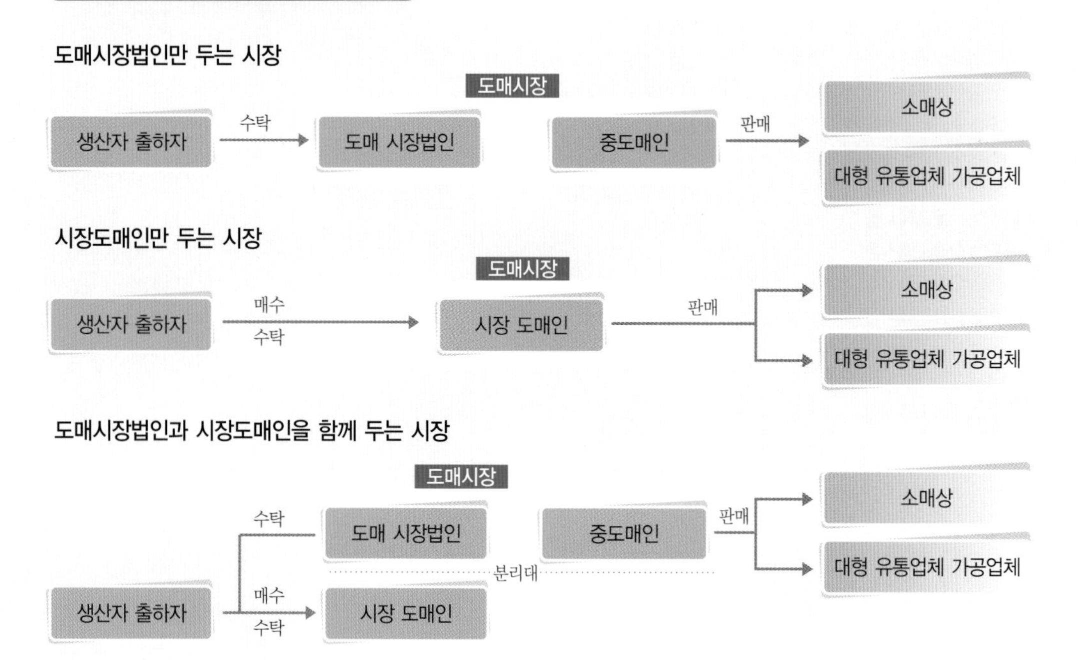

농수축산물 경매절차

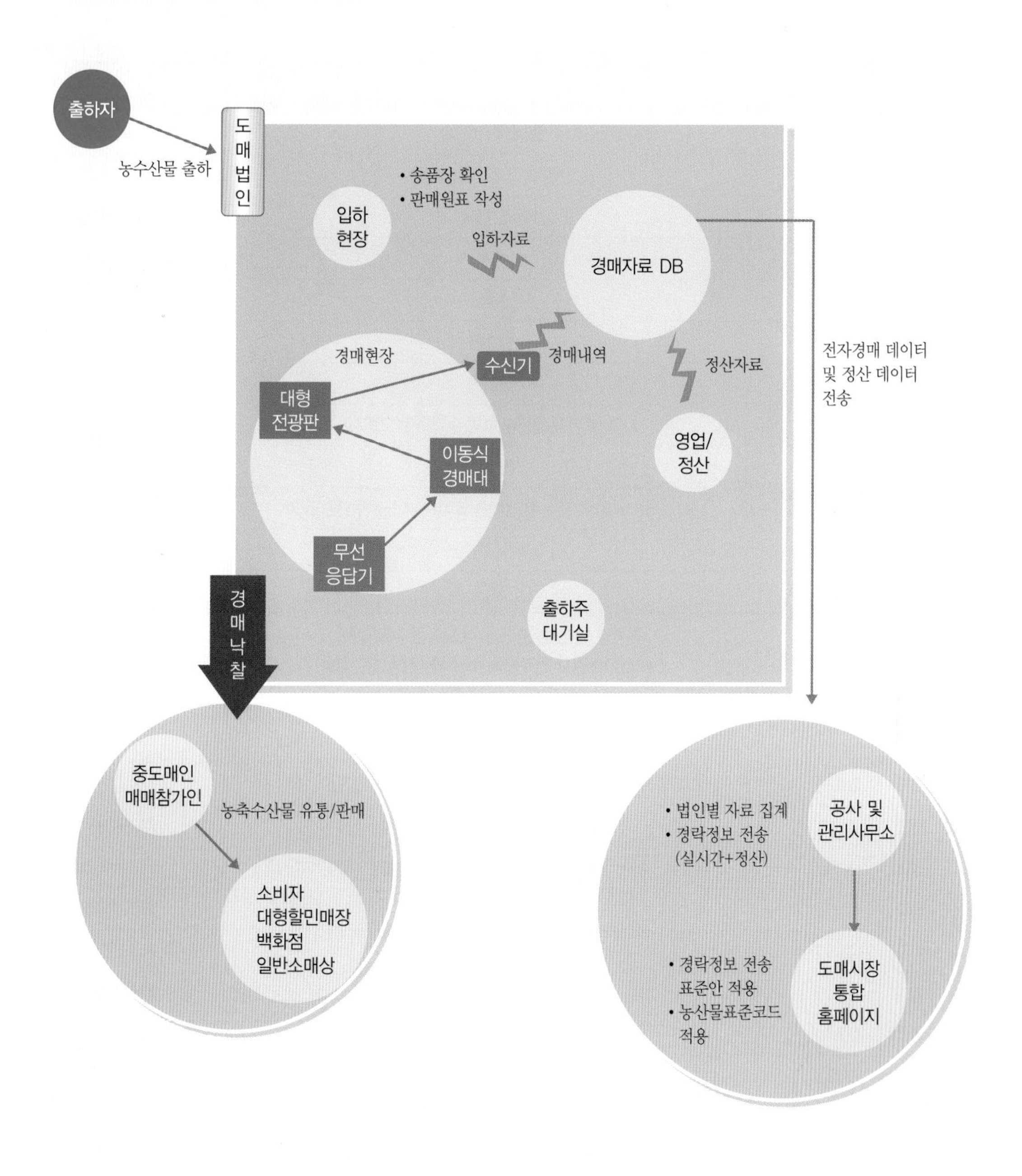

출하자
농수산물 출하
도매법인
• 송품장 확인
• 판매원표 작성
입하 현장
입하자료
경매자료 DB
경매현장
수신기
경매내역
정산자료
대형 전광판
이동식 경매대
무선 응답기
영업/ 정산
출하주 대기실
전자경매 데이터 및 정산 데이터 전송
경매낙찰
중도매인 매매참가인
농축수산물 유통/판매
소비자 대형할인매장 백화점 일반소매상
• 법인별 자료 집계
• 경락정보 전송 (실시간+정산)
공사 및 관리사무소
• 경락정보 전송 표준안 적용
• 농산물표준코드 적용
도매시장 통합 홈페이지

도매시장 경매시간

구분	시간	중요품 목류	장소
수산	00:00	건명태(코다리)	건어경매장
수산	06:00	건멸치,건오징어,건포류	건어경매장
수산	06:30	건미역. 해태(김)	건어경매장
수산	01:00	패류	수산경매장
수산	01:30	냉동물	수산경매장
수산	03:30	활어류	수산경매장
수산	23:30	선어류	수산경매장
청과	08:30	사과,배,유자,떫은감,수박,수입과일(오렌지)	과일경매장
청과	15:00	바나나	과일경매장
청과	02:00	포도,복숭아,감귤,자두,딸기,메론,토마토,박스수박,단감,참외	채소경매장
청과	08:00	제주산 당근	채소경매장
청과	14:30	당근	채소경매장
청과	18:00	친환경 농산물, 근교산 채소류(상자 포장품) 산지안정선검사 완료품목 (채소류, 지역제한 없음)	채소경매장
청과	19:00	대파, 근교산채소류(상자 포장품), 상추, 쑥갓, 시금치 아웃, 근대, 열무, 청경채, 치커리, 배추얼갈이	채소경매장
청과	20:00	비규격 출하품(짝찜), 시금치, 아욱, 근대 열무, 배추얼갈이, 옥수수	채소경매장
청과	21:00	깻잎, 시금치(남부지방 출하품)	채소경매장
청과	21:30	버섯류, 감자, 봄동(남부지방 출하품), 오이, 호박, 가지, 미나리	채소경매장
청과	22:00	양배추,부추	채소경매장
청과	22:30	포장쪽파, 무, 고추류	채소경매장
청과	23:00	배추,양파	채소경매장
축산	09:30	돼지	축산경매장
축산	11:30	쇠고기	축산경매장
축산	13:30	돼지	축산경매장

농축수산물 경락정보 흐름도

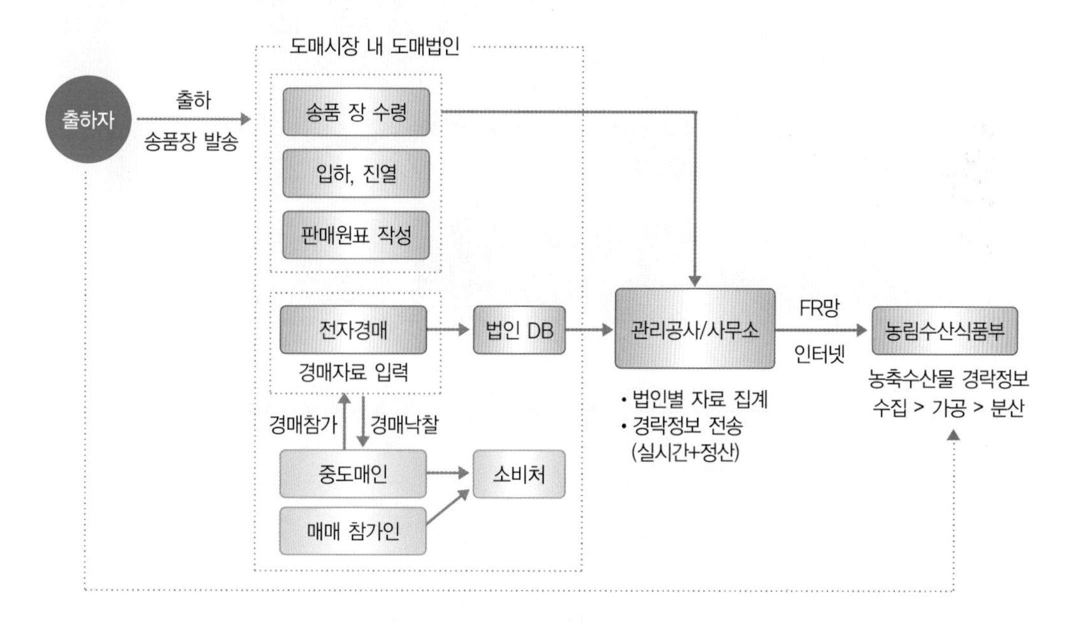

쇠고기 · 돼지고기를 고르는 요령

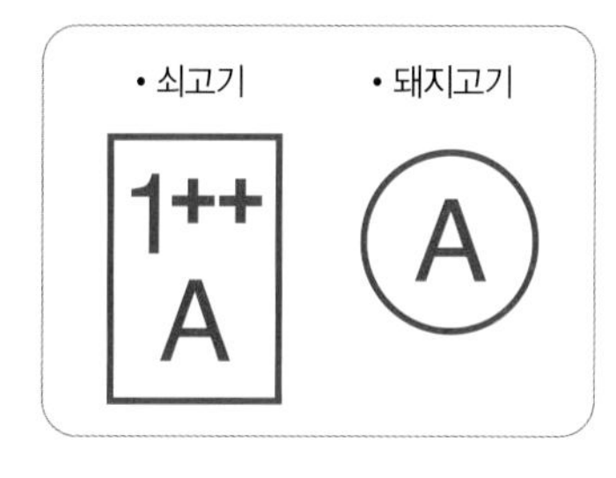

■ 축산물등급제는 품질의 정도를 정부가 정한 일정기준에 따라 분류하는 제도로 고기 구입 시 등급을 확인하고 선택하는 것이 좋다.

■ 축산물등급판정은 국내산 쇠고기 · 돼지고기에 의무적으로 실시하고 있다.

■ 돼지고기 등급은 육질등급과 육량등급으로 나누어 판정하는데 식육판매업소에서는 육질등급만 표시한다.

- 육량등급은 A, B, C로 구분하고, 육질등급은 고기 내에 지방이 골고루 잘 분포되어 있고, 고기색과 광택, 지방색과 질이 좋을수록 1++등급에 가깝다.

■ 돼지고기의 등급은 육량과 육질을 종합하여 판정한다.

- 암돼지거나 거세돼지로서 비육이 잘 된 경우에만 A, B등급으로 판정받을 수 있다.

■ 식육판매업소에서의 등급 표시

- 쇠고기 : 1++등급, 1+등급, 1등급, 2등급, 3등급, 등외
- 돼지고기 : A등급, B등급, C등급, D등급, E등급

■ 쇠고기등급판정

- 등급의 표시방법 : 육질등급은 고기의 품질정도를 나타내며, 소비자의 선택 기준으로 1++, 1+, 1, 2, 3등급으로 구분- 육량등급은 소 한 마리에서 얻을 수 있는 고기의 양이 많고 적음을 나타내며, 유통과정에서의 거래 지표로 A, B, C등급으로 구분

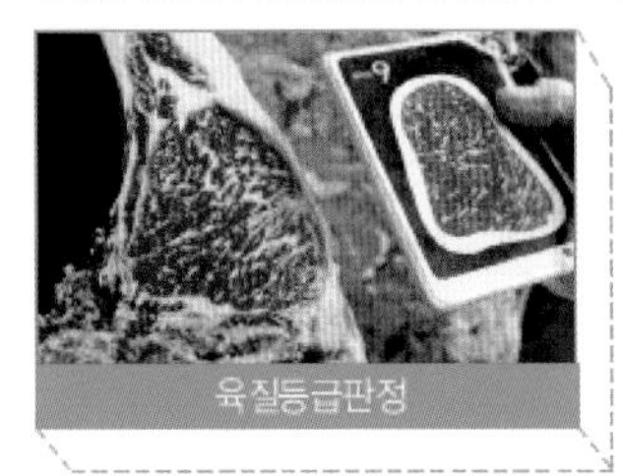
육질등급판정

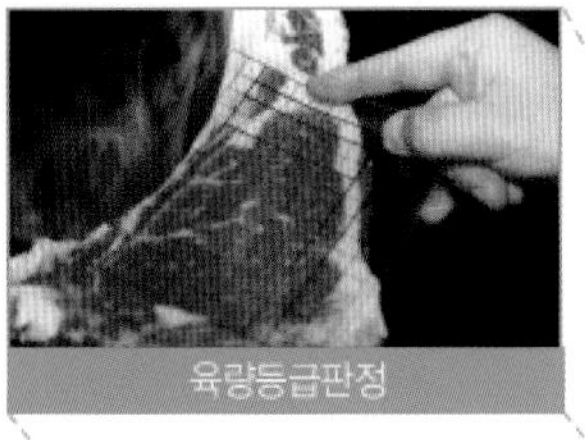
육량등급판정

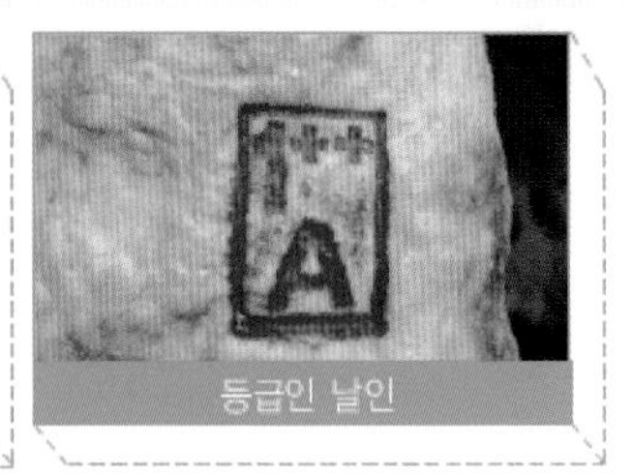

등급인 날인

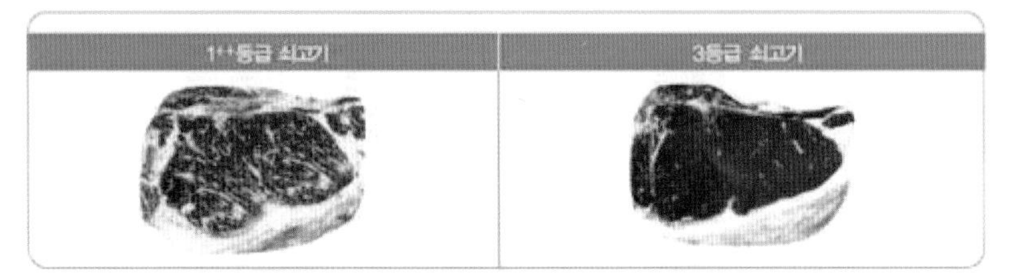

자료 : 국립축산물품질평가원

■ 돼지고기 등급판정

- 등급의 표시방법 : 육질등급은 고기의 품질정도를 나타내며, 소비자의 선택 기준으로 1++, 1+, 1, 2, 3등급으로 구분- 육량등급은 소 한 마리에서 얻을 수 있는 고기의 양이 많고 적음을 나타내며, 유통과정에서의 거래 지표로 A, B, C등급으로 구분

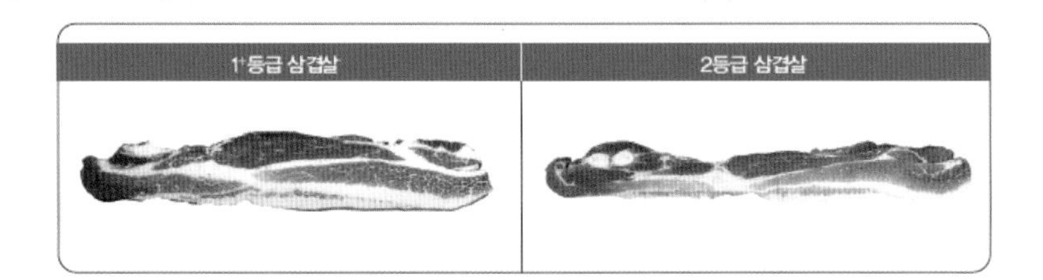

고급육과 고급부위는 다른가요?

고급육은 등급판정한 결과 고급육으로 판정받은 고기를 말한다. 다시 말해 쇠고기의 경우 1++, 1+, 1등급이 이에 해당되고, 돼지고기는 A, B등급의 고기이다. 이러한 고기는 등심뿐만 아니라 앞다리살 등 한 마리에서 생산된 모든 고기의 고급육이다. 그러나 고급부위육은 등심, 안심, 채끝 등과 같이 기호성이 높은 부위를 말한다. 따라서 고급부위육이라도 저급육이 나올 수 있다.

닭고기의 품질

■ 닭고기를 고르는 요령

- 살붙임과 도계상태 등을 고려하여 품질을 판정한다.
- 등급판정일자를 표시하여 신선도를 알 수 있도록 되어 있다.
- 품질 좋은 닭고기를 무게별로 규격화하고 있다.
- 위생적인 가공 · 포장으로 안전성을 높였다.

■ 등급의 구분

품질등급은 1^+, 1, 2등급, 중량규격은 5개로 분류한다.

품질등급	1+등급	1등급	2등급		
중량규격	특대 17~15호 (1.45kg이상)	대 14~13호 (1.450~1.25kg)	중 13~10호 (1.250~0.95kg)	중소 9~7호 (950~650g)	소 6~5호 (650~450g)

■ 닭고기 등급판정

- 닭고기의 품질은 1+, 1, 2등급으로 구분

선별 · 정선

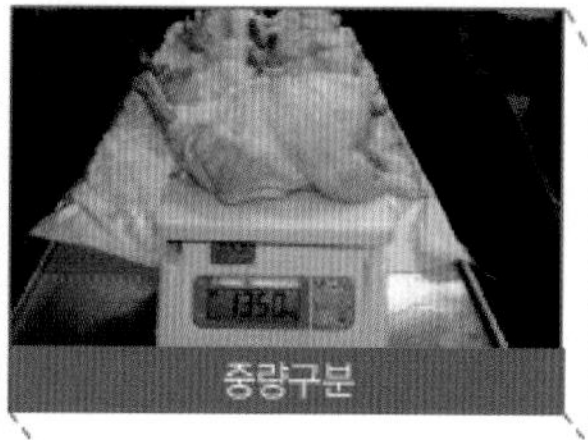
중량구분

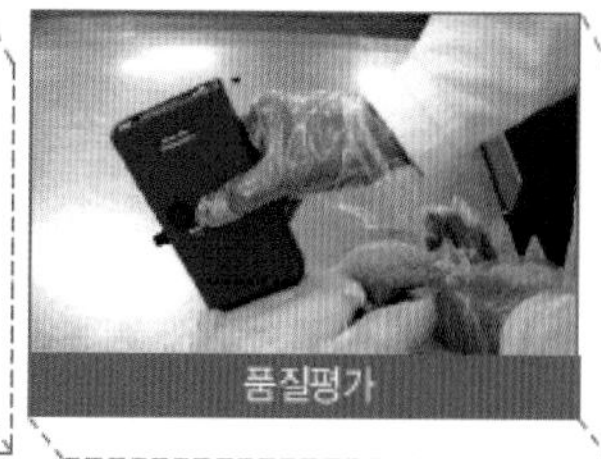
품질평가

자료 : 국립축산물품질평가원

■ 닭고기 품질등급

- 통닭의 품질은 1+, 1, 2등급으로 구분- 부분육의 품질은 1, 2등급으로 구분- 닭고기 등급기준이 학교 식자재 납품기준으로 선정되면서 품질과 등급판정 물량이 대폭 증가 됨

• 피부색이 좋으며 광택이 있습니다.
• 탄력이 좋고 외부손상이 없습니다.

• 피부색이 나쁘고 광택이 떨어집니다.
• 탄력이 낮으며 외부손상이 있습니다.

■ 등급의 표시

농식품원산지 표시품목

1. 국산농산물(205품목)

농축수산물 표준코드 또는「축산물위생관리법」에 정의된 품목 적용을 원칙으로 함

※ 육안으로 원형을 알아볼 수 있도록 절단, 압착, 박피, 건조, 흡습, 가열, 혼합 등의 처리를 한 경우를 포함

품목류	대상품목
미곡류(6)	쌀, 찹쌀, 현미, 벼, 밭벼, 찰벼
맥류(6)	보리, 보리쌀, 밀, 밀쌀, 호밀, 귀리
잡곡류(6)	옥수수, 조, 수수, 메밀, 기장, 율무
두류(7)	콩, 팥, 녹두, 완두, 강낭콩, 동부, 기타콩
서류(3)	감자, 고구마, 야콘
특용작물류(6)	참깨, 들깨, 땅콩, 해바라기, 유채, 고추씨
과일과채류(6)	수박, 참외, 메론, 딸기, 토마토, 방울토마토
과채류(2)	호박, 오이
엽경채류(4)	배추 · 양배추(포장된 것), 고구마줄기, 토란줄기
근채류(6)	무말랭이, 무 · 알타리무(포장된 것), 당근, 우엉, 연근
조미채소류(10)	양파, 대파 · 쪽파 · 실파(포장된 것), 건고추, 마늘, 생강, 풋고추, 꽈리고추, 홍고추
양채류(3)	피망(단고추), 브로콜리(녹색꽃양배추), 파프리카
약용작물류(63)	갈근, 감초, 강활, 건강, 결명자, 구기자, 금은화, 길경, 당귀, 독활, 두충, 만삼, 맥문동, 모과, 목단, 반하, 방풍, 복령, 복분자, 백지, 백출, 비자, 사삼(더덕), 산수유, 산약, 산조인, 산초, 소자, 시호, 오가피, 오미자, 오배자, 우슬, 황정(둥굴레), 음양곽, 익모초, 작약, 진피, 지모, 지황, 차전자, 창출, 천궁, 천마, 치자, 택사, 패모, 하수오, 황기, 황백, 황금, 행인, 향부자, 현삼, 후박, 홍화씨, 고본, 소엽, 형개, 치커리(뿌리), 헛개, 녹용, 녹각
과실류(28)	사과, 배, 포도, 복숭아, 단감, 떫은감, 곶감, 자두, 살구, 참다래, 파인애플, 감귤류(만감, 레몬, 탄제린, 오렌지, 자몽, 금감, 한라봉, 청견), 유자, 버찌, 매실, 앵두, 무화과, 모과, 바나나, 블루베리, 석류, 오디
수실류(6)	밤, 대추, 잣, 호두, 은행, 도토리
버섯류(15)	영지버섯, 팽이버섯, 목이버섯, 석이버섯, 운지버섯, 송이버섯, 표고버섯, 양송이버섯, 느타리버섯, 상황버섯, 아가리쿠스, 동충하초, 새송이버섯, 싸리버섯, 능이버섯
인삼류(2)	수삼(산양삼, 장뇌삼, 산삼배양근 포함), 묘삼(식용)
산채류(8)	고사리, 취나물, 고비, 두릅, 죽순, 도라지, 더덕, 마
육류(11)	쇠고기(한우, 육우, 젖소), 양고기(염소 포함), 돼지고기(멧돼지 포함), 닭고기, 오리고기, 사슴고기, 토끼고기, 칠면조고기, 육류의 부산물, 메추리고기, 말고기
기타(4)	벌꿀, 건조누에, 프로폴리스, 식용란(닭, 오리 및 메추리의 알), 뽕잎, 누에번데기

자료 : 농림수산식품부, 도매시장 통합홈페이지.

2. 수입 농산물과 그 가공품 또는 반입 농산물과 그 가공품 : 161품목

「대외무역법」제33조제1항에 따라 지식경제부장관이 공고한 품목 중 농산물(제3류, 제14류를 제외한 제1~24류)

3. 농산물 가공품 : 262품목

별도의 정의가 있는 경우를 제외하고는「식품위생법」제14조에 의한 식품공전,「축산물위생관리법」제4조의 축산물의 기준 및 규격 및「건강기능식품에관한법률」 제14조의 기준 및 규격에 따름

품목류	대상품목
	식품공전 정의 품목
과자류(7)	과자(비스킷, 웨이퍼, 쿠키, 크래커, 한과류, 스낵과자 등), 캔디류(양갱)
빵 또는 떡류(9)	빵류(식빵, 도넛, 케이크, 카스텔라, 피자, 파이, 핫도그), 떡류, 만두류
코코아가공품류 또는 초콜릿류(11)	코코아가공품류(코코아매스, 코코아버터, 코코아분말, 기타코코아가공품), 초콜릿류(초콜릿, 스위트 초콜릿, 밀크초콜릿, 패밀리밀크초콜릿, 화이트초콜릿, 준초콜릿, 초콜릿가공품)
잼류(3)	잼, 마멀레이드, 기타잼류
엿류(3)	물엿, 기타엿, 덱스트린
식육 또는 알가공품(3)	식육 또는 알제품, 식육가공품, 알가공품
두부류 또는 묵류(5)	두부, 전두부, 유바, 가공두부, 묵류
식용유지류(20)	콩기름(대두유), 옥수수기름(옥배유), 채종유(유채유 또는 카놀라유), 미강유(현미유), 참기름, 들기름, 홍화유(사플라워유 또는 잇꽃류), 해바라기유, 목화씨기름(면실유), 땅콩기름(낙화생유), 올리브유, 팜유류, 야자유, 혼합식용유, 가공유지, 쇼트닝, 마가린류, 고추씨기름, 향미유, 기타식용유지
면류(6)	국수, 냉면, 당면, 유탕면류, 파스타류, 기타면류
다류(3)	침출차, 액상차, 고형차
커피(4)	커피(볶은커피, 인스턴트 커피, 조제커피, 액상커피)
음료류(3)	농축과 · 채즙(또는 과 · 채분), 과 · 채주스, 과 · 채음료
두유류(4)	두유액, 두유, 분말두유, 기타두류
인삼 · 홍삼음료(1)	인삼 · 홍삼음료
기타음료(3)	혼합음료, 추출음료, 음료베이스
특수용도식품(7)	영아용조제식, 성장기용조제식, 영 · 유아용곡류조제식, 기타 영 · 유아식, 특수의료용도등 식품, 체중조절용 조제식품, 임산 · 수유부용식품

(계속)

품목류	대상품목
	식품공전 정의 품목
장류(15)	메주, 한식간장, 양조간장, 산분해간장, 효소분해간장, 혼합간장, 한식된장, 된장, 조미된장, 고추장, 조미고추장, 춘장, 청국장, 혼합장, 기타장류
조미식품(7)	식초, 소스류, 토마토케첩, 카레, 고춧가루 또는 실고추, 향신료가공품, 복합조미식품

품목류	대상품목
	축산물의 기준 및 규격 정의 품목
식육가공품(10)	햄류, 소시지류, 베이컨류, 건조저장육류, 양념육류, 분쇄가공육제품, 갈비가공품, 식육추출가공품, 식용우지, 식용돈지
유가공품(20)	우유류, 저지방우유류, 유당분해우유, 가공유류, 산양유, 발효유류, 농축유류, 유크림유, 버터류, 자연치즈, 가공치즈, 분유류, 유청류, 유당, 유단백가수분해식품, 조제유류, 아이스크림류, 아이스크림분말류, 아이스크림믹스류
알가공품(9)	전란액, 난황액, 난백액, 전란분, 난황분, 알가형성제품, 염지란, 피단

품목류	대상품목
	건강기능식품의 기준 및 규격 정의 품목
식이섬유(1)	농산물을 원료로 한 모든 품목
단백질(1)	농산물을 원료로 한 모든 품목
필수지방산(1)	농산물을 원료로 한 모든 품목
터핀류(4)	인삼(백삼, 태극삼), 홍삼, 엽록소함유식물
페놀류(4)	녹차추출물, 알로에전잎, 프로폴리스추출물, 대두이소플라본
지방산 및 지질류(5)	레시틴, 식물스테롤/식물스테롤에스테르, 옥사코나졸함유유지, 매실추출물, 공액리놀레산
당 및 탄수화물류(16)	뮤코다당 · 단백(출산물을 원료로 한 것), 식이섬유(구아검/구아검가수분해물, 글루코만난, 귀리, 난소화성말토덱스트린, 대두식이섬유, 목이버섯, 밀식이섬유, 보리식이섬유, 아라비아검, 옥수수겨, 이눌린/치커리추출물, 차전자피, 호로파종자 등), 알로에겔, 영지버섯자실체 추출물
발효미생물류(1)	홍국
아미노산 및 단백질류(1)	대두단백

(계속)

품목류	대상품목
	기타
주류(11)	탁주, 약주, 청주, 맥주, 과실주, 소주, 위스키, 브랜디, 일반증류주, 리큐르, 기타주류
기타식품류(42)	땅콩 또는 견과류가공품, 캡슐류, 전분, 과 · 채가공품류, 튀김식품, 모조치즈, 식물성크림, 추출가공식품, 팝콘용옥수수가공품, 밀가루, 찐쌀, 생식류, 시리얼류, 즉석섭취식품(김밥, 햄버거, 선식, 도시락류 등), 즉석조리식품(국, 탕, 스프 등), 신선편의식품(샐러드, 콩나물, 숙주나물, 무순, 메밀순, 새싹채소 등), 로얄젤리(생로얄젤리, 동결건조로얄젤리, 로얄젤리제품), 버섯가공식품(버섯 자실체가공식품, 버섯균사체가공식품), 효모식품(건조효모, 건조효모제품, 효모추출물제품), 효소식품(곡류효소함유제품, 배아효소함유제품, 과 · 채류효소함유제품, 기타식물효소함유제품), 화분가공식품(가공화분, 화분추출물, 화분제품, 화분추출물제품)
장기보존식품(3)	병 · 통조림식품, 레토르트식품, 냉동식품
규격 외 일반가공식품(6)	곡류가공품, 두류가공품, 서류가공품, 전분가공품, 식용유지가공품, 기타가공품

식품위생관리 요령

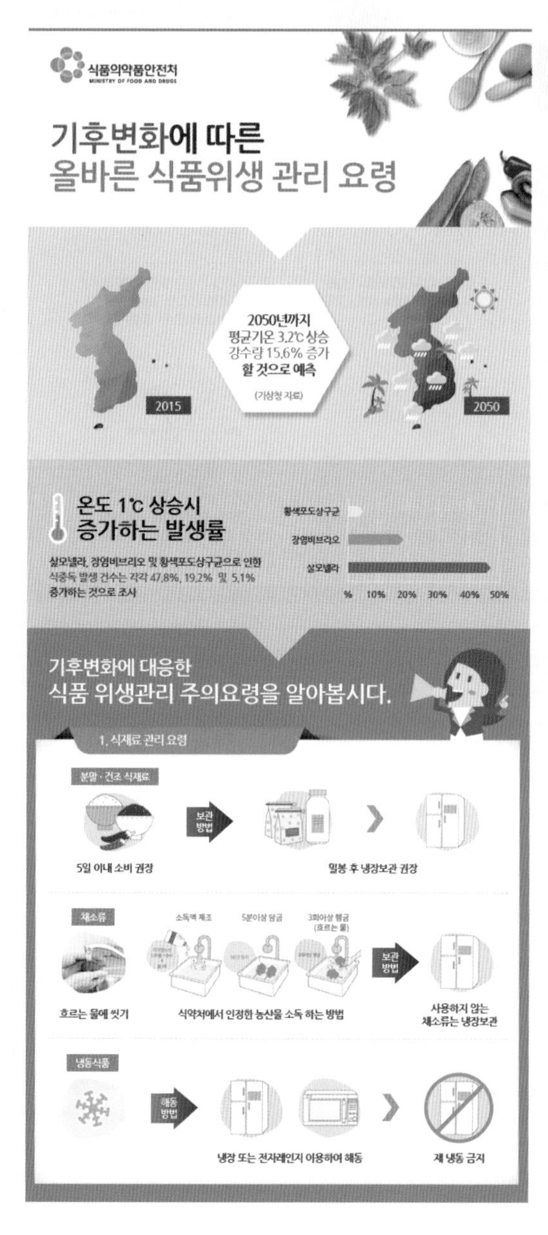
식품의약품안전처
MINISTRY OF FOOD AND DRUGS
기후변화에 따른
올바른 식품위생 관리 요령
2050년까지
평균기온 3.2℃ 상승
강수량 15.6% 증가
할 것으로 예측
(기상청 자료)
2015
2050
온도 1℃ 상승시
증가하는 발생률
살모넬라, 장염비브리오 및 황색포도상구균으로 인한
식중독 발생 건수는 각각 47.8%, 19.2% 및 5.1%
증가하는 것으로 조사
황색포도상구균
장염비브리오
살모넬라
% 10% 20% 30% 40% 50%
기후변화에 대응한
식품 위생관리 주의요령을 알아봅시다.
1. 식재료 관리 요령
분말 · 건조 식재료
보관 방법
5일 이내 소비 권장
밀봉 후 냉장보관 권장
채소류
소독액 제조
5분이상 담금
3회이상 헹굼 (흐르는 물)
보관 방법
흐르는 물에 씻기
식약처에서 인정한 농산물 소독 하는 방법
사용하지 않는 채소류는 냉장보관
냉동식품
해동 방법
냉장 또는 전자레인지 이용하여 해동
재 냉동 금지

2. 조리식품 보관 요령
조리식품
보관 방법
덮개 있는 용기 사용
5℃ 이하 냉장
60℃ 이상 온장
조리 후 빠른 시간 안에 섭취 권장
덮개 있는 용기 및 냉장/온장 (5℃이하 또는 60℃이상) 보관 권장
바로 폐기
섭취 후 남은 잔반
3. 기구 · 기기 관리 요령
스테인레이스 스틸
플라스틱
교체 필요
흠집이 있는 기구
흠집에서 세균 증식
교체 및 폐기
소독 필요
살균소독제처리
열탕소독
자외선처리
조리에 사용한 기구
미생물 제거를 위한 소독 권장
4. 태풍, 장마, 황사 등 기상재난 시 대처요령
◆ 태풍, 장마로 인한 침수 시
바로 폐기
개봉전
침수가 의심되는 식품
반드시 폐기
통조림
소독제로 세척
※ 정전 시 냉장고 문을 자주 열게 되면 냉기가 손실되어 좋지 않다.
◆ 황사 발생 시
손세척
살균소독제처리
열탕소독
자외선처리
침수가 의심되는 식품
2차 오염 방지

식품위생관리 요령

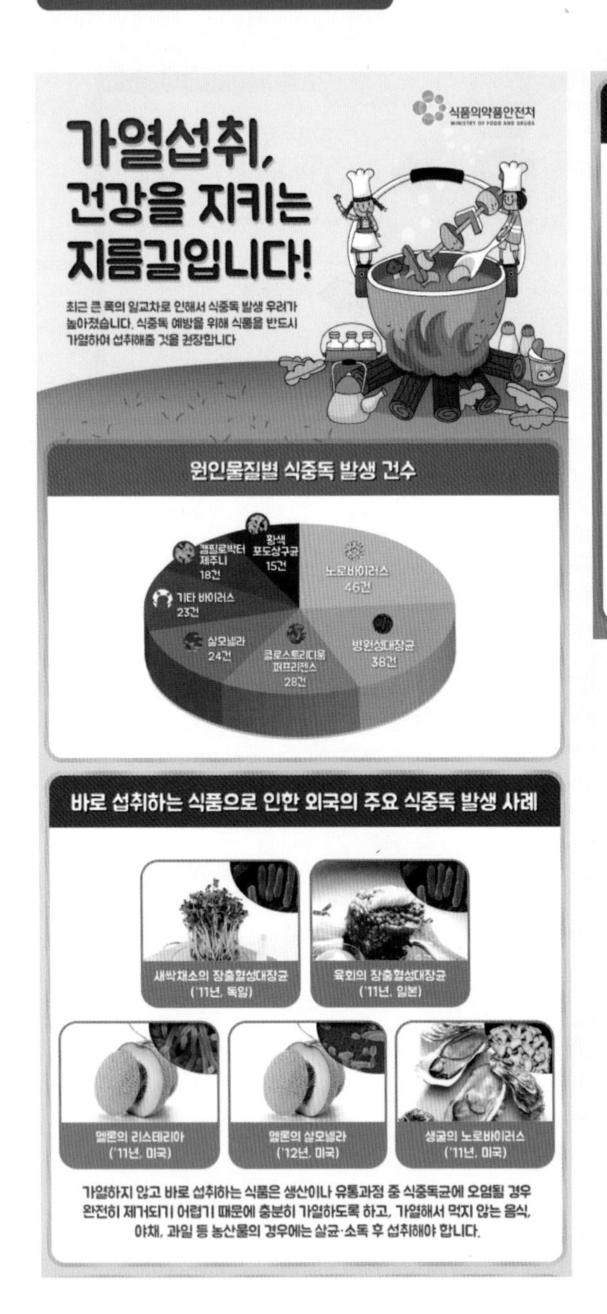

안전하게 먹기 위해서는 어떻게 해야할까요?

1. 음식은 섭씨 85도에서 1분 이상 충분히 익혀서 먹습니다.

2. 가열 없이 섭취하는 음식의 경우 소독액(락스 0.5ppm)에서 1분 이상 소독한 뒤 수돗물로 세척합니다.

3. 손을 자주 씻어서 개인 위생을 항상 청결하게 유지합시다.

4. 사용한 조리기구도 열탕소독 하여 세균이 증식하지 않도록 합니다.

참고문헌

권순자 외(2009). 식생활관리. 파워북.

농수산물유통공사 · 한국외식정보(주)(2009). 외식업체 식재료 규격 GUIDE.

보건복지부, 한국인 영양소 섭취기준, 2015

서울특별시학교보건진흥원(2008). NEIS 급식프로그램과 연계한 학교급식 식재료 표준 매뉴얼.

서정숙 외(2010). 식생활관리. 신광출판사

이미숙 외(2010). 리빙토픽 영양과 식생활. 교문사.

정영진 외(2008). 식생활과 다이어트. 파워북.

최혜미 · 박영숙. 21세기 식생활관리. 교문사.

한국외식정보(주)(2010). 2009 한국외식연감.

국립농산물품질관리원 홈페이지(http:www.naqs.go.kr)

농수산물 사이버거래소 B2C 쇼핑몰(www.eat.co.kr)

도매시장통합홈페이지(http://market.affis.net)

수산정보포털시스템 홈페이지(http://www.fips.go.kr)

식품산업 통계정보시스템 FIS(http://fis.foodinkorea.co.kr)

식품안전정보포털(http://www.foodsafetykorea.go.kr/potal/main.html)

식품의약품안전처 홈페이지(http://www.kfda.go.kr)

2015년 가공식품 소비량 및 소비형태 조사, 한국농수산유통공사, 2015

축산물안전관리시스템(http://www.lpsms.go.kr)

팜투테이블 홈페이지(http://farm2table.co.kr)

한 눈으로 구별하는 우리수산물 외국수산물, 국립수산물품질관리원, 2015

저 · 자 · 소 · 개

이애랑
서울대학교 대학원 식품영양학 전공(석사)
서울대학교 대학원 식품영양학 전공(박사)
숭의여자대학교 식품영양과 교수

하애화
미국 Brigham young University 식품영양학 전공(석사)
미국 Florida State University 임상영양학 전공(박사)
단국대학교 식품영양학과 교수

류혜숙
숙명여자대학교 대학원 식품영양학 전공(석사)
숙명여자대학교 대학원 식품영양학 전공(박사)
상지대학교 식품영양학과 교수

2판
식생활관리

2011년 3월 10일 초판 발행 | 2016년 2월 29일 2판 발행 | 2019년 8월 14일 2판 3쇄 발행

지은이 이애랑 · 하애화 · 류혜숙 | 펴낸이 류제동 | 펴낸곳 **교문사**

편집부장 모은영 | 편집 오세은 | 본문디자인 꾸밈 | 표지디자인 신나리
제작 김선형 | 영업 정용섭 · 송기윤 · 진경민

출력 · 인쇄 동화인쇄 | 제본 한진제본

주소 (10881)경기도 파주시 문발로 116 | 전화 031-955-6111 | FAX 031-955-0955
등록 1960. 10. 28. 제406-2006-000035호 | 홈페이지 www.gyomoon.com | E-mail genie@gyomoon.com
ISBN 978-89-363-1567-2 (93590)

값 22,000원 *잘못된 책은 바꿔 드립니다.